中文版
犀牛Rhino
从入门到精通

徐静 傅畅 编著

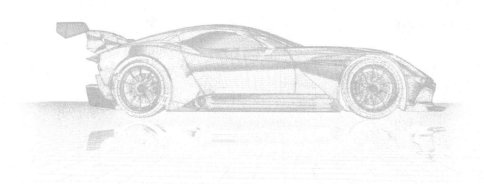

化学工业出版社

·北京·

内 容 简 介

本书全面系统地讲解了 Rhino7.0 的基本操作方法与核心应用功能，循序渐进地介绍了 Rhino 入门知识、Rhino 基础操作、曲线的绘制和编辑、基本曲面的绘制、高级曲面的绘制、曲面的编辑、实体工具的应用、实体的编辑、网格工具、细分工具、渲染操作、KeyShot 渲染器的应用、出图设置等内容，并通过一个综合实战案例，将知识加以巩固，达到学以致用的目的。

全书内容丰富，案例多，实用性强，配套视频讲解，方便读者高效学习。本书适合从事产品设计、三维建模、渲染等工作的人员自学，也可用作高等院校相关专业的教学参考书。

图书在版编目（CIP）数据

中文版犀牛Rhino从入门到精通 / 徐静，傅畅编著. —北京：化学工业出版社，2024.3
ISBN 978-7-122-44700-5

Ⅰ.①中…　Ⅱ.①徐…②傅…　Ⅲ.①产品设计 - 计算机辅助设计 - 应用软件　Ⅳ.① TB472-39

中国国家版本馆 CIP 数据核字（2024）第 022092 号

责任编辑：耍利娜　　　　　　　　　　文字编辑：袁玉玉
责任校对：田睿涵　　　　　　　　　　装帧设计：张　辉

出版发行：化学工业出版社（北京市东城区青年湖南街13号　邮政编码100011）
印　　装：高教社（天津）印务有限公司
787mm×1092mm　1/16　印张23¼　字数623千字　2024年5月北京第1版第1次印刷

购书咨询：010-64518888　　　　　　售后服务：010-64518899
网　　址：http://www.cip.com.cn
凡购买本书，如有缺损质量问题，本社销售中心负责调换。

定　　价：99.00元　　　　　　　　　　　　　　　　版权所有　违者必究

前言

1. 为什么要学习 Rhino

Rhino 是一款专业建模软件，广泛应用于工业设计、建筑设计、珠宝设计等领域。利用它可以有效地创建模型，可以说 Rhino 现已成为 3D 建模领域的入门必备软件。

该软件功能十分强大，可以创建出复杂的 NURBS 模型，且易上手、内存小，易于学习与使用。此外，软件具有很强的兼容性，能输出多种不同的格式，适用于多种 3D 软件，以便制作出更加完美的模型作品。

2. 选择本书的理由

本书采用基础知识 + 上手实操 + 进阶案例 + 综合实战的编写模式，内容循序渐进，从入门中学习实战应用，从实战应用中激发读者的学习兴趣。主要具有如下特色：

（1）知识全面系统，结构清晰明了

书中几乎囊括了 Rhino 所有应用知识点，简洁明了、简单易学，以便读者能快速且系统地掌握 Rhino 的相关技能，并在本书的引导之下学以致用。

（2）理论实战紧密结合，摆脱纸上谈兵

本书包含了上百个案例，既有针对某个功能的小练习，也有综合实战案例，所有案例都经过精心的设计。读者在学习本书的时候，可以通过案例更好、更快、更明了地理解知识和掌握应用，同时这些案例也可以在实际工作中直接引用。

（3）配套视频教学，附赠学习资源

重要知识点及案例搭配高清同步视频讲解，扫码学习，高效便捷。同时，提供所有案例涉及的素材、模型文件等，方便读者直接对照本书上手实践。此外，本书还配套了 PPT 课件，方便老师教学使用。

3. 本书包含哪些内容

篇	章节	主要内容
入门篇	第 1~3 章	主要对 Rhino 软件的基础技能进行系统的介绍。从 Rhino 基础知识讲起，逐一对 Rhino 基础操作、绘制和编辑曲线等知识进行讲解
进阶篇	第 4~10 章	主要对 Rhino 软件的制图技能进行具体的介绍。该部分内容包括绘制基本曲面、绘制高级曲面、编辑曲面、应用实体工具、编辑实体、应用网格工具、应用细分工具等知识。通过该部分内容的学习，可以更深入地理解模型的创建，从而更好地创建模型

篇	章节	主要内容
渲染篇	第 11~13 章	主要对模型出图的进阶操作进行介绍，这部分内容涵盖 Rhino 渲染、KeyShot 渲染器渲染及出图设置等知识，学习此部分后可以对模型进行尺寸标注、渲染出图，得到更加真实生动的效果
案例篇	第 14 章	主要通过综合性的案例对 Rhino 的应用进行介绍，以智能颈部按摩仪的建模至渲染出图为例，巩固前面所学知识，并加深读者对完整模型的制作理解

4. 本书的读者对象

从事建模的工作人员；高等院校相关专业的师生；培训班中学习建模的学员；对建模有浓厚兴趣的爱好者；零基础转行到建模的人员；有空闲时间想掌握更多技能的办公室人员。

本书在编写过程中力求严谨细致，但疏漏之处在所难免，望广大读者批评指正。

编著者

目录

第2篇　进阶篇

第3篇 渲染篇

第 4 篇　案例篇

Rhino

第 1 篇
入 门 篇

第 1 章
Rhino 入门知识

📄 **内容导读:**

Rhino 是一款 NURBS 建模软件，该软件功能强大，可以创建出复杂的 NURBS 模型。该软件具有容易上手、内存较小等优点，广泛应用于设计领域。本章将针对 Rhino 的基础知识进行介绍。通过本章的学习，可以加深对 Rhino 软件的理解，更好地学习该软件。

🎯 **学习目标:**

- 了解 Rhino 的应用领域及相关术语；
- 认识 Rhino 工作界面；
- 学会设置 Rhino 工作环境；
- 学会设置 Rhino 选项。

1.1 Rhino 概述

Rhino 是一款专业的 3D 建模软件，中文名为"犀牛"。与其他 3D 建模软件相比，该软件硬件要求低、占内存小、且功能强大，能输出多种不同的格式，适用于几乎所有 3D 软件，在多个领域被广泛应用。本节将针对 Rhino 软件的基础知识进行介绍。

1.1.1 Rhino 应用领域

Rhino 是一个专业的高级建模软件，该软件常用于产品外观造型建模，广泛应用于工业设计、建筑设计、珠宝设计等领域，如图 1-1、图 1-2 所示。

图 1-1

图 1-2

1.1.2 Rhino 建模的相关术语

Rhino 建模的相关术语包括 NURBS（非均匀有理 B 样条）、阶数、控制点、连续性、方向指示、网格等，了解这些建模术语可以帮助用户更好地理解工具选项。

（1）非均匀有理 B 样条

NURBS 是一种优秀的建模方式，Rhino 就是以 NURBS 为基础的三维造型软件。与传统的网格建模方式相比，NURBS 建模方式能够更好地控制物体表面的曲线度，使创建出的造型更逼真生动。同时，使用 NURBS 建模还可以创建出各种复杂的曲面造型以及特殊的效果。

（2）阶数

阶数、控制点、节点和连续性是 NURBS 曲线中非常重要的 4 个参数。其中，最为主要的参数是阶数（度数）。该参数决定曲线的光滑程度，阶数越高，曲线越光滑，但运算量也会越大。

（3）控制点

Rhino 中用户可以通过控制点或编辑点控制物件，控制点一般在曲线之外，其连续在 Rhino 中呈虚线显示。如图 1-3、图 1-4 所示分别为打开控制点和编辑点的效果。

（4）连续性

连续性是指示曲线或曲面接合是否光滑的重要参数。在 Rhino 中，包括 G0、G1 和 G2 三种连续性级别。

其中，G0 连续是指曲线或曲面之间存在角度或尖端；G1 连续是指曲线或曲面之间不存在尖端但曲率有突变；G2 连续是指曲线或曲面相接处切线方向一致，曲率不突变。如图 1-5、图 1-6、图 1-7 所示分别为 G0、G1、G2 连续效果。

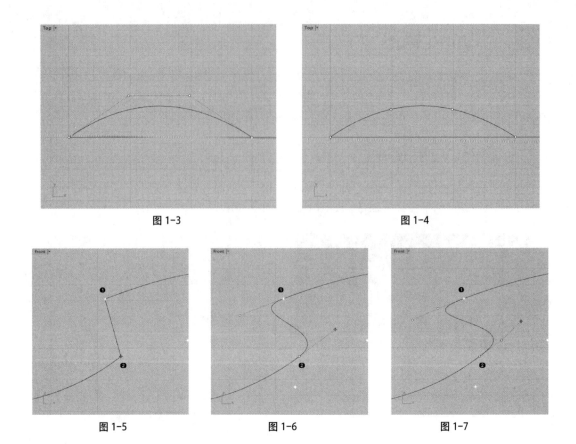

图 1-3   图 1-4

图 1-5   图 1-6   图 1-7

（5）方向指示

法线方向指曲面法线的曲率方向，垂直于着附点。选取工作视窗中的物件，执行"分析 > 方向"命令，即可显示物件方向。在实际建模过程中，许多操作都与物件方向有关。

（6）网格

在制作模型的过程中，为了更好地与其他软件衔接，一般需要将模型转换为网格进行保存。网格模型是使用一系列多边形表示三维物体的模型，在 Rhino 软件中，用户可以将 NURBS 曲面对象转换为网格，也可以直接使用网格工具创建模型。

1.2　Rhino 的工作界面

Rhino 的工作界面主要由标题栏、菜单栏、命令行、视图区等部分构成，如图 1-8 所示。

1.2.1　标题栏

标题栏位于工作界面顶部，主要用于显示当前模型的文件名、文件大小等信息，如图 1-9 所示。单击标题栏最右端按钮，可最小化、最大化或关闭应用程序窗口。

重点 1.2.2　菜单栏

菜单栏位于标题栏下方，包括了软件中的绝大多数命令，如图 1-10 所示。用户可以单击某一菜单命令，在其弹出的下拉菜单中选择合适的命令。

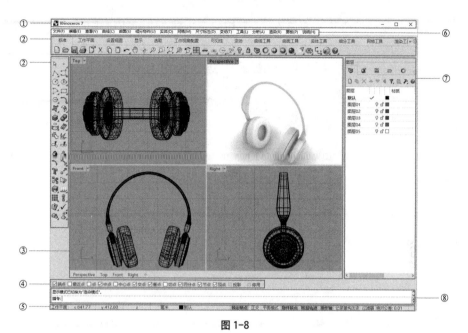

图 1-8

①—标题栏；②—工具栏；③—视图区；④—物件锁点；⑤—状态栏；
⑥—菜单栏；⑦—面板；⑧—命令行

图 1-9

图 1-10

其中，各菜单命令作用如下：
- 文件：用于放置与文件相关的命令，如新建文件、打开文件、保存文件等。
- 编辑：用于放置便于编辑的命令，如复原、重做、选取物件、删除等。
- 查看：该菜单中包括一些方便查看的命令，如视图显示模式、设置工作平面、背景图等。
- 曲线：用于放置与曲线相关的命令。
- 曲面：用于放置与曲面相关的命令。
- 细分物件：用于放置与细分物件相关的命令。
- 实体：用于放置与实体相关的命令。
- 网格：用于放置与网格相关的命令。
- 尺寸标注：用于放置与尺寸标注相关的命令。
- 变动：用于使物件发生改变，如移动、复制、旋转、阵列等。
- 工具：用于选择一些工具。
- 分析：用于对制作的对象进行分析。
- 渲染：用于放置与渲染相关的命令。
- 面板：用于打开相应的面板。
- 说明：用于对软件进行介绍。

命令行是 Rhino 中非常重要的部分，它可以显示当前命令的执行状态、下一步操作的提示、输入参数、命令操作失败原因的提示等信息，指导用户完成命令操作，如图 1-11 所示。用户可以直接选择命令行中的历史命令和提示信息进行剪切、复制、粘贴等操作。

图 1-11

知识链接

执行"工具>指令集>指令历史"命令或按 F2 键，即可打开"指令历史"对话框（如图 1-12 所示），从中同样可以对历史命令和提示信息做出剪切、复制、粘贴等操作。

图 1-12

几乎所有的操作命令都显示在工具栏中，用户只需单击按钮即可执行相应的命令。打开 Rhino 软件后，将默认显示"标准"工具栏组，如图 1-13 所示。默认工具栏布局中大多数未打开的工具栏都链接到此工具栏的按钮。停靠在屏幕左侧的工具栏是链接到"标准"工具栏组的侧边栏。选择其他工具栏组，相应的级联按钮也将发生改变。

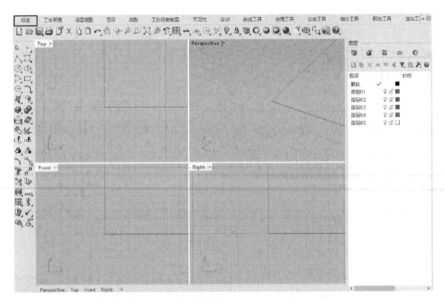

图 1-13

（1）工具栏提示

移动鼠标至工具栏中的工具按钮上时，将显示该按钮对应的提示信息。如图 1-14 所示为"修剪"工具按钮所对应的工具提示。当单击鼠标左键时，将修剪对象；当单击鼠标右键时，将取消修剪。

图 1-14

注意事项

Rhino 中的部分工具左键和右键单击的功能完全不同，在使用时要根据提示选择合适的方法。

（2）浮动工具栏

若工具栏没有锁定，移动鼠标至工具栏左上方边缘处，待鼠标变为 ✛ 状时按住鼠标拖动，即可使工具栏浮动显示，如图 1-15 所示。若想改变浮动工具栏组的大小，可以移动鼠标至浮动工具栏组边框处，拖拽改变，如图 1-16 所示。

图 1-15   图 1-16

知识链接 🔗

移动鼠标至工具栏空白处右击鼠标或单击工具栏组右侧的"选项" ⚙ 按钮，在弹出的快捷菜单中选择"锁定停靠的视窗"命令（图 1-17）将锁定工具栏。锁定后的工具栏将无法移动，也无法浮动显示。再次执行该命令将取消锁定工具栏。

用户也可以移动鼠标至工具栏组的名称上，按住鼠标左键拖拽，使其浮动显示，如图 1-18、图 1-19 所示分别为浮动显示"曲面工具"工具栏组和"细分工具"工具栏组的效果。

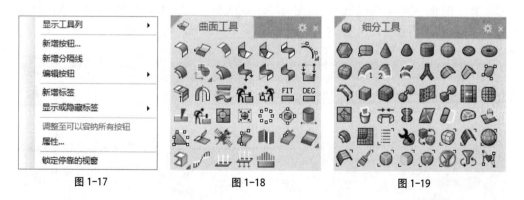

图 1-17   图 1-18   图 1-19

若想停靠工具栏组，将其拖动至 Rhino 图形区域的边缘，待出现矩形时释放鼠标即可，如图 1-20 所示。

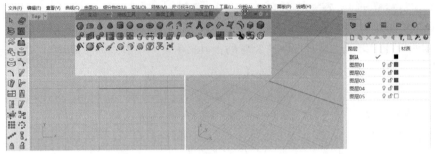

图 1-20

图 1-21

（3）中键

单击鼠标中键，将弹出 Rhino 快捷工具栏，如图 1-21 所示。用户可以按照自己的使用习惯，按住 Ctrl 键将工具栏中的工具复制添加至快捷工具栏中，以提高建模的效率。若想删除快捷工具栏中的工具，按住 Shift 键将快捷工具栏中的工具拖拽至空白位置即可。

 上手实操：制作立方体模型

利用前面所讲的知识创建一个立方体模型（如图 1-22 所示），以使读者体验 Rhino 软件的便捷之处。

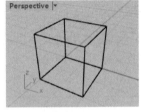

扫码看视频

图 1-22

1.2.5 视图区

Rhino 的主要工作区域就是视图区。默认情况下，视图区呈 4 格分布，分别是 Top 视图、Front 视图、Right 视图和 Perspective 视图，如图 1-23 所示。用户可以根据需要，调整视图区域大小。双击视图名称将最大化显示该视图，隐藏其他视图，如图 1-24 所示。

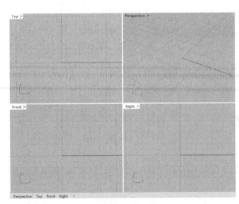

图 1-23

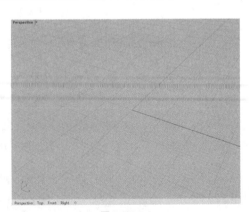

图 1-24

1.2.6 状态栏

状态栏位于工作界面的最底端，在该区域中将显示当前光标位置、图层信息及状态面板等，如图 1-25 所示。

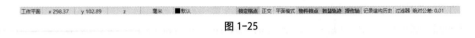

图 1-25

该区域中部分选项的作用如下：

● 锁定格点：选中该选项后将锁定格点，即鼠标光标只能在格点上移动。用户可以在"文件属性"对话框中设置格点间距。

● 正交：选中该选项后将开启正交，即鼠标光标只能在指定角度上移动，一般为 90°的倍数。

● 平面模式：选择该选项后，将开启平面模式，即鼠标只能在上一个指定点所在的平面上移动，便于在三维空间的任意平面上创建曲面。

● 物件锁点：选择该选项后，将开启物件锁点，用户可以在"物件锁点"面板中设置要捕捉的点，如图 1-26 所示。

● 智慧轨迹：选择该选项后，可以智能捕捉端点，以方便线条的绘制。

● 操作轴：选择该选项后将显示操作轴，使用操作轴可以方便移动或缩放物件。

● 记录构建历史：选择该选项后可以记录命令的建构历史，要注意的是，并不是所有命令都支持该选项。

● 过滤器：选择该选项后将打开"选取过滤器"面板，如图 1-27 所示。用户可以根据需要设置要过滤的对象。

图 1-26

图 1-27

1.2.7 面板

Rhino 软件中包括许多面板，如"图层"面板、"属性"面板、"渲染"面板等，通过这些面板，可以方便建模，提高工作效率。用户可以根据需要通过"面板"菜单打开相应的面板。"图层"面板和"属性"面板分别如图 1-28、图 1-29 所示。

图 1-28

图 1-29

"图层"面板是一个非常重要的面板，通过该面板，用户可以对模型进行分层，以便更清晰直观地整理物件。

1.3 Rhino 工作环境

在 Rhino 软件中，用户可以对该软件的工作环境进行设置，使其更符合个人使用习惯，以增强建模速度。

1.3.1 工作平面

工作平面是 Rhino 中非常重要的概念，这是因为物件的绘制基于工作平面。用户可以选择工具栏中的"工作平面"工具组，在其相应的级联按钮中对工作平面进行设置，如图 1-30 所示。

图 1-30

该工具组中部分选项的作用如下：
● 设置工作平面原点 ：单击该按钮后，移动鼠标至视图中合适位置单击，即可重新设置工作平面原点。
● 设置工作平面至物体 ：单击该按钮后，可以根据命令行中的指令选择物体定位工作平面。
● 设置工作平面至曲面 ：单击该按钮后，可以根据命令行中的指令选择曲面定位工作平面。
● 设置工作平面与曲线垂直 ：单击该按钮后，可以根据命令行中的指令选取曲线垂直定位工作平面。
● 旋转工作平面 ：单击该按钮后，可以根据命令行中的指令旋转工作平面。

重点 1.3.2 设置视图

打开 Rhino 软件后，默认呈现 Top、Front、Right 和 Perspective 4 格视图，用户可以选择工具栏中的"设置视图"工具组，在其相应的级联按钮中对视图进行设置，如图 1-31 所示。

图 1-31

该工具组中部分选项的作用如下：
● 平移视图 ：左键单击该按钮，鼠标变为 状，在视图中按住鼠标左键拖拽即可平移视图。也可以在按住 Shift 键的同时按住鼠标右键在视图中拖拽平移视图。
● 旋转视图 / 旋转摄像机 ：左键单击该按钮，在视图中按住鼠标左键拖拽时即可旋转视图；右键单击该按钮，在视图中按住鼠标左键拖拽时即可旋转摄像机。

注意事项

在 Perspective 视图中按住鼠标右键直接拖拽，即可旋转视图。

● 动态缩放 🔍：单击该按钮，在视图中拖拽鼠标可以放大或缩小视图。用户也可以按住 Ctrl+ 鼠标右键在视图中拖拽缩放视图。

● Top 视图 🔳：单击该按钮，将切换当前视图为 Top 视图。

● Bottom 视图 🔳：单击该按钮，将切换当前视图为 Bottom 视图。

● Front 视图 🔳：单击该按钮，将切换当前视图为 Front 视图。

● Right 视图 🔳：单击该按钮，将切换当前视图为 Right 视图。

● Left 视图 🔳：单击该按钮，将切换当前视图为 Left 视图。

● Back 视图 🔳：单击该按钮，将切换当前视图为 Back 视图。

● Perspective 视图 🔳：单击该按钮，将切换当前视图为 Perspective 视图。

知识链接 🔗

在视图区中单击视图名称右侧的 🔽 按钮，在弹出的快捷菜单中也可以选择命令对视图的相关属性进行设置，如图 1-32 所示。

图 1-32

重点 **1.3.3　显示设置**

Rhino 中的物体默认显示线框模式，用户可以选择工具栏中的"显示"工具组，在其相应的级联按钮中对显示效果进行设置，如图 1-33 所示。

图 1-33

用户可以单击该工具栏组中的工具按钮设置显示模式，如图 1-34、图 1-35 所示分别为"渲染模式"和"艺术风格模式"的效果。

图 1-34

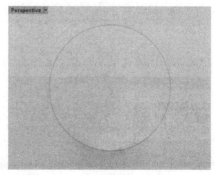

图 1-35

除了显示模式的设置，该工具组中部分按钮的作用如下：

① 切换细分显示：鼠标单击该按钮，将切换视图中细分物件平坦或平滑显示，如图 1-36、图 1-37 所示。用户也可以按键盘上的 Tab 键快速切换。

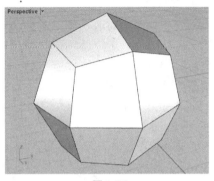

图 1-36

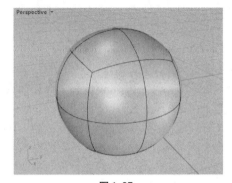

图 1-37

> **注意事项**
>
> 该按钮仅对细分物件有效。

② 设置物件的显示属性：单击该按钮后，可以根据命令行中的指令选择物件单独设置其显示模式，如图 1-38、图 1-39 所示。

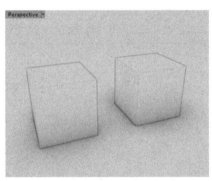

图 1-38

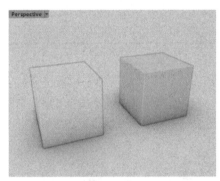

图 1-39

③ 新增截平面：单击该按钮，可以在视图中添加截平面，以观察物件截面效果，如图 1-40、图 1-41 所示。

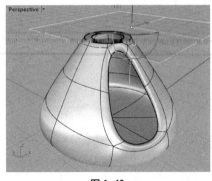

图 1-40

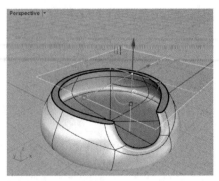

图 1-41

④ 停用截平面 / 启用截平面：左键单击该按钮，可以停用截平面；右键单击该按钮，可以启用截平面。

1.4 Rhino 选项的设置

通过"Rhino 选项"对话框，可以对 Rhino 软件中的文件属性、Rhino 选项等进行设置。执行"工具 > 选项"命令，即可打开"Rhino 选项"对话框，如图 1-42 所示。本节将对此进行介绍。

图 1-42

1.4.1 文件属性

打开"Rhino 选项"对话框，可以看到其左侧的选项卡中分为"文件属性"和"Rhino 选项"两大类，其中，"文件属性"中包括单位、附注、格线、网格等选项。

（1）单位

单位是建模中非常重要的参数。选择"Rhino 选项"对话框中的"单位"选项卡，在该选项卡中包括"模型"和"图纸配置"两种选项。选择这两种选项中的一个，在对话框右侧可以对相应的参数进行设置，如图 1-43、图 1-44 所示。

图 1-43

图 1-44

该选项卡对应的对话框中部分参数的作用如下：

● 模型单位 / 图纸配置单位：用于设置单位，包括"毫米""厘米""米"等，如图 1-45 所示。系统默认选择"毫米"单位。

● 绝对公差：用于设置误差容许限度，公差越小，建模精度越高。一般保持默认值 0.001mm 即可。

● 角度公差：用于设置角度误差容许限度。

（2）格线

格线的主要作用是辅助建模，帮助用户更好地理解物件比例。选择"格线"选项卡，在对话框右侧部分可以对其参数进行设置，如图 1-46 所示。

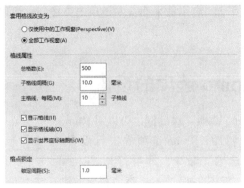

图 1-45 图 1-46

该选项卡对应的对话框中部分参数的作用如下：

- 总格数：用于设置视图中的格数，最高为 100000。
- 子格线间隔：用于设置子格线之间的距离。
- 主格线，每隔：用于设置主格线之间的子格线数量。如图 1-47、图 1-48 所示分别为设置 10 和 5 的效果。

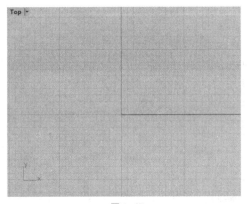

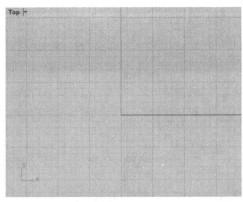

图 1-47 图 1-48

- 锁定间距：用于设置选择"锁定格点"选项时，格点锁定的间距。

（3）网格

"网格"选项卡中的参数主要用于设置渲染网格的品质，如图 1-49 所示。系统默认为设置"平滑、较慢"，用户可以根据需要，选择"粗糙、较快"或"自定义"选项。

图 1-49

1.4.2 Rhino 选项

"Rhino 选项"中包括插件程序、工具列、建模辅助等选项卡，通过该区域中的选项，可以对 Rhino 的外观、自动保存、插件程序等进行设置，如图 1-50 所示。

（1）建模辅助

选择"Rhino 选项"对话框中的"建模辅助"选项卡，在对话框右侧可以设置格点锁定、物件锁点、工作平面等，如图 1-51 所示。

图 1-50①

图 1-51

用户也可以展开该选项卡，选择"推移设置""智慧轨迹与参考线""光标工具提示"和"操作轴"四个选项中的一个，并对其参数进行设置。"建模辅助"中各选项卡的作用如下：

● 推移设置：用于设置移动物件的方向、快捷键以及推移步距，如图 1-52 所示。

● 智慧轨迹和参考线：用于设置智慧轨迹与参考线，包括建立智慧点的延迟时间、智慧点的最大数目、参考线的颜色等，如图 1-53 所示。

● 光标工具提示：用于设置光标工具提示，如图 1-54 所示。

图 1-52   图 1-53   图 1-54

● 操作轴：用于对操作轴的相关参数进行设置，包括轴线的颜色、大小等，如图 1-55 所示。

（2）外观

"外观"选项卡中的选项可以对软件的外观进行设置，包括显示内容、工作视窗颜色、物件显示颜色等，如图 1-56 所示。用户可以根据个人习惯进行更改。

（3）文件

"文件"选项卡中可以设置文件自动保存、文件锁定等，如图 1-57 所示。自动保存设置可以有效避免软件在非正常关闭状态下数据丢失的现象。

---

❶ 图 1-50 中"连结工作视窗"应为"联结工作视窗"，"拖曳"应改为"拖拽"。

图 1-55

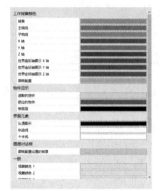
图 1-56

图 1-57

上手实操：自定义工作界面格线参数

为了便捷绘图、提高绘图效率，对格线参数进行自定义设置，包括子格线和主格线，以及"主格线"颜色等，如图 1-58 所示。

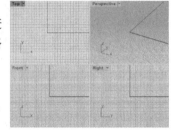

图 1-58

扫码看视频

扫码看视频

综合实战：制作儿童圆凳模型

本案例练习制作儿童圆凳模型，涉及的知识点包括显示模式的调整、实体的绘制、边缘倒角的制作等。本案例仅练习制作圆凳造型，对其中的结构不做深度解析。

Step01：打开 Rhino 软件，保持默认设置，单击侧边工具栏中"立方体：角对角、高度" 🔲工具右下角的"弹出建立实体" ◢按钮，在弹出的"建立实体"工具组中单击"圆柱体" 🔲工具，在命令行中输入 0，确定圆心位于原点，按 Enter 键确认，如图 1-59 所示。

Step02：在命令行中选择"半径"，输入 130，右击确认，如图 1-60 所示。

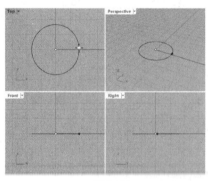
图 1-59

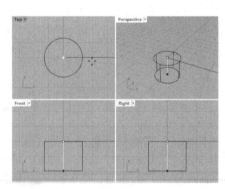
图 1-60

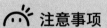 注意事项

输入半径时，需保证鼠标在 Top 视图中。

Step03：继续输入 28，设置圆柱体高度，此时，命令行中指令如下：

指令：_Cylinder
圆柱体底面 (方向限制 (D)= 垂直　实体 (S)= 是　两点 (P)　三点 (O)　正切 (T)　逼近数个点 (F)): 0
半径<3.00>(直径 (D)　周长 (C)　面积 (A)　投影物件锁点 (P)= 是): 130　　（设置圆柱体底面半径为130mm）
圆柱体端点 <6.00>(方向限制 (D) = 垂直　两侧 (B)= 否): 28　　（设置圆柱体高度为28mm）

Step04：右击确认，创建一个底面半径为 130mm，高为 28mm 的圆柱体，如图 1-61 所示。

Step05：选择 Perspective 视图，选择工具栏中的"显示"工具组，在其级联按钮中单击"着色 / 着色全部工作视窗" ⬤按钮，设置着色显示模式，如图 1-62 所示。

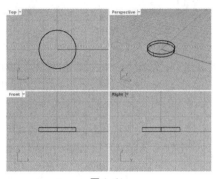

图 1-61

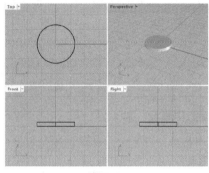

图 1-62

Step06：选择工具栏中的"标准"工具组，单击侧边工具栏中"布尔运算联集" ⬤工具右下角的"弹出实体工具" ◢按钮，在弹出的"实体工具"工具组中单击"边缘圆角 / 不等距边缘混接" ⬛工具，在命令行中设置下一个半径为"10"，此时命令行中的指令如下：

指令：_FilletEdge
选取要建立圆角的边缘 (显示半径 (S) = 是　下一个半径 (N) =1　连锁边缘 (C)　面的边缘 (F)　预览 (P) =
否　编辑 (E)): 下一个半径　　　　　　　　　　（选择选项用于设置圆角下一个半径）
下一个半径 <1>: 10　　　　　　　　　　　　　　（设置圆角下一个半径为"10"）

Step07：选择圆柱体边缘，右击确认，创建圆角，如图 1-63 所示。

Step08：单击侧边工具栏中的"圆：中心点、半径" ⊙工具，在 Top 视图中合适位置单击，设置圆心，如图 1-64 所示。

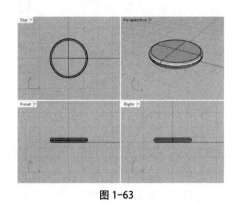

图 1-63

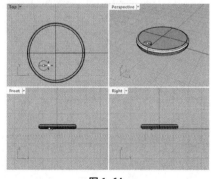

图 1-64

Step09：在命令行中选择"半径"，输入 14，右击确认，创建一个半径为 14mm 的正圆，如图 1-65 所示。

Step10：使用相同的方法，创建一个半径为 19mm 的正圆，在 Front 视图中调整其位置，如图 1-66 所示。

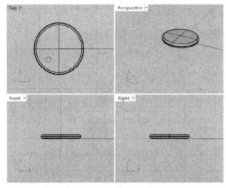
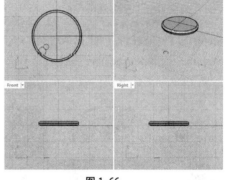

图 1-65   图 1-66

知识链接 ⟳

调整物件位置时，可以打开操作轴，单击操作轴箭头输入数值，以精准地进行移动。本案例中半径为 19mm 的正圆向下移动的距离为 202mm，两个正圆圆心 X 轴、Y 轴的距离分别是 20mm。

Step11：选中绘制的 2 个正圆，执行"曲面 > 放样"命令，在 Top 视图中设置接缝点，如图 1-67 所示。

Step12：右击确认，打开"放样选项"对话框，保持默认设置，如图 1-68 所示。单击"确定"按钮，创建曲面。

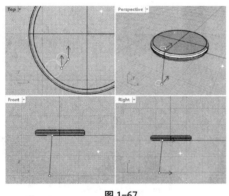

图 1-67   图 1-68

Step13：执行"曲面 > 平面曲线"命令，选中新创建曲面底部边缘，右击确认，创建曲面，如图 1-69 所示。

Step14：选中创建的 2 个曲面，单击侧边工具栏中的"组合" 按钮，将其组合成多重曲面，如图 1-70 所示。

Step15：单击"实体工具"工具组中的"边缘圆角 / 不等距边缘混接" 工具，在命令行中设置下一个半径为"3"，右击确认，选中多重曲面底部边缘，右击确认，创建圆角，如图 1-71 所示。

Step16：使用"圆柱体" 工具创建一个半径为 15mm，高为 1mm 的圆柱体，并调整至合适位置，作为脚垫，如图 1-72 所示。

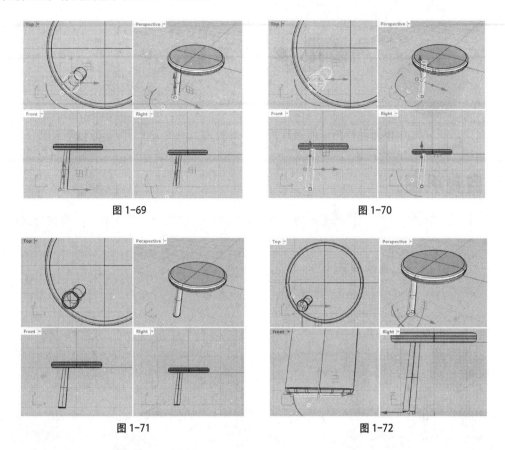

图 1-69　　　　　　　　　　　　　　图 1-70

图 1-71　　　　　　　　　　　　　　图 1-72

Step17：选中多重曲面与新绘制的圆柱体，执行"变动 > 阵列 > 环形"命令，在命令行中输入 0，右击确认，设置环形阵列中心点为原点，如图 1-73 所示。

Step18：设置阵列数为 4，右击确认，保持默认设置，右击确认，预览效果，如图 1-74所示。

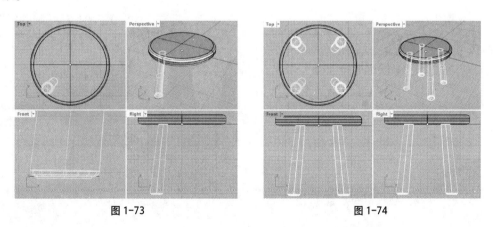

图 1-73　　　　　　　　　　　　　　图 1-74

Step19：继续右击确认，接受设定，如图 1-75 所示。

Step20：双击 Perspective 视图，使其最大化显示，并调整显示模式为"渲染模式"，效果如图 1-76 所示。

至此，完成儿童圆凳的制作。

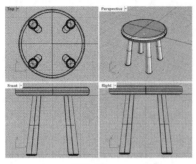

图 1-75 图 1-76

✏️ 自我巩固

完成本章的学习后，可以通过练习本章的相关内容，进一步加深理解。下面将通过2 个练习加深记忆。

1. 自定义模型显示模式

本案例练习对模型的显示模式进行设置，以便更好地理解不同显示模式的区别。如图 1-77 所示分别为不同显示模式的效果。

图 1-77

设计要领：

Step01：打开本章素材文件，切换至"显示"工具组。

Step02：选择不同的显示模式按钮，观察不同显示模式的特点。

2. 自定义图层颜色

本案例练习自定义图层颜色，主要涉及的知识点包括"图层"面板的应用等。设置完成后，效果如图 1-78、图 1-79 所示。

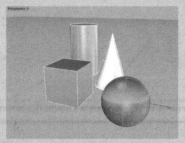

图 1-78 图 1-79

设计要领：

Step01：打开本章素材文件，打开"图层"面板。

Step02：单击要修改的图层颜色色块，打开"选择图层颜色"对话框设置颜色。

Step03：重复操作，修改图层颜色，此时，相应图层上的模型颜色也会随之改变。

Rhino

第2章
Rhino 基础操作

📄 **内容导读:**

在正式学习 Rhino 建模之前，需要先了解 Rhino 中的一些基础操作，如文件的管理、对象的基本操作等。通过掌握 Rhino 中的基础操作，可以更好地处理与变换模型物件，得到需要的效果。

🎯 **学习目标:**

- 学会打开、新建、保存文件；
- 熟练掌握物件的变动操作；
- 学会应用背景图。

2.1 文件的管理

在 Rhino 软件中，用户可以新建文件，也可以打开已有的文件，对其进行编辑后再重新保存。本节将针对这部分内容进行介绍。

2.1.1 打开 / 关闭文件

用户可以选择多种方式打开 Rhino 模型文件，以便对其进行修改。下面将针对打开和关闭文件的方法进行介绍。

（1）打开文件

在 Rhino 软件中，常见的打开模型文件的方式包括以下 4 种：

① 执行"文件 > 打开"命令，在弹出的"打开"对话框中选择要打开的文件后，单击"打开"按钮即可，如图 2-1、图 2-2 所示；

图 2-1　　　　　　　　　　　　　图 2-2

② 按 Ctrl+O 组合键，打开"打开"对话框，选择要打开的文件；

③ 单击"标准"工具栏组中的"打开文件 / 导入" 按钮，打开"打开"对话框，选择要打开的文件；

④ 直接双击文件夹中的模型文件。

（2）关闭文件

常用的关闭模型文件的方法有两种："结束"命令和直接关闭。用户可以根据需要，执行"文件 > 结束"命令或直接单击软件工作界面右上角的"关闭" ×按钮关闭软件。

> ⚠️ **注意事项**
>
> 若关闭文件之前没有保存文件，在关闭文件时将弹出提示对话框，如图 2-3 所示。单击"是"按钮将打开"储存"对话框，用户可以在该对话框中设置储存位置、文件名称、保存类型等参数，如图 2-4 所示。

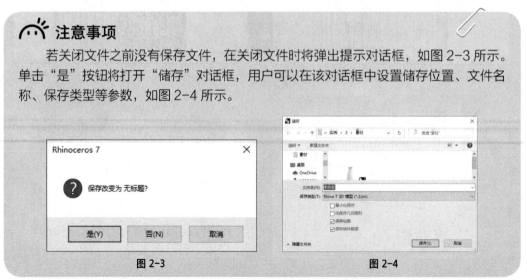

图 2-3　　　　　　　　　　　　　图 2-4

2.1.2　新建文件

除了打开已有的模型文件外，用户还可以新建文件，制作全新的模型。在 Rhino 软件中，用户可以选择以下 3 种常见的方式新建文件：

① 执行"文件 > 新建"命令，打开"打开模板文件"对话框。从中选择合适的选项后单击"打开"按钮即可。

② 按 Ctrl+N 组合键，打开"打开模板文件"对话框进行设置。

③ 单击"标准"工具栏组中的"新建文件" ▯ 按钮，打开"打开模板文件"对话框进行设置。

重点 2.1.3　保存文件

制作完成的模型文件，需要及时保存，以避免软件意外关闭导致的数据缺失等问题。在 Rhino 软件中，用户可以通过执行"保存"命令保存模型文件。

执行"文件 > 保存文件"命令，打开"储存"对话框，从中设置文件的存储路径、文件名、保存类型等。完成后单击"保存"按钮即可。用户也可以按 Ctrl+S 组合键或单击"标准"工具栏组中的"储存文件 / 导出选取的物件" ▦ 按钮，打开"储存"对话框保存文件。

> ☀ **注意事项**
>
> 保存文件时，若当前文件已命名，系统将直接用当前文件名进行保存，不需要进行其他操作；若当前文件未命名，将弹出"储存"对话框进行设置。

🖐 上手实操：保存打开的文件

在学习了保存文件的知识后，对打开的文件（如图 2-5 所示）实施保存，以更好地保护创建的模型文件。

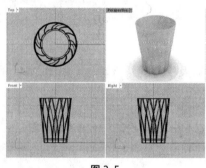

扫码看视频

图 2-5

2.2　对象的基本操作

为了更好地使用软件，处理软件中的对象，用户可以对 Rhino 中的基本操作进行了解，如选择物件、移动物件、复制物件、群组物件等。本节将对此进行介绍。

2.2.1　选择对象

在 Rhino 中，用户可以选择单个物件，也可以选择多个物件，还可以对某一类物件进行选取。

（1）点选

若想选择单个物件，直接移动鼠标至该物件上单击即可将其选中，如图 2-6 所示。若想选取多个物件可以按住 Shift 键单击要选中的物件，如图 2-7 所示。

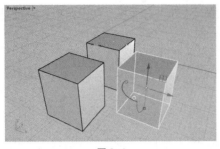

图 2-6

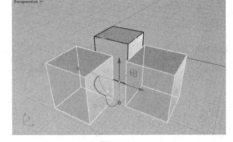

图 2-7

> **知识链接** ∞
>
> 按住 Ctrl 键单击物件可以将其从选择中去除。

（2）框选

框选可以更便捷地选择多个对象。在 Rhino 中，框选分为从左至右框选和从右至左框选两种。从左至右框选只会选中全部在选框内的物件，如图 2-8、图 2-9 所示。

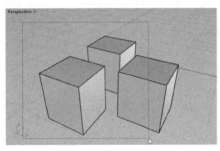

图 2-8

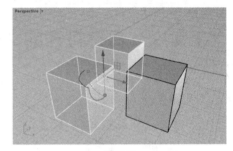

图 2-9

从右至左框选则会选中与选框接触及框内的所有对象，如图 2-10、图 2-11 所示。用户可以在选择时，根据需要，选择合适的框选方式。

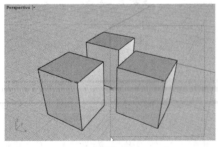

图 2-10

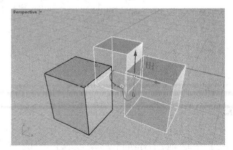

图 2-11

（3）类型选取

除了以上两种直接选择物件的方式，用户还可以根据物件类型进行选择。单击"标准"工具栏组中"全部选取" 按钮右下角的"弹出选取" 按钮或直接选择"选取"工具栏组，在弹出的"选取"工具组中按照类型选择对象，如图2-12所示。

图2-12

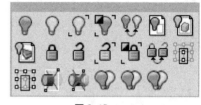

图2-13

该工具组中部分比较常用的工具作用如下：

　　① 隐藏物件／显示物件💡：单击该工具将隐藏选中的物件；右击该工具将显示隐藏的物件。

　　② 锁定物件／解除锁定物件🔒：单击该工具将锁定选中的物件；右击该工具将取消物件的锁定。

　　③ 显示选取的物件💡：单击该工具，将显示隐藏的物件，用户可以选择要显示的物件进行显示。

　　④ 对调隐藏与显示的物件💡：单击该工具，将对调显示的物件与隐藏的物件，即显示隐藏的物件，隐藏显示的物件。

　　⑤ 解除锁定选取的物件🔓：单击该工具，即可选取锁定物件中需要解除锁定的物件进行解除锁定。

　　⑥ 对调锁定与未锁定的物件🔓：单击该工具，将对调锁定物件与未锁定的物件，即锁定未锁定的物件，解锁锁定的物件。

[重点] 2.2.2 移动

　　选择物件后，按住鼠标左键进行拖动即可移动其位置。若想精确地移动物件，可以通过"移动"◢按钮来实现。

　　选择要移动的物件，执行"变动＞移动"命令，或单击"变动"工具栏组中的"移动"◢工具，或单击侧边工具栏中的"移动"◢工具，选择移动的起点，然后设置移动的终点即可，如图2-14、图2-15所示。

　　用户也可以选择"移动"◢按钮后，在命令行中设置精确的参数移动物件。

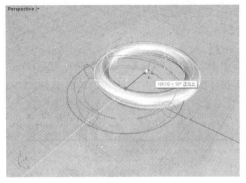

图 2-14

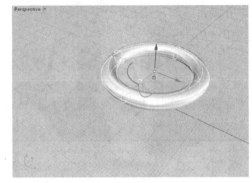

图 2-15

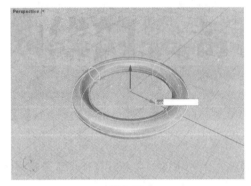

图 2-16

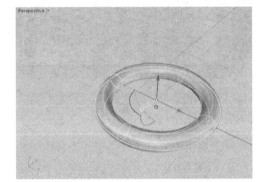

图 2-17

重点 2.2.3 复制

复制物件可以快速得到相同的对象，减少重复性操作的时间，提高工作效率。常见的复制物件的方式有 3 种，下面将对此进行介绍。

（1）执行"复制"命令

选择要复制的对象，执行"变动 > 复制"命令，设置复制的起点，然后设置复制的终点，按 Enter 键完成即可，如图 2-18、图 2-19 所示。

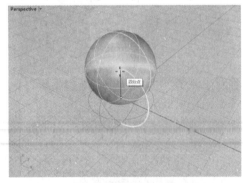

图 2-18

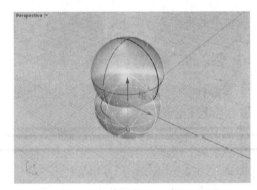

图 2-19

 注意事项

若未按 Enter 键结束，单击将继续复制物件。

（2）"复制" 按钮

单击"变动"工具栏组中或侧边工具栏中的"复制"工具，选择要复制的物件，按 Enter 键或鼠标右键确认，设置复制的起点，然后设置复制的终点，完成后按 Enter 键终止即可。

> **知识链接** ✑
>
> 选择要复制的物件后单击"复制"按钮，在命令行中单击"原地复制"，将原地复制选中的对象。用户也可以选中要复制的物件后右击"复制"按钮，原地复制物件。

（3）快捷键

选中要复制的物件后，按 Ctrl+C 组合键复制，按 Ctrl+V 组合键粘贴，即可原地复制该物件；也可以选中后按住 Alt 键拖拽复制。

上手实操：复制选中的花瓶

在学习了复制的相关知识后，接下来练习复制花瓶对象（如图 2-20 所示）的操作，在复制时需要注意起点、终点的设置。

扫码看视频

图2-20

2.2.4 旋转

Rhino 中的旋转分为 2D 旋转和 3D 旋转两种。2D 旋转是指平面中的旋转，3D 旋转则是空间中的旋转。本小节将针对这两种不同的旋转进行介绍。

（1）2D 旋转

2D 旋转比较简单。单击"变动"工具栏组或侧边工具栏中的"2D 旋转 /3D 旋转" 工具，在视图中选择要旋转的物件，右击确定，然后根据命令行中的指令，依次设置旋转中心点、角度或第一参考点、第二参考点，即可完成旋转，如图 2-21、图 2-22 所示。

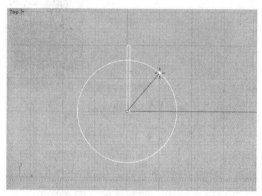

图 2-21

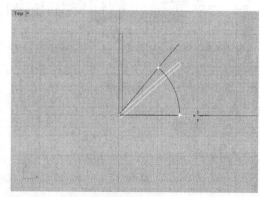

图 2-22

> **知识链接** ✑
>
> 用户也可以通过操作轴旋转物件，如图 2-23、图 2-24 所示。

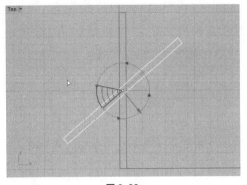

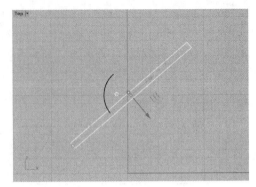

图 2-23   图 2-24

（2）3D 旋转

3D 旋转较为复杂，在进行 3D 旋转时，需要先设置旋转轴。

右击"变动"工具栏组或侧边工具栏中的"2D 旋转 /3D 旋转" 工具，在视图中选择要旋转的物件，右击确定，设置旋转轴起点与终点，然后根据命令行中的指令，依次设置角度或第一参考点、第二参考点，即可完成旋转，如图 2-25、图 2-26 所示。

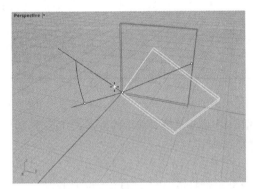

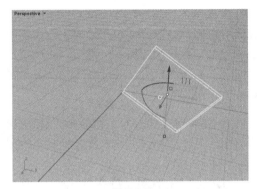

图 2-25   图 2-26

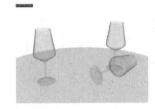

扫码看视频

🖐️ **上手实操：制作倾倒的酒杯**

在学习了旋转的知识后，接下来练习如何调整对象的角度，如图 2-27 所示，此操作过程的关键点是"旋转中心点的设置"。

图2-27

2.2.5　镜像

镜像可以快速地对称并复制物件，创建对称对象。

单击"变动"工具栏组中"镜像" 工具或执行"变动 > 镜像"命令，在视图中选择要镜像的物件，右击确定，设置镜像平面起点和终点，即可完成镜像，如图 2-28、图 2-29 所示。

> 〰️ **注意事项**
>
> 单击侧边工具栏"移动" 🔧工具右下角的"弹出变动" ◢按钮，在弹出的"变动"工具组中也可以找到"镜像" 🔧工具。

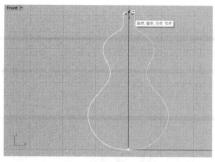
图 2-28

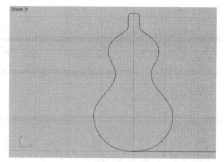
图 2-29

重点 2.2.6　缩放

缩放可以按照一定比例在一定方向上放大或缩小物件。Rhino 中的缩放包括单轴缩放、二轴缩放、三轴缩放、不等比缩放和在定义的平面上缩放 5 种。下面将针对其中 3 种比较常见的缩放进行介绍。

（1）单轴缩放

顾名思义，单轴缩放就是指在工作平面中沿单一方向进行缩放。单击"变动"工具栏组或侧边工具栏中"三轴缩放 / 二轴缩放" 🔘工具右下角的"弹出缩放" ◢按钮，在弹出的"缩放"工具组中选择"单轴缩放" 🔲工具，在视图中选择要缩放的物件，右击确定，根据命令行中的指令依次设置基准点、缩放比或第一参考点、第二参考点等，即可完成缩放，如图 2-30、图 2-31 所示。

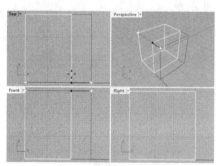
图 2-30

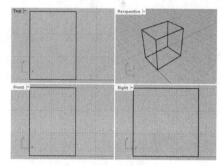
图 2-31

注意事项

在缩放物件时，可以利用操作轴快速地缩放物件，如图 2-32、图 2-33 所示。

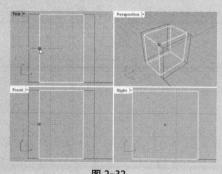
图 2-32

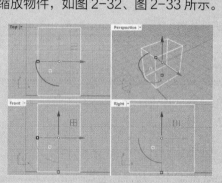
图 2-33

（2）二轴缩放

二轴缩放物件时，物件仅会在工作平面上缩放，而不会整体缩放。右击"变动"工具栏组或侧边工具栏中的"三轴缩放/二轴缩放" 工具，选择要缩放的物件，右击确定，根据命令行中的指令依次设置缩放比或第一参考点、第二参考点，即可完成二轴缩放，如图 2-34、图 2-35 所示。

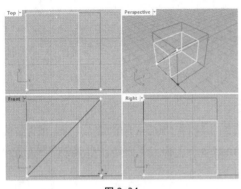

图 2-34

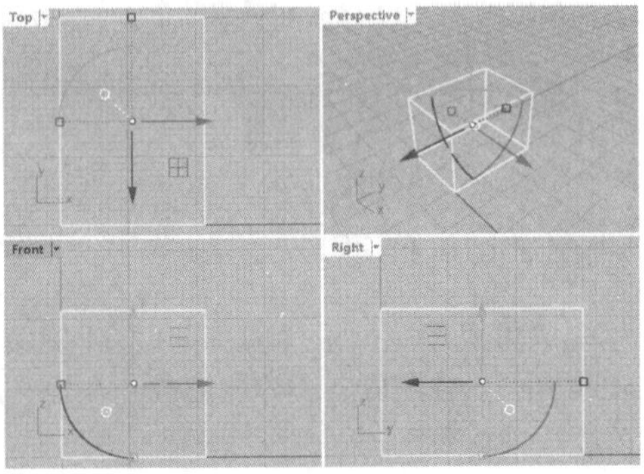

图 2-35

（3）三轴缩放

三轴缩放可以在 X、Y、Z 三轴上以相同的比例缩放物件，操作方法基本与二轴缩放类似，三轴缩放效果如图 2-36、图 2-37 所示。

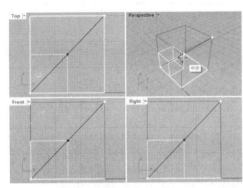
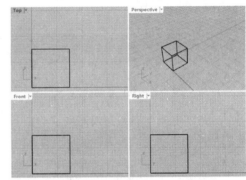

图 2-36

图 2-37

> **知识链接** ✍
>
> 　　除了这三种常见的缩放类型外，在"缩放"工具组中还可以看到"不等比缩放" 工具。单击该工具后，选中要缩放的物件，右击确定，根据命令行中的指令依次设置基点、X 轴的缩放比或第一参考点、X 轴的第二参考点、Y 轴的缩放比或第一参考点、Y 轴的第二参考点、Z 轴的缩放比或第一参考点、Z 轴的第二参考点，完成后即可按照设置不等比缩放选中的物件。

2.2.7　阵列

　　阵列可以规律地复制多个对象。Rhino 中的阵列分为矩形阵列、环形阵列、沿着曲线阵列、在曲面上阵列、沿着曲面上的曲线阵列和直线阵列 6 种。下面将介绍常见的 3 种阵列方式。

（1）矩形阵列

矩形阵列可以在 X、Y 和 Z 轴上有规律地复制物件。选中要阵列的物件，单击"变动"工具栏组或侧边工具栏中的"矩形阵列" ▦ 工具，根据命令行中的指令依次设置 X 方向的数目、Y 方向的数目、Z 方向的数目、底面的另一角或长度、高度，完成后按 Enter 键或右击确定，即可创建矩形阵列，如图 2-38、图 2-39 所示。

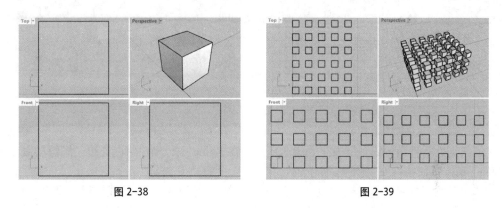

| 图 2-38 | 图 2-39 |

（2）环形阵列

环形阵列可以沿圆弧复制物件。选中要阵列的物件，单击侧边工具栏中"矩形阵列" ▦ 按钮右下角的"弹出阵列" ◢ 按钮，在弹出的"阵列"工具组中选择"环形阵列" ❀ 工具或直接单击"变动"工具栏组中的"环形阵列" ❀ 工具，根据命令行中的指令依次设置环形阵列中心点、阵列数、旋转角度总和或第一参考点、第二参考点，右击确定即可，如图 2-40、图 2-41 所示。

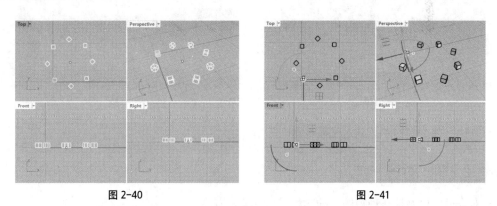

| 图 2-40 | 图 2-41 |

（3）沿着曲线阵列

沿着曲线阵列可以使选中的物件在曲线上以一定规律复制。单击"变动"工具栏组或侧边工具栏中"矩形阵列" ▦ 工具右下角的"弹出阵列" ◢ 按钮，在弹出的"阵列"工具组中单击"沿着曲线阵列" ◤ 工具，选中要阵列的物件，如图 2-42 所示，右击确定，根据命令行中的指令依次选取路径曲线、按元素数量排列，完成后右击确定，效果如图 2-43 所示。

⛅ **注意事项**

另外 3 种阵列的操作方式基本相同，根据命令行中的指令依次设置即可，这里不再赘述。

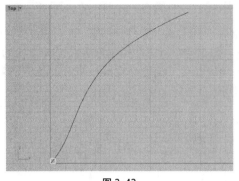

图 2-42

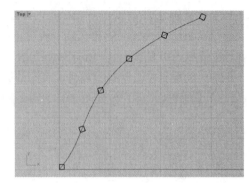

图 2-43

2.2.8　倾斜

倾斜是指物件沿一定角度发生歪斜的现象。在 Rhino 中，用户可以通过"倾斜"命令或"倾斜" ▨ 按钮使物件发生倾斜。

选中要倾斜的物件，单击"变动"工具栏组中的"倾斜" ▨ 工具或执行"变动>倾斜"命令，按照命令行中的指令依次设置基点、参考点与倾斜角度，即可使对象发生倾斜，如图 2-44、图 2-45 所示。

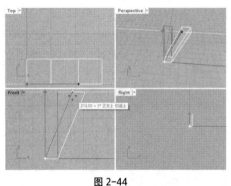

图 2-44

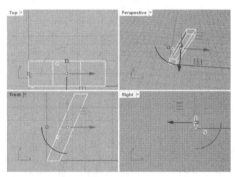

图 2-45

其中，基点是指不会随之倾斜的点。

(重点) **2.2.9　对齐**

对齐可以更好地整理视图中的物件，使其整齐有序。

选择要对齐的物件，执行"变动 > 对齐"命令或单击"变动"工具栏组中的"对齐物件" ▨ 工具，在命令行中单击选择对齐方式即可，命令行指令如下：

> 指令：_Align
> 对齐方式 (对齐至 (A) = 工作平面　向下对齐 (B)　双向置中 (C)　水平置中 (H)　向左对齐 (L)　向右对齐 (R)　向上对齐 (T)　垂直置中 (V)　到曲线 (O)　到直线 (I)　到平面 (P))：

完成后设置对齐点，即可使选中对象按照设置的对齐方式对齐，如图 2-46、图 2-47 所示。

除了通过"对齐物件" ▨ 按钮或对齐命令外，用户还可以单击"对齐物件" ▨ 按钮右下角的"弹出对齐与分布" ◢ 按钮，在弹出的"对齐与分布"工具组中选择合适的对齐工具或分布工具，如图 2-48 所示。

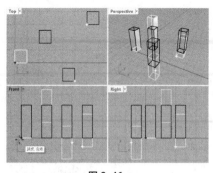
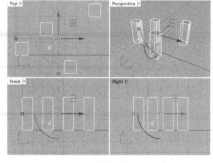
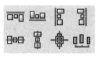

图 2-46   图 2-47   图 2-48

2.2.10 扭转

扭转可以通过指定的扭转轴旋转物件使物件变形。

选中要扭转的物件，单击"变动"工具栏组中的"扭转" 工具，设置扭转轴起点和终点，再设置角度或第一参考点，即可扭转物件，如图 2-49、图 2-50 所示。

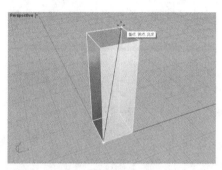
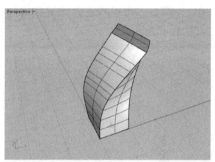

图 2-49   图 2-50

> ☀ **注意事项**
>
> 设置不同的扭转轴，得到的扭转效果也不一样。

重点 **2.2.11 弯曲**

弯曲可以通过沿骨干弯曲来变形物件。

单击"变动"工具栏组中的"弯曲" 工具，选取要弯曲的物件，右击确定，设置骨干起点和终点，然后设置弯曲的通过点，即可弯曲物件，如图 2-51、图 2-52 所示。

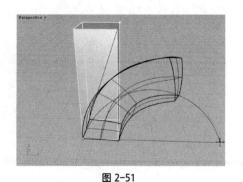

图 2-51   图 2-52

注意事项

也可以单击侧边工具栏中"沿着曲面流动" 按钮右下角的"弹出变形工具" 按钮，在弹出的"变形工具"工具组中选择"弯曲" 按钮。

上手实操：制作 90°弯头模型

在学习了弯曲的知识后，练习制作 90°弯头模型，如图 2-53 所示。

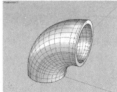

扫码看视频

图2-53

2.2.12 锥状化

锥状化工具可以使对象靠近或远离指定轴发生锥状化变形。

单击"变动"工具栏组中的"锥状化" 工具，选取要变形的物件，右击确定，设置锥状轴的起点和终点，再设置起始距离和终止距离，即可使物件按照设置发生锥状化变形，如图 2-54、图 2-55 所示。

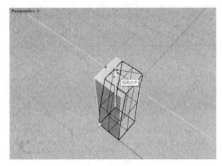

图 2-54

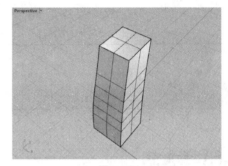

图 2-55

2.2.13 群组

群组工具可以组合多个物件，使其作为一个整体来进行操作。

选中要群组的多个物件，如图 2-56 所示。单击侧边工具栏中的"群组物件" 工具即可。群组后的物件将作为一个整体，用户单击其中一个物件即可选中整个群组。若想取消群组，单击"解散群组" 工具即可，如图 2-57 所示。

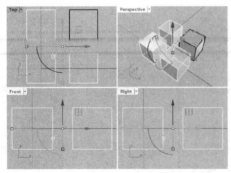

图 2-56

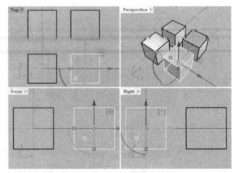

图 2-57

单击侧边工具栏中的"群组物件" 工具右下角的"弹出群组" 按钮，在弹出的"群组"工具组中还可以看到更多与群组相关的工具，如图 2-58 所示。

图 2-58

部分工具作用如下：

① 加入至群组 ：单击该按钮可以选择物件将其添加至已有的群组中。

② 从群组去除 ：单击该按钮可以选择物件将其与其所在的群组分离。

③ 设置群组名称 ：用于设置群组名称。要注意的是，群组名称区分大小写。

重点 2.2.14　组合

组合工具可以将相同属性的物件连接到一起形成单个对象。

单击侧面工具栏中的"组合" 工具，选择要连接的对象（曲线、曲面、多重曲面或网格），右击确认即可将物件组合，如图 2-59、图 2-60 所示。

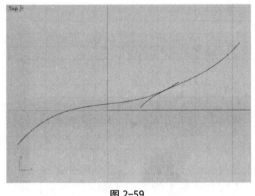

图 2-59

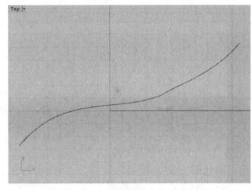

图 2-60

选中组合的对象或多重曲面，单击侧面工具栏中的"炸开 / 抽离曲面" 按钮，即可将其炸开为单一曲线或曲面。

> **知识链接**
>
> 合并是 Rhino 软件中非常重要的一个工具，常用于制作倒角等。

👑 进阶案例：制作加湿器模型

本案例练习制作加湿器造型。涉及的知识点包括阵列、打散、组合等，下面将介绍具体的操作步骤。

Step01：打开 Rhino 软件，单击侧边工具栏中的"多边形：中心点、半径"工具，在命令行中输入 0，右击确认，设置内接多边形中心点为坐标原点，如图 2-61 所示。

Step02：单击命令行中的"边数"选项，设置边数为 24，右击确认，输入 45，设置多边形的角，右击确认，并确定角位置，如图 2-62 所示。

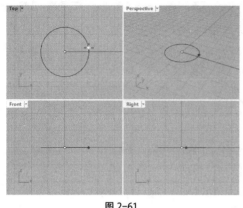

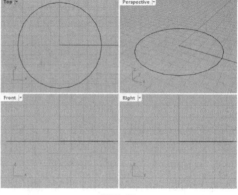

图 2-61　　　　　　　　　　　　　　　图 2-62

> ### 注意事项
>
> 　　Rhino 中默认子格线间隔为 10mm。为了更好地绘制与观察，在制作模型前，需要执行"文件 > 文件属性"命令，打开"文件属性"对话框，选择"格线"选项卡，设置子格线间隔为 1mm，如图 2-63❶ 所示。

图 2-63

Step03：使用相同的方法，绘制一个角距中心点 4mm 的 24 边形，如图 2-64 所示。

Step04：在 Front 视图中选中 2 个多边形，单击操作轴向上的箭头，输入数值 30，将多边形向上移动 30mm，再选中小多边形，将其向上移动 113mm，如图 2-65 所示。

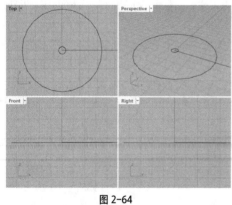

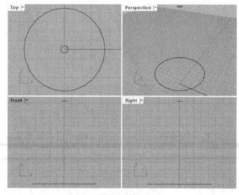

图 2-64　　　　　　　　　　　　　　　图 2-65

Step05：单击侧边工具栏中的"控制点曲线 / 通过数个点的曲线"工具，在 Front 视图中绘制曲线，右击结束绘制，如图 2-66 所示。

---

❶ 图 2-63 中"显示世界座标轴图标"应改为"显示世界坐标轴图标"。

Step06：选中绘制的曲线，按 Ctrl+C 组合键复制，Ctrl+V 组合键粘贴。单击侧边工具栏中的"2D 旋转 /3D 旋转" 🖫 工具，在命令行中输入 0，右击确认，设置旋转中心点为坐标原点，然后在命令行中输入 15，右击确认，设置旋转角度，效果如图 2-67 所示。

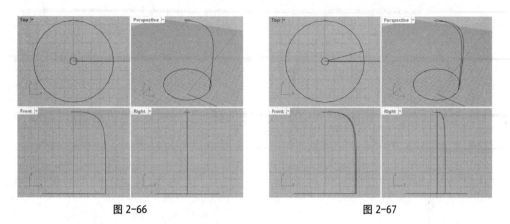

图 2-66　　　　　　　　　　　　　图 2-67

Step07：选中绘制的两条曲线，单击侧边工具栏中的"修剪 / 取消修剪" 🖫 工具，在多边形曲线上单击，修剪掉多余的部分，如图 2-68 所示。右击确认完成操作。

Step08：执行"曲面 > 边缘曲线"命令，根据命令行中的指令，选取曲线，创建曲面，如图 2-69 所示。

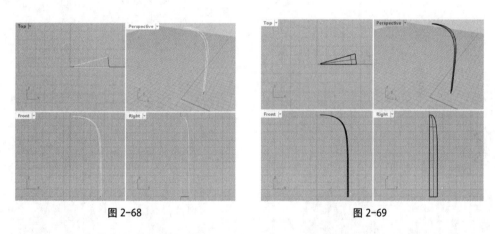

图 2-68　　　　　　　　　　　　　图 2-69

Step09：选中曲线，单击"标准"工具栏组中的"隐藏物件 / 显示物件" 💡 工具，隐藏曲线。选中曲面，单击"变动"工具栏组中的"环形阵列" ❀ 工具，右击使用工作平面原点，在命令行中设置阵列数为 24，右击确认，后面保持默认，右击确认 2 次，即可阵列选中的曲面，如图 2-70 所示。

Step10：选中所有曲面，单击侧面工具栏中的"组合" 🗟 工具，组合曲面，如图 2-71 所示。

Step11：选中组合的曲面，执行"曲面 > 偏移曲面"命令，设置偏移方向向内，如图 2-72 所示。

Step12：单击命令行中的"距离"选项，设置距离为 1.1mm，右击确认，效果如图 2-73 所示。

Step13：切换至 Front 视图，单击"多重直线 / 线段" 〜 工具绘制直线，如图 2-74 所示。

Step14：选中新绘制的直线，单击侧边工具栏中的"修剪 / 取消修剪" 🖫 工具，在偏移曲面下半部分单击，修剪掉多余的部分，如图 2-75 所示。删除直线。

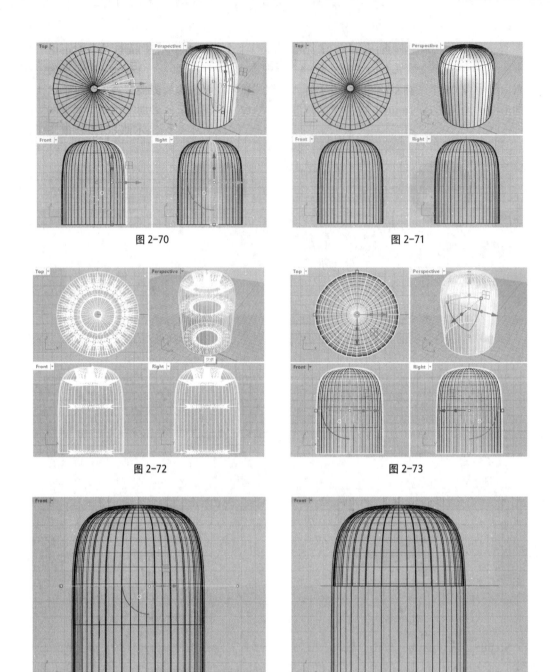

图 2-70   图 2-71

图 2-72   图 2-73

图 2-74   图 2-75

Step15：执行"曲面 > 平面曲线"命令，选择偏移曲面底部边缘，右击确认创建平面，如图 2-76 所示。

Step16：选中新建曲面与偏移曲面，单击侧面工具栏中的"组合" 🔧 工具，组合曲面。如图 2-77 所示。

Step17：选中最外部曲面，执行"曲面 > 偏移曲面"命令，设置偏移方向向外，距离为"1"，"实体"选项为"是"，效果如图 2-78 所示。

Step18：切换至 Front 视图，执行"实体 > 圆柱体"命令，在视图中合适位置设置圆柱体底面原点，然后在命令行中设置半径为 4mm，高 10mm，创建圆柱体，如图 2-79 所示。

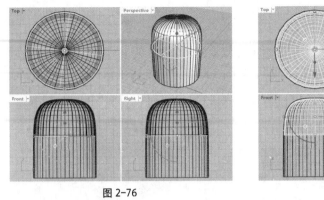

图 2-76

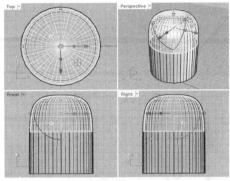

图 2-77

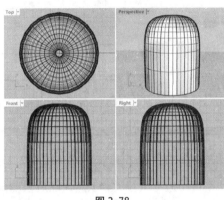

图 2-78

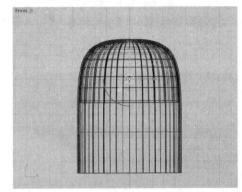

图 2-79

Step19：选中偏移实体，执行"分析 > 方向"命令，单击命令行中的"反转"选项，反转实体方向，右击确认。选中圆柱体与偏移实体，按 Ctrl+C 组合键复制，按 Ctrl+V 组合键粘贴。执行"实体 > 相交"命令，根据命令行中的指令，选中一个圆柱体，右击确认，然后选中一个偏移实体，右击确认，创建相交，如图 2-80 所示。

Step20：选中另一个完整的偏移实体，执行"实体 > 差集"命令，根据命令行中的指令，选中圆柱体，右击确认，创建布尔运算差集，效果如图 2-81 所示。

注意事项

实体布尔运算时，其结果受物件方向影响，在创建布尔运算之前，需要首先确认方向无误。

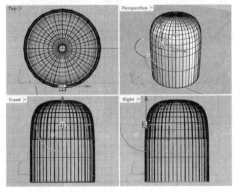

图 2-80

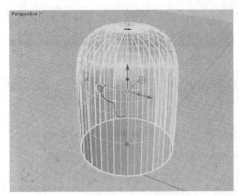

图 2-81

Step21：执行"曲线 > 从物件建立曲线 > 复制边缘"命令，选取布尔相交后的物件边缘进行复制，右击确认，如图 2-82 所示。

Step22：切换至 Right 视图，单击侧边工具栏中的"修剪 / 取消修剪" 工具，在布尔相交后的物件凸出处单击，修剪掉多余部分，如图 2-83 所示。右击确认，删除多余曲线。

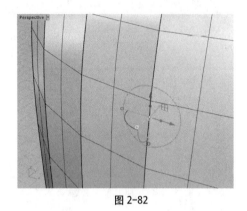

图 2-82   图 2-83

Step23：切换至 Perspective 视图，执行"曲面 > 边缘曲线"命令，选取修剪后的物件边缘，创建曲面，如图 2-84 所示。加选修剪曲面，单击侧面工具栏中的"组合" 工具，将其组合成封闭曲面。

Step24：单击侧边工具栏中"布尔运算联集" 工具右下角的"弹出实体工具" 按钮，在弹出的"实体工具"工具组中选择"边缘圆角 / 不等距边缘混接" 工具，然后选取偏移曲面相应的边缘，创建圆角，如图 2-85 所示。

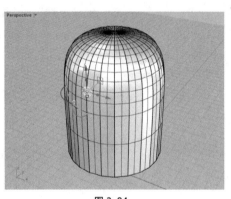
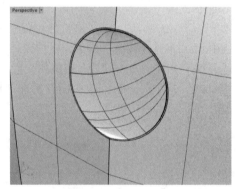

图 2-84   图 2-85

Step25：继续绘制一个半径 2mm，长为 8mm 的圆柱体，如图 2-86 所示。按 Ctrl+C 组合键复制，按 Ctrl+V 组合键粘贴。

Step26：选中最外层实体，执行"实体 > 差集"命令，然后选取圆柱体，右击确认，创建布尔运算差集。使用相同的方法，选中内部多重曲面，执行"实体 > 差集"命令，再选取圆柱体，继续创建布尔运算差集，效果如图 2-87 所示。

Step27：在该处圆洞中绘制一个半径为 1mm，长为 4mm 的圆柱体，并为圆柱体顶端添加半径为 8mm 的圆角，效果如图 2-88 所示。

Step28：切换至 Top 视图，绘制一个半径为 4mm，高为 1mm 的圆柱体和一个半径为 0.3mm，高为 2mm 的圆柱体，并应用布尔运算差集，制作孔，调整至合适位置，效果如图 2-89 所示。

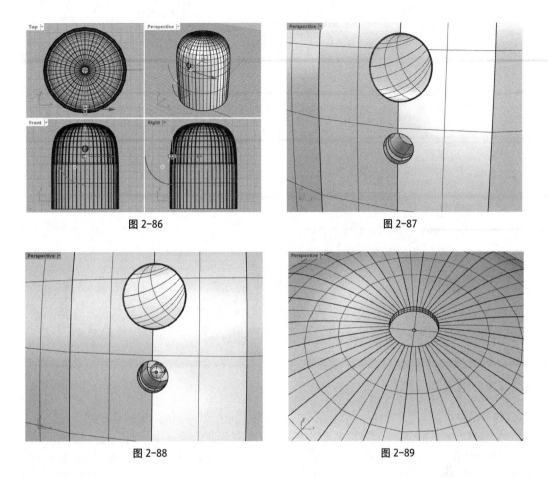

图 2-86

图 2-87

图 2-88

图 2-89

Step29：继续创建一个半径为 45mm，高为 80mm 的圆柱体和一个半径为 4mm，高为 55mm 的圆柱体，如图 2-90 所示。

Step30：单击"实体工具"工具组中的"边缘圆角 / 不等距边缘混接" 🔷 工具，在命令行中设置下一个半径为 15mm，选择新绘制圆柱体的底面边缘，创建圆角，效果如图 2-91 所示。

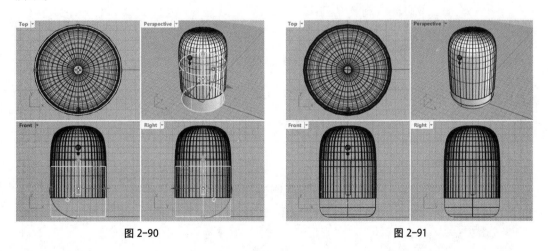

图 2-90

图 2-91

Step31：切换至 Perspective 视图，选择"渲染工具"工具栏组，选择"设置渲染颜色"工具简单地调整颜色，调整显示模式为"渲染"，效果如图 2-92、图 2-93 所示。

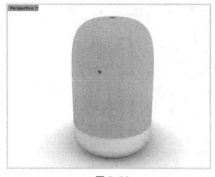
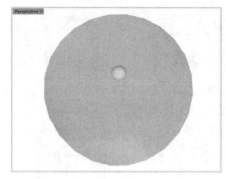

图 2-92　　　　　　　　　　　　　　　　　　图 2-93

至此，完成加湿器造型的制作。

2.2.15　修剪

修剪工具可以剪切和删除一个对象与另一个对象相交处内侧或外侧选定的部分。

单击侧边工具栏中的"修剪 / 取消修剪"工具，根据命令行中的指令选取切割用物件，如图 2-94 所示。右击确认，选取要修剪的物件，即可完成修剪，如图 2-95 所示。右击结束修剪。

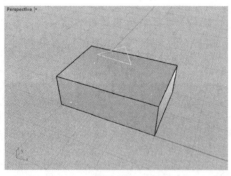
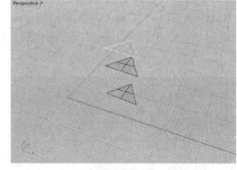

图 2-94　　　　　　　　　　　　　　　　　　图 2-95

若想取消修剪，可以右击"修剪 / 取消修剪"工具，根据命令行中的指令选取要取消修剪的边缘，即可取消修剪，如图 2-98、图 2-99 所示。

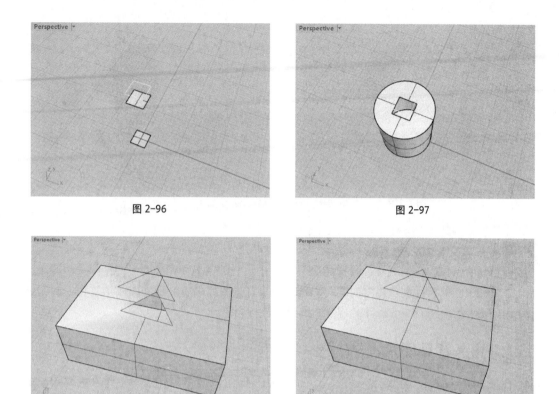

图 2-96

图 2-97

图 2-98

图 2-99

2.2.16　分割

分割工具可以将一个物件作为切割物，把另一个物件分割成多个部分。与修剪不同的是，分割并不会删除需要分割物件的部分。

单击侧边工具栏中的"分割 / 以结构线分割曲面" ⚏ 工具，根据命令行中的指令选取要分割的物件，如图 2-100 所示。右击确认，选取切割用物件，右击确认即可完成分割，如图 2-101 所示。

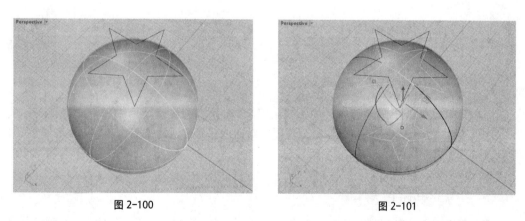

图 2-100

图 2-101

若想以结构线分割曲面，可以右击侧边工具栏中的"分割 / 以结构线分割曲面" ⚏ 工具，根据命令行中的指令选取要分割的物件，右击确认。在曲面上移动设置分割点，如图 2-102 所示，完成后右击确认即可以结构线分割曲面，如图 2-103 所示。

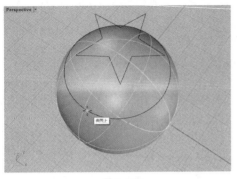
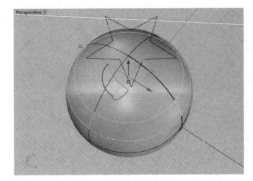

| 图 2-102 | 图 2-103 |

2.3 导入背景图

在使用 Rhino 软件制作模型时，可以选择导入背景图片来更好地把握模型结构，制作更加合理且完善的模型。本节将针对背景图的导入进行介绍。

2.3.1 导入背景图片

在导入背景图时，需要注意将其导入合适的视图中，如在 Top 视图中导入俯视图，在 Front 视图中导入主视图。

选择 Top 视图，执行"查看 > 背景图 > 放置"命令，打开"打开位图"对话框，选择要打开的位图文件，如图 2-104 所示。完成后单击"打开"按钮，在视图中设置第一角的位置，然后再设置第二角或长度，将其导入，如图 2-105 所示。

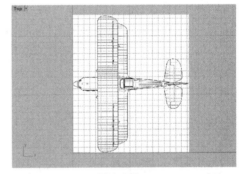

| 图 2-104 | 图 2-105 |

用户也可以单击视图名称右侧的下拉按钮，在弹出的快捷菜单中选择"背景图 > 放置"命令，如图 2-106 所示。打开"打开位图"对话框选择合适的位图将其导入，如图 2-107 所示。

重点 **2.3.2 编辑背景图片**

导入背景图后，还可以对其进行缩放、对齐、移动、隐藏等编辑，如图 2-108 所示，以得到需要的效果。下面将对此进行介绍。

（1）移除

"移除"命令将移除当前工作视图中的背景图。

图 2-106

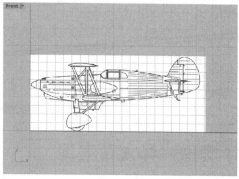

图 2-107

图 2-108

图 2-109

（2）抽离

"抽离"命令可以单独保存当前工作视图中的背景图。单击视图名称右侧的下拉按钮，在弹出的快捷菜单中选择"背景图 > 抽离"命令，打开"保存图片"对话框选择合适的位置、名称、类型等，完成后单击"保存"按钮即可保存背景图，如图 2-109 所示。

（3）隐藏和显示

"隐藏"命令和"显示"命令是相对的。执行"隐藏"命令将隐藏当前工作视图中的背景图；执行"显示"命令将显示当前工作视图中的背景图。

（4）移动

执行"移动"命令可以移动背景图，以便将其放置于合适的位置，如图 2-110、图 2-111所示。

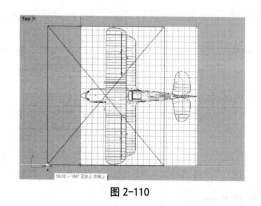

图 2-110　　　　　　　　　　　　　　　　图 2-111

（5）对齐

"对齐"命令可以很便捷地调整背景图像对齐。执行该命令后，根据命令行中的指令依次设置位图上的基准点、位图上的参考点以及工作平面上的基准点、工作平面上的参考点，即可调整对齐。

（6）缩放

"缩放"命令可以调整背景图的大小，帮助用户设置合适的大小，以便后期模型的制作。

（7）灰阶

执行"灰阶"命令将使背景图呈灰阶显示，再次执行该命令将移除灰阶效果，使背景图呈原色显示。

上手实操：导入背景图

导入背景图（如图2-112所示）可以更好地帮助用户把握模型结构比例，从而更加快速地制作模型，用户可以通过网上的图片或手绘图像进行参考。

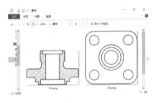

扫码看视频

扫码看视频

图2-112

综合实战：制作闹钟模型

本案例练习制作闹钟模型。涉及的知识点包括移动、镜像、阵列、旋转、群组等。下面将介绍具体的操作步骤。

注意事项

Rhino中默认子格线间隔为10mm，为了更好地绘制与观察，在制作模型前，需要执行"文件 > 文件属性"命令，打开"文件属性"对话框，选择"格线"选项卡，设置子格线间隔为1mm。

1. 制作闹钟主体模型

Step01： 打开Rhino软件，切换至Front视图，单击侧边工具栏中的"圆：中心点、半径"⊘工具，在命令行中输入0，右击确认，设置圆心位于坐标原点。在命令行中设置半径为40mm，右击确认，绘制正圆，如图2-113所示。

Step02： 使用相同的方法，继续绘制半径为42.5mm和40mm的正圆。依次选中半径为40mm的正圆，在Top视图中单击操作轴向上的箭头，分别设置其向上、向下移动26mm，效果如图2-114所示。

Step03： 执行"曲面 > 放样"命令，依次选中这三根曲线，右击确认，打开"放样选项"对话框，保持默认设置后单击"确定"按钮，创建曲面，如图2-115所示。

Step04： 执行"曲面 > 平面曲线"命令，依次选取半径为40mm的正圆，右击确认，创建平面曲面，如图2-116所示。选中三个曲面，单击侧面工具栏中的"组合"🔩工具，将其组合为封闭的多重曲面。

Step05： 执行"面板 > 图层"命令，打开"图层"面板，单击该面板中的"新图层"按钮，新建图层，双击图层名称进行修改，单击"颜色"列表中的颜色色块，打开"选择图层颜色"对话框，设置颜色，重复多次，最终效果如图2-117所示。

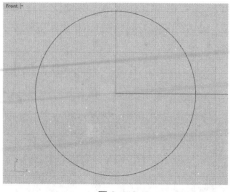

图 2-113

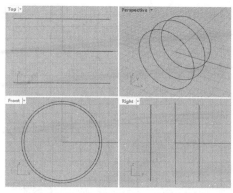

图 2-114

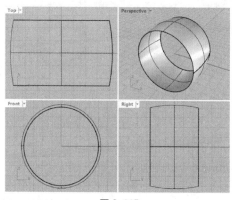

图 2-115

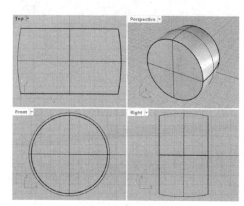

图 2-116

😐 **注意事项**

图层名称及颜色仅是为了更好地区分与辨别物件，用户可以根据需要自定。

Step06：选中封闭的多重曲面，在"属性"面板中设置其图层为"主体"，如图 2-118[1]所示。

图 2-117

图 2-118

---

[1] 图 2-118 中"超连结"应为"超链接"。

Step07：切换至 Front 视图，执行"实体 > 圆柱体"命令，输入 0，设置圆主体底面圆心在坐标原点，然后在命令行中设置半径为 36mm，高为 6mm，创建圆柱体，并调整至合适位置，如图 2-119 所示。

Step08：选中闹钟主体，执行"实体 > 差集"命令，选中圆柱体，右击确认，创建凹陷区域，如图 2-120 所示。

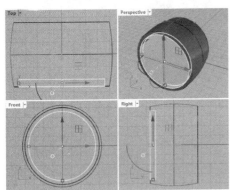
图 2-119

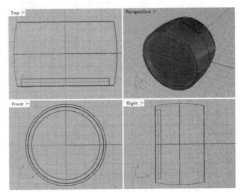
图 2-120

2. 制作闹钟细节模型

Step01：在"图层"面板中选中"刻度"为目前图层。切换至 Front 视图，执行"曲面 > 平面 > 角对角"命令，绘制一个 1mm×3mm 的矩形平面，单击并调整其位置，如图 2-121 所示。

Step02：使用相同的方法，继续绘制一个 0.6mm×1.8mm 的矩形平面，并调整至合适位置，如图 2-122 所示。

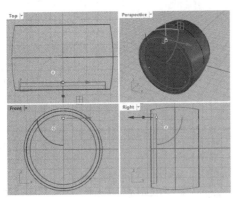
图 2-121

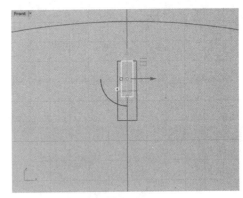
图 2-122

Step03：选中新绘制的矩形平面，单击侧边工具栏中的"2D 旋转 /3D 旋转" 工具，输入 0，右击确认，设置旋转中心点为坐标原点，在命令行中继续输入"-6"，设置旋转角度，效果如图 2-123 所示。

Step04：选中旋转的矩形平面，按 Ctrl+C 组合键复制，按 Ctrl+V 组合键粘贴。继续将其旋转，重复操作，效果如图 2-124 所示。

Step05：选中 5 个矩形平面，单击侧边工具栏中"矩形阵列" 按钮右下角的"弹出阵列" 按钮，在弹出的"阵列"工具组中选择"环形阵列" 工具，右击使用工作平面原点作为环形阵列中心点，设置阵列数为 12，右击确认，保持默认设置，右击确认 2 次，创建环形阵列，如图 2-125 所示。

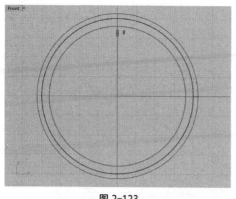

图 2-123

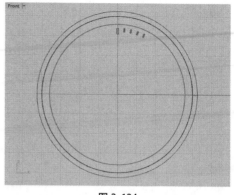

图 2-124

Step06：在"图层"面板中选中"指针"为目前图层。在 Front 视图中绘制一个半径为 2mm，高为 1mm 的圆柱体，在 Top 视图中将其调整至合适位置，如图 2-126 所示。

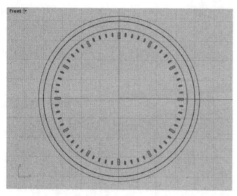

图 2-125

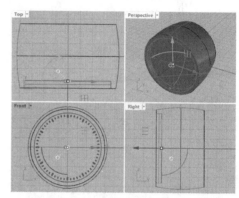

图 2-126

Step07：使用相同的方法，依次创建一个半径为 1.6mm，高为 0.3mm 的圆柱体和一个半径为 2mm，高为 2mm 的圆柱体，并调整至合适位置，如图 2-127 所示。

Step08：执行"实体 > 边缘圆角 > 不等距边缘圆角"命令，在命令行中设置下一个半径为 1.8mm，选中最外侧圆柱体边缘，右击确认，创建边缘圆角，效果如图 2-128 所示。

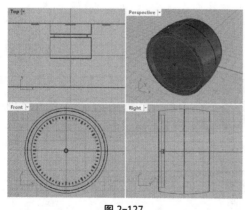

图 2-127

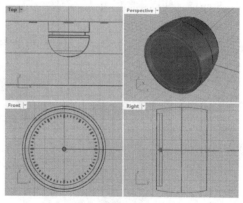

图 2-128

Step09：切换至 Front 视图，执行"曲线 > 多重直线 > 多重直线"命令，绘制多重曲线，如图 2-129 所示。

Step10：执行"曲线 > 圆 > 中心点、半径"命令，设置圆心为坐标原点，在命令行中输入 2，创建一个半径为 2mm 的正圆，并调整多重曲线与正圆至合适位置，如图 2-130 所示。

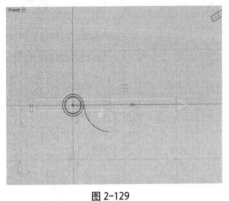

图 2-129　　　　　　　　　　　　　　　　图 2-130

Step11：选中两根曲线，单击侧边工具栏中的"修剪 / 取消修剪" 工具，修剪掉曲线多余部分，右击确认，如图 2-131 所示。单击侧面工具栏中的"组合" 工具，组合曲线。

Step12：选中组合后的曲线，执行"实体 > 挤出平面曲线 > 直线"命令，在命令行中输入 0.1，设置挤出厚度，如图 2-132 所示。隐藏曲线。

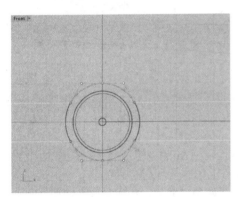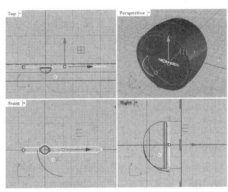

图 2-131　　　　　　　　　　　　　　　　图 2-132

Step13：使用相同的方法，继续绘制指针，并调整至合适角度，如图 2-133 所示。

Step14：在"图层"面板中选中"数字"为目前图层。单击侧边工具栏中的"文字物件" 工具，打开"文本物件"对话框设置参数，如图 2-134 所示。

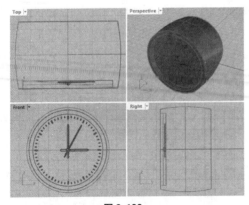

图 2-133　　　　　　　　　　　　　图 2-134

Step15：完成后单击"确定"按钮，在 Front 视图中指定点放置文字，如图 2-135 所示。

Step16：使用相同的方法创建其他文字，并放置在合适位置，如图 2-136 所示。

图 2-135

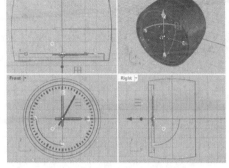

图 2-136

Step17：在"图层"面板中选中"支撑"为目前图层。执行"实体 > 球体 > 中心点、半径"命令，在 Front 视图中绘制半径为 8.6mm 的球体，如图 2-137 所示。

Step18：选中绘制的球体，单击"变动"工具栏组中"镜像" 工具，在命令行中选择"Y 轴"，使球体沿 Y 轴镜像，如图 2-138 所示。

图 2-137

图 2-138

Step19：在"图层"面板中选中"按钮"为目前图层。执行"实体 > 圆柱体"命令，在 Top 视图中绘制一个半径为 5mm，高为 4mm 的圆柱体，调整至合适位置，如图 2-139 所示。

Step20：选中闹钟主体，执行"实体 > 差集"命令，然后选取新创建的圆柱体，右击确认，创建布尔运算差集效果，如图 2-140 所示。

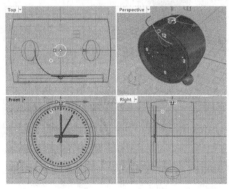

图 2-139

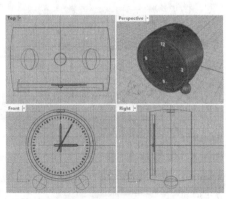

图 2-140

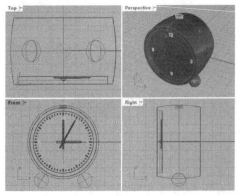

图 2-141

Step21：执行"实体 > 圆柱体"命令，在 Top 视图中绘制一个半径为 4.9mm，高为 6mm 的圆柱体，调整至合适位置，如图 2-141 所示。

3. 制作闹钟背面细节

Step01：执行"实体 > 圆柱体"命令，在 Front 视图中绘制一个半径为 36mm，高为 2mm 的圆柱体，调整至合适位置，如图 2-142 所示。

Step02：选中闹钟主体，执行"实体 > 差集"命令，然后选取新创建的圆柱体，右击确认，创建布尔运算差集效果，如图 2-143 所示。

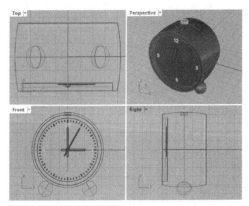

图 2-142

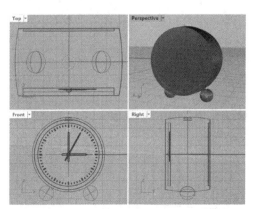

图 2-143

Step03：在"图层"面板中选中"背板"为目前图层。执行"实体 > 圆柱体"命令，在 Right 视图中绘制一个半径为 5mm，高为 45mm 的圆柱体，调整至合适位置，如图 2-144 所示。

Step04：执行"实体 > 立方体 > 角对角、高度"命令，在 Right 视图中绘制一个 5mm×10mm×45mm 的立方体，如图 2-145 所示。

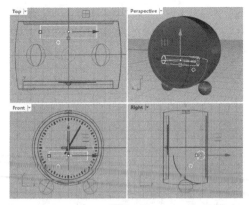

图 2-144

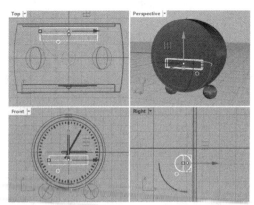

图 2-145

Step05：使用相同的方法，绘制一个 1mm×14mm×50mm 的立方体，并调整至合适位置，如图 2-146 所示。

Step06：使用相同的方法，绘制一个 2mm×3mm×6mm 的立方体，并调整至合适位置，如图 2-147 所示。

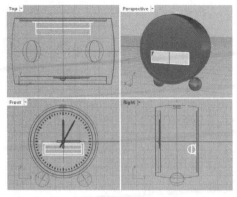

图 2-146

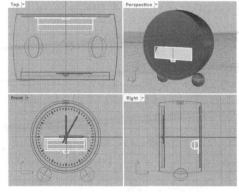

图 2-147

Step07：选中闹钟主体，执行"实体 > 差集"命令，然后选取新创建的圆柱体与立方体，右击确认，创建布尔运算差集效果，如图 2-148 所示。

Step08：在 Front 视图中，绘制一个 50mm×14mm×1mm 的立方体，并调整至合适位置，如图 2-149 所示。

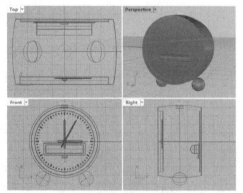

图 2-148

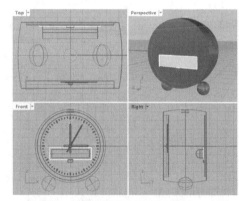

图 2-149

Step09：在"图层"面板中选中"旋钮"为目前图层。在 Front 视图中绘制 2 个半径为 3mm，高度为 2mm 的圆柱体，并调整至合适位置，如图 2-150 所示。

Step10：选中闹钟主体，执行"实体 > 差集"命令，然后选取新创建的圆柱体，右击确认，创建布尔运算差集效果，如图 2-151 所示。

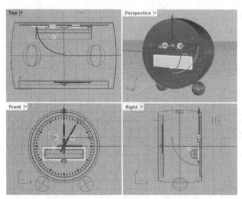

图 2-150

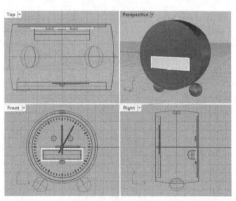

图 2-151

Step11：在 Front 视图中创建一个半径为 1mm，高为 4mm 的圆柱体，并调整至合适位置，如图 2-152 所示。

Step12：执行"曲线 > 多边形 > 星形"命令，在 Front 视图中绘制一个 20 角星形，选中绘制的星形，执行"曲线 > 全部圆角"命令，设置圆角半径为 0.1mm，右击确认，创建曲线圆角，如图 2-153 所示。

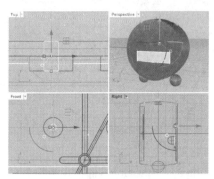
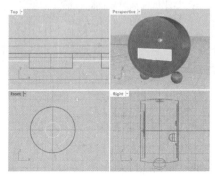

图 2-152   图 2-153

Step13：选中创建的圆角曲线，执行"实体 > 挤出平面曲线 > 直线"命令，在命令行中设置挤出长度为 3mm，挤出实体，如图 2-154 所示。

Step14：选中圆柱体与挤出实体，按住 Alt 键拖拽复制，如图 2-155 所示。

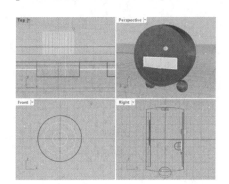

图 2-154   图 2-155

Step15：在"图层"面板中选中"按钮"为目前图层。在 Front 视图中绘制一个 2mm×5mm×1mm 的立方体，并调整至合适位置，如图 2-156 所示。

Step16：执行"实体 > 边缘圆角 > 不等距边缘圆角"命令，在命令行中设置下一个半径为"1"，选中立方体的部分边缘，右击确认，创建圆角，如图 2-157 所示。

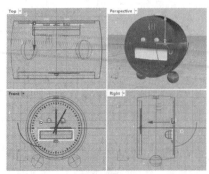
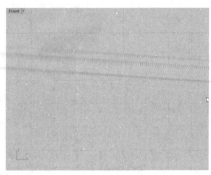

图 2-156   图 2-157

Step17：选中闹钟主体，执行"实体>差集"命令，然后选取立方体，右击确认，创建布尔运算差集效果，如图 2-158 所示。

Step18：在 Front 视图中，绘制一个半径为 0.9mm，高为 2mm 的圆柱体，调整至合适位置，如图 2-159 所示。

图 2-158

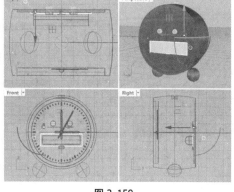

图 2-159

4. 圆角制作及材质调整

Step01：执行"实体>边缘圆角>不等距边缘圆角"命令，在命令行中设置下一个半径为 2，单击主体边缘，如图 2-160 所示。

Step02：在命令行中设置下一个半径为 0.2，单击按钮边缘及背板边缘，如图 2-161 所示。

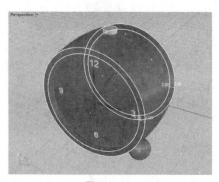

图 2-160

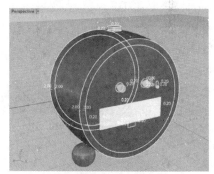

图 2-161

Step03：右击确认两次，创建边缘圆角，如图 2-162 所示。

图 2-162

图 2-163

Step04：在"图层"面板中单击"主体"图层的材质按钮，打开"图层材质"对话框，设置颜色，如图 2-163 所示。

Step05：完成后单击"确定"按钮，应用设置，调整 Perspective 视图显示模式为"渲染"，效果如图 2-164 所示。

至此，完成闹钟造型的制作。

图 2-164

📝 自我巩固

完成本章的学习后，可以通过练习本章的相关内容，进一步加深理解。下面将通过制作硅胶握力圈模型和三阶魔方模型加深记忆。

1. 制作硅胶握力圈模型

本案例通过制作硅胶握力圈模型，对 Rhino 中的基础操作进行练习，如图 2-165、图 2-166 所示为制作效果。

设计要领：

Step01：创建环状体与球体。

Step02：阵列球体，镜像球体。

Step03：赋予材质颜色。

图 2-165

图 2-166

2. 制作三阶魔方模型

本案例通过制作三阶魔方模型，练习 Rhino 中的基础操作，如图 2-167、图 2-168 所示为制作效果。

设计要领：

Step01： 新建立方体，添加圆角。

Step02： 阵列立方体。

Step03： 创建矩形平面，赋予立方体与矩形平面材质颜色。

Step04： 锁定立方体，选中矩形平面旋转，制作出错落的效果。

图 2-167

图 2-168

Rhino

第3章
曲线的绘制和编辑

📄 **内容导读：**

曲线是曲面的基础，用户可以通过曲线创建曲面，制作出复杂的模型效果。本章将针对曲线的绘制与编辑进行介绍。通过本章的学习，可以了解不同曲线的绘制，学会编辑曲线。

🎯 **学习目标：**

- 学会绘制基本曲线；
- 学会绘制圆、矩形等标准曲线；
- 学会复杂曲线的绘制；
- 掌握编辑曲线的方法。

3.1　绘制基本曲线

曲线是 Rhino 软件制作模型的重要组成部分，是曲面的基础，在实际应用中，通过曲线接合能够创建出各种形状。曲线一般具有直线和弯曲线条两种类型。本节将针对这两种类型曲线的绘制进行介绍。

重点 3.1.1　绘制直线

直线的绘制是图形绘制中最常用的命令之一。在 Rhino 软件中，有多种绘制直线的方法，单击侧边工具栏"多重直线 / 线段" ∧ 工具右下角的"弹出直线" ▰ 按钮，在弹出的"直线"工具组中可以选择合适的工具绘制直线，如图 3-1 所示。用户也可以执行"曲线 > 直线"命令，在其子菜单中选择命令创建直线，如图 3-2 所示。

图 3-1　　　　　　图 3-2

常见直线有单一直线、多重直线等，下面将对这两种直线进行介绍。

（1）单一直线

单一直线是指单独的一段线段，该线段为直线的最小段，无法再被拆分。

单击"直线"工具组中的"单一直线" ▱ 工具或执行"曲线 > 直线 > 单一直线"命令，根据命令行中的指令设置直线起点与终点，即可绘制单一直线，如图 3-3、图 3-4 所示。

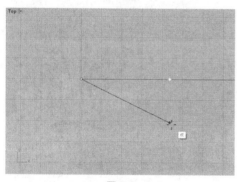

图 3-3

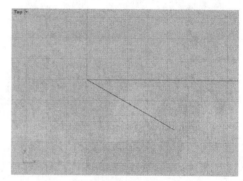

图 3-4

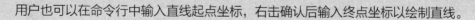

注意事项

用户也可以在命令行中输入直线起点坐标，右击确认后输入终点坐标以绘制直线。

设置直线起点时，命令行中的指令如下：

指令：_Line
直线起点 (两侧 (B)　法线 (N)　指定角度 (A)　与工作平面垂直 (V)　四点 (F)　角度等分线 (I)　与曲线垂直 (P)　与曲线正切 (T)　延伸 (X))

其中，"单一直线"命令行中部分选项的作用如下：

① 两侧：选择该选项后，将在起点的两侧绘制直线，即从中点绘制直线。

②法线：选择该选项后，将绘制一条与曲面垂直的直线。

③指定角度：选择该选项后，将绘制一条与基准线呈指定角度的直线。

④与工作平面垂直：选择该选项后，将绘制一条与工作平面垂直的直线。

⑤四点：选择该选项后，将指定两个点确定直线的方向，再指定基准点中间的两个点绘制直线。

⑥角度等分线：选择该选项后，将以指定的角度绘制一条角度等分线。

⑦与曲线垂直：选择该选项后，将绘制一条与其他曲线垂直的直线。

⑧与曲线正切：选择该选项后，将绘制一条与其他曲线相切的直线。

⑨延伸：选择该选项后，可以选择一条曲线并进行延伸。

（2）多重直线

多重直线是指一系列连接的直线段或圆弧段。

单击侧边工具栏"多重直线/线段" ∧工具或执行"曲线>多重直线>多重直线"命令，根据命令行中的指令，确定多重直线起点，接着确定多重直线的下一点，可以继续绘制下一点，直至完成需要的多重直线的绘制，如图3-5、图3-6所示。

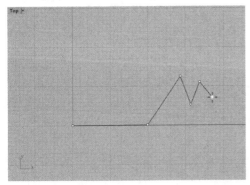

图 3-5

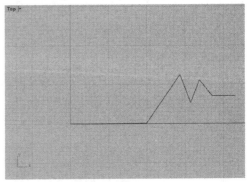

图 3-6

绘制多重直线时，命令行中的指令如下：

指令：_Polyline

多重直线起点 (持续封闭 (P) = 否)

多重直线的下一点 (持续封闭 (P) = 否　模式 (M) = 直线　导线 (H) = 否　复原 (U))

多重直线的下一点，按 Enter 完成 (持续封闭 (P) = 否　模式 (M) = 直线　导线 (H) = 否　长度 (N)　复原 (U))

其中，选择"持续封闭"选项将绘制封闭的多重曲线；单击"模式"选项将切换模式为圆弧，可用于绘制圆弧，再次单击将切换模式为直线；单击"复原"选项将取消最后一个点的绘制。

重点 3.1.2　绘制曲线

除了直线外，曲线也是 Rhino 中常绘制的线条。单击侧边工具栏中的"控制点曲线/通过数个点的曲线" 工具右下角的"弹出曲线" 按钮，在弹出的"曲线"工具组中可以选择合适的工具绘制曲线，如图3-7所示。

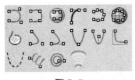

图 3-7

常用的绘制曲线的工具有"控制点曲线" 工具、"内插点曲线" 工具、"控制杆曲线" 工具、"弹簧线" 工具、"螺旋线" 工具等，下面将对这几种常用的曲线工具进行介绍。

（1）"控制点曲线" 工具

"控制点曲线" 工具主要通过控制点的位置来控制曲线。单击侧边工具栏中的"控制点曲线/通过数个点的曲线" 工具或执行"曲线>自由造型>控制点"命令，根据命令行中的指令，设置曲线起点，然后依次设置曲线的其他点即可，如图3-8、图3-9所示。

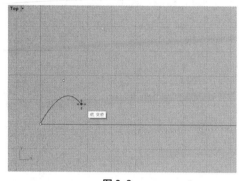 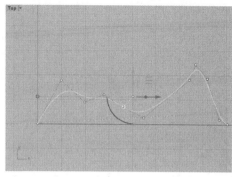

图 3-8　　　　　　　　　　　　　　　　图 3-9

选择"控制点曲线" 工具，命令行中的指令如下：

指令：_Curve
曲线起点 (阶数 (D) =11　适用细分 (S) = 否　持续封闭 (P) = 否)

该命令行中部分选项的作用如下：

① 阶数：用于指定曲线的阶数，最大设为 11。所绘制曲线的控制点必须比设置的阶数大 1 或以上，否则将自动降阶。

② 持续封闭：单击该选项将绘制封闭曲线。

（2）"内插点曲线" 工具

"内插点曲线" 工具通过空间中的选定位置绘制曲线。单击侧边工具栏中的"控制点曲线/通过数个点的曲线" 工具右下角的"弹出曲线" 按钮，在弹出的"曲线"工具组中单击"内插点曲线/控制杆曲线" 工具，或执行"曲线>自由造型>内插点"命令，根据命令行中的指令，设置曲线起点，然后依次设置曲线的其他点即可，如图3-10、图3-11所示。

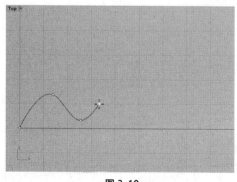 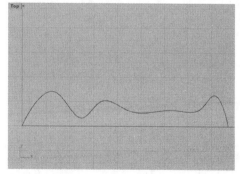

图 3-10　　　　　　　　　　　　　　　　图 3-11

（3）"控制杆曲线" 工具

"控制杆曲线" 工具可以绘制程序样式的贝塞尔曲线。

右击"内插点曲线/控制杆曲线" 工具，或单击"曲线"工具组中的"控制杆曲线" 工具，或执行"曲线 > 自由造型 > 控制杆曲线"命令，根据命令行中的指令，设置曲线点，然后设置控制杆位置，重复操作，设置下一个曲线点及控制杆位置，直至完成绘制，如图 3-12、图 3-13 所示。

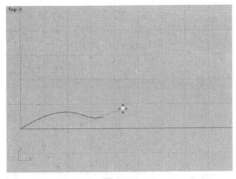 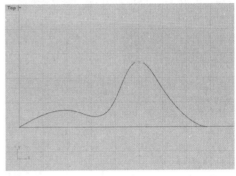

图 3-12　　　　　　　　　　　　　　　　图 3-13

注意事项

在利用"控制杆曲线" 工具绘制贝塞尔曲线时，设置控制杆位置时按住 Alt 键可以建立锐角，按 Ctrl 键可以移动曲线点。

（4）"弹簧线" 工具

"弹簧线" 工具主要用于绘制弹簧线。单击"曲线"工具组中的"弹簧线" 工具或执行"曲线 > 弹簧线"命令，在视图中设置弹簧线的轴起点和终点，然后设置弹簧线的半径和起点即可，如图 3-14、图 3-15 所示。

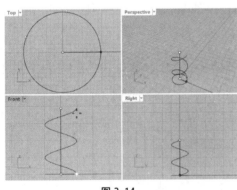 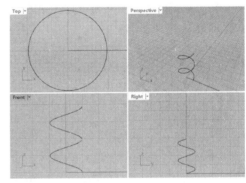

图 3-14　　　　　　　　　　　　　　　　图 3-15

设置弹簧线轴的命令行中的指令如下：

指令：_Helix
轴的起点 (垂直 (V)　环绕曲线 (A))
轴的终点
直径和起点 <16.00> (半径 (R)　模式 (M) = 圈数　圈数 (T) =1.5　螺距 (P) =212.004　反向扭转 (V) = 否)

其中，命令行中的部分选项作用如下：
① 半径：单击该选项，将切换至设置半径和起点以确定弹簧线的大小。

② 模式：用于设置圈数或螺距优先的模式。若选择圈数，将以设置的圈数优先，螺距自动调整；若选择螺距，将以设置的螺距优先，圈数自动调整。

③ 圈数：用于设置弹簧线螺旋的圈数。

④ 螺距：用于设置弹簧线两圈之间的距离。

（5）"螺旋线" ⑥ 工具

螺旋线属于空间曲线，包括圆柱螺旋线、圆锥螺旋线等多种形式。在 Rhino 中，用户可以通过"螺旋线" ⑥ 工具绘制螺旋线。

单击"曲线"工具组中的"螺旋线" ⑥ 工具或执行"曲线 > 螺旋线"命令，设置螺旋轴的起点和终点，然后设置螺旋线的第一半径和起点及第二半径和起点即可，如图 3-16、图 3-17 所示。

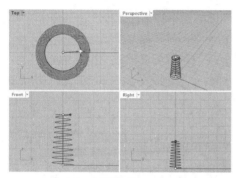

图 3-16   图 3-17

绘制螺旋线时，其命令行中的指令与弹簧线类似，具体指令如下：

> 指令：_Spiral
> 轴的起点 (平坦 (F)   垂直 (V)   环绕曲线 (A))
> 轴的终点
> 第一半径和起点 <33.00> (直径 (D)   模式 (M) = 圈数   圈数 (T) =10   螺距 (P) =19.5021   反向扭转 (R) = 否)
> 第二半径 <50.00> (直径 (D)   模式 (M) = 圈数   圈数 (T) =10   螺距 (P) =19.5021   反向扭转 (R) = 否)

其中，命令行中的部分选项作用如下：

① 平坦：选择该选项后，将绘制平面螺旋线。

② 环绕曲线：选择该选项后，将围绕选中的曲线绘制螺旋线。

👆 上手实操：绘制同心曲线

在学习绘制曲线的相关知识后，下面将练习绘制同心曲线，效果如图 3-18 所示。

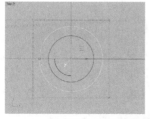

扫码看视频

图 3-18

3.2 绘制标准曲线

除了绘制曲线外，还可以绘制圆、椭圆、矩形、多边形、文字等标准曲线。

重点 3.2.1 绘制圆

圆是一种常见的平面造型。在 Rhino 软件中，用户可以选择多种方式绘制圆。单击侧

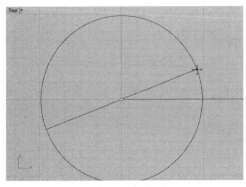

图 3-19

边工具栏中"圆：中心点、半径"◎工具右下角的"弹出圆"◢按钮，打开"圆"工具组，如图 3-19 所示。

下面，将针对几种常用的绘制圆的工具进行介绍。

（1）"圆：中心点、半径"◎工具

"圆：中心点、半径"◎工具是通过指定圆的圆心和半径来绘制圆，这是最常见的绘制圆的方式。

单击侧边工具栏中的"圆：中心点、半径"◎工具或执行"曲线 > 圆 > 中心点、半径"命令，在工作视图中单击以确定圆心，然后根据命令行中的指令，设置直径或半径等参数，即可绘制圆，如图 3-20（a）（b）所示。

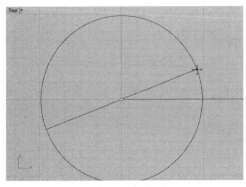

图 3-20（a）

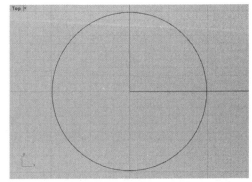

图 3-20（b）

使用该工具绘制圆时，命令行中的指令如下：

指令：_Circle
圆心 (可塑形的 (D)　垂直 (V)　两点 (P)　三点 (O)　正切 (T)　环绕曲线 (A)　逼近数个点 (F))
半径 <2.40> (直径 (D)　定位 (O)　周长 (C)　面积 (A)　投影物件锁点 (P) = 是)

其中，命令行中的部分选项作用如下：
① 可塑形的：选择该选项后，将使用指定的阶数和点数创建圆。
② 正切：选择该选项后，将选择曲线以绘制与之相切的圆。
③ 逼近数个点：选择该选项后，将选择点以创建圆。

（2）"圆：直径"◎工具

"圆：直径"◎工具是通过设置圆直径两端的点来绘制圆。

单击侧边工具栏中"圆：中心点、半径"◎工具右下角的"弹出圆"◢按钮，在打开的"圆"工具组中单击"圆：直径"◎工具或执行"曲线 > 圆 > 两点"命令，根据命令行中的指令，在工作视图中设置直径起点（如图 3-21 所示），然后设置直径终点，即可创建圆，如图 3-22 所示。

在使用"圆：中心点、半径" ⊙工具创建圆时，在设置圆心之前单击命令行中的"两点"选项，也可以达到通过设置圆直径两端的点来绘制圆的目的。

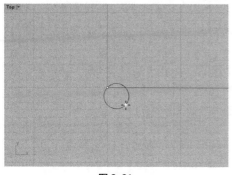

图 3-21 图 3-22

（3）"圆：三点" ◎工具

"圆：三点" ◎工具可以通过设置圆上的三个点来创建圆。

单击"圆"工具组中的"圆：三点" ◎工具或执行"曲线 > 圆 > 三点"命令，在工作视图中指定圆的第一点、第二点和第三点，即可按照设置的点绘制圆，如图 3-23、图 3-24 所示。

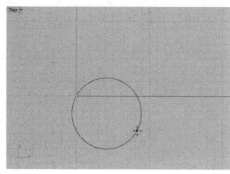

图 3-23

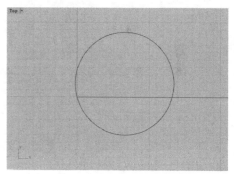

图 3-24

上手实操：绘制深沟球轴承俯视图

利用"圆：中心点、半径" ⊙工具绘制正圆，并对其进行阵列，制作出深沟球轴承的俯视图，效果如图 3-25 所示。

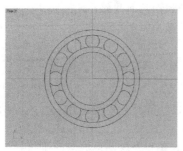

图 3-25

扫码看视频

椭圆的创建与圆类似。单击侧边工具栏中"椭圆：从中心点" 按钮右下角的"弹出椭圆" 按钮，打开"椭圆"工具组，如图 3-26 所示。

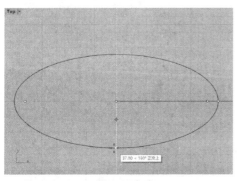

图 3-26

该工具组中常用的部分工具有"椭圆：从中心点" 工具、"椭圆：直径" 工具、"椭圆：从焦点" 工具等。下面将对这几种常用的椭圆工具进行介绍。

（1）"椭圆：从中心点" 工具

"椭圆：从中心点" 工具通过设置椭圆中心点、第一轴终点和第二轴终点来创建椭圆。

单击侧边工具栏中的"椭圆：从中心点" 工具按钮或执行"曲线 > 椭圆 > 从中心点"命令，根据命令行中的指令，依次设置椭圆中心点、第一轴终点和第二轴终点，即可创建椭圆，如图 3-27（a）（b）所示。

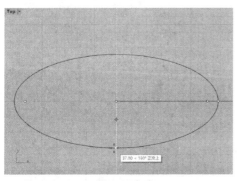

图 3-27（a）

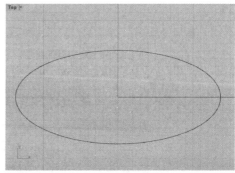

图 3-27（b）

使用该工具创建椭圆时，命令行中的指令如下：

指令：_Ellipse
椭圆中心点 (可塑形的 (D)　垂直 (V)　角 (C)　直径 (I)　从焦点 (F)　环绕曲线 (A))
第一轴终点 (角 (C))
第二轴终点

该命令行中部分选项的作用如下：

① 可塑形的：选择该选项后，将使用指定的阶数和点数创建椭圆。
② 垂直：选择该选项后，将创建垂直于构造平面的椭圆。
③ 角：选择该选项后，将从封闭矩形的角绘制椭圆。
④ 直径：选择该选项后，将通过椭圆轴绘制椭圆。
⑤ 从焦点：选择该选项后，将通过椭圆焦点和椭圆上的点绘制椭圆。

（2）"椭圆：直径" 工具

"椭圆：直径" 工具是通过设置第一轴及第二轴创建椭圆。

单击"椭圆"工具组中的"椭圆：直径" 工具，根据命令行中的指令，设置第一轴起点、第一轴终点及第二轴终点，即可创建椭圆，如图 3-28、图 3-29 所示。

（3）"椭圆：从焦点" 工具

"椭圆：从焦点" 工具是通过设置焦点及椭圆上的点创建椭圆。

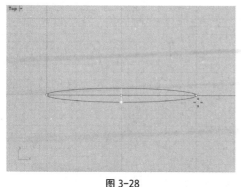

图 3-28   图 3-29

单击"椭圆"工具组中的"椭圆：从焦点"  工具，根据命令行中的指令设置第一焦点、第二焦点及椭圆上的点，即可创建椭圆，如图 3-30、图 3-31 所示。

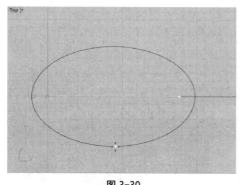

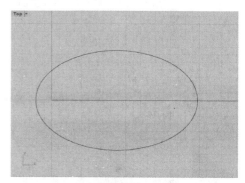

图 3-30   图 3-31

重点 ## 3.2.3 绘制圆弧

Rhino 中有专门绘制圆弧的工具。单击侧边工具栏中的"圆弧：中心点、起点、角度" ▷工具右下侧的"弹出圆弧" ◢按钮，打开"圆弧"工具组，如图 3-32 所示。

该工具组中常用的部分工具有"圆弧：中心点、起点、角度" ▷工具、"圆弧：起点、终点、通过点 / 圆弧：起点、通过点、终点" ⌐工具、

图 3-32

"圆弧：起点、终点、起点的方向 / 圆弧：起点、起点的方向、终点" ⌐工具等。下面将对这几种常见的工具进行介绍。

（1）"圆弧：中心点、起点、角度" ▷工具

该工具通过设置圆弧的中心点、起点、终点或者角度创建圆弧。

单击侧边工具栏中的"圆弧：中心点、起点、角度" ▷工具或执行"曲线 > 圆弧 > 中心点、起点、角度"命令，根据命令行中的指令，依次设置圆弧中心点、起点、终点或角度，即可创建圆弧，如图 3-33、图 3-34 所示。

使用该工具时，命令行中的指令如下：

指令：_Arc

圆弧中心点 (可塑形的 (D)　起点 (S)　正切 (T)　延伸 (X))

圆弧起点 (倾斜 (T))

终点或角度 (长度 (L))

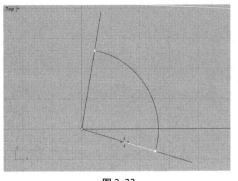
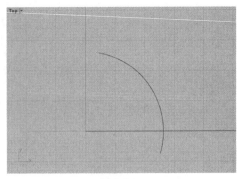

图 3-33   图 3-34

该命令行中部分选项的作用如下：

① 正切：选择该选项将绘制与选定曲线相切的弧。

② 延伸：选择该选项可以将带有圆弧的曲线延伸到指定端点。

（2）"圆弧：起点、终点、通过点 / 圆弧：起点、通过点、终点" 工具

该工具将通过设置圆弧的起点、终点及通过点绘制圆弧。

单击"圆弧"工具组中的"圆弧：起点、终点、通过点 / 圆弧：起点、通过点、终点" 工具或执行"曲线 > 圆弧 > 起点、终点、通过点"命令，根据命令行中的指令，依次设置圆弧起点、圆弧终点及圆弧上的点，即可创建圆弧，如图 3-35、图 3-36 所示。

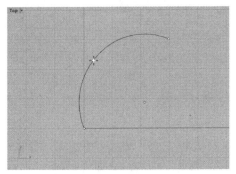
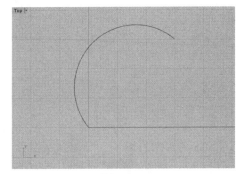

图 3-35   图 3-36

（3）"圆弧：起点、终点、起点的方向 / 圆弧：起点、起点的方向、终点" 工具

该工具通过设置圆弧的起点、终点及起点的方向创建圆弧。

单击"圆弧"工具组中的"圆弧：起点、终点、起点的方向 / 圆弧：起点、起点的方向、终点" 工具或执行"曲线 > 圆弧 > 起点、终点、方向"命令，根据命令行中的指令，依次设置圆弧起点、圆弧终点及起点的方向，即可创建圆弧，如图 3-37、图 3-38 所示。

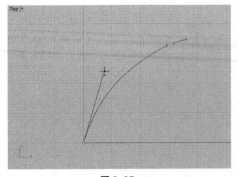
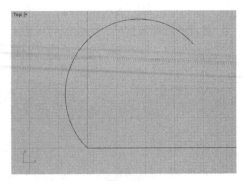

图 3-37   图 3-38

👆 上手实操：绘制云形图案

利用"圆弧：起点、终点、通过点/圆弧：起点、通过点、终点" 工具绘制云形图案，以便更好地理解圆弧工具的使用，效果如图 3-39 所示。

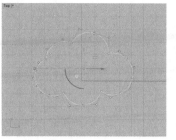

扫码看视频

图3-39

重点 3.2.4 绘制矩形

在 Rhino 中绘制矩形有多种方法，常见的有"角对角""中心点、角""三点""圆角矩形"等。下面将对此进行介绍。

（1）角对角

"矩形：角对角" 工具是使用两个相对的角绘制矩形。单击侧边工具栏中的"矩形：角对角" 工具或执行"曲线>矩形>角对角"命令，根据命令行中的指令，依次设置矩形的第一角、另一角或长度，即可绘制矩形，如图 3-40（a）（b）所示。

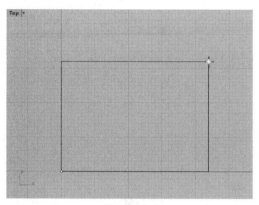

图 3-40（a）

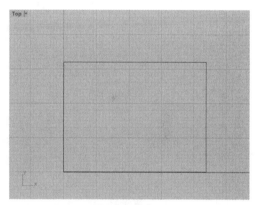

图 3-40（b）

使用该工具时，命令行中的指令如下：

指令：_Rectangle
矩形的第一角 (三点 (P) 垂直 (V) 中心点 (C) 环绕曲线 (A) 圆角 (R))
另一角或长度 (三点 (P) 圆角 (R))

该命令行中的部分选项作用如下：

① 垂直：选择该选项，将绘制与构造平面垂直的矩形。

② 环绕曲线：选择该选项，将绘制与选择曲线垂直的矩形。

③ 圆角：选择该选项，将绘制圆角矩形。

（2）中心点、角

"矩形：中心点、角" 工具将围绕中心点绘制矩形。单击侧边工具栏中"矩形：角对角" 工具右下角的"弹出矩形" 按钮，在弹出的"矩形"工具组中单击"矩形：中心点、角" 工具或执行"曲线>矩形>中心点、角"命令，根据命令行中的指令，依次设置矩形中心点、另一角或长度，即可绘制矩形，如图 3-41、图 3-42 所示。

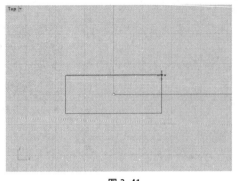

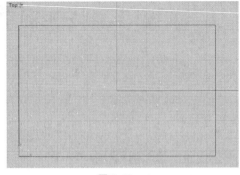

图 3-41　　　　　　　　　　　　　　　图 3-42

（3）三点

"矩形：三点" 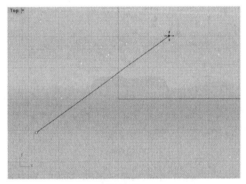工具是通过设置矩形两个相邻角点的位置及另一侧边上点的位置创建矩形。

单击"矩形"工具组中的"矩形：三点"工具或执行"曲线 > 矩形 > 三点"命令，根据命令行中的指令，依次设置边缘起点、边缘终点、宽度，即可绘制矩形，如图 3-43、图 3-44 所示。

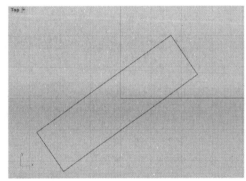

图 3-43　　　　　　　　　　　　　　　图 3-44

（4）圆角矩形

圆角矩形是经过圆角处理的矩形，在造型上显得更加圆润、精致，给人的视觉体验更佳。

单击"矩形"工具组中的"圆角矩形 / 圆锥角矩形"工具，根据命令行中的指令，依次设置矩形的第一角、另一角或长度、半径或圆角通过的点，即可绘制圆角矩形，如图 3-45、图 3-46 所示。

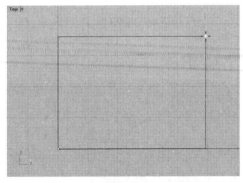

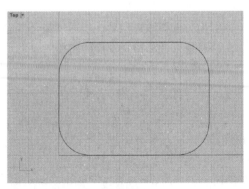

图 3-45　　　　　　　　　　　　　　　图 3-46

重点 ### 3.2.5 绘制多边形

"多边形"命令可以绘制具有指定边数的闭合多段线，以满足多面物体的绘制。常见的创建多边形的方法有指定中心点和半径、指定边等。下面将对此进行介绍。

（1）中心点、半径

指定中心点和半径的方式绘制的多边形分为内接和外切两种。内接多边形是指多边形的顶点在同一个圆上，外切多边形是指多边形的边与圆相切。

单击侧边工具栏中的"多边形：中心点、半径" ⊙工具或执行"曲线 > 多边形 > 中心点、半径"命令，根据命令行中的指令，设置内接多边形中心点、多边形的角，即可创建多边形，如图 3-47、图 3-48 所示。

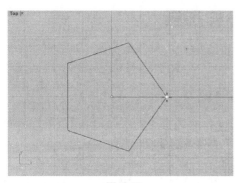

图 3-47   图 3-48

使用"多边形：中心点、半径" ⊙工具时，命令行中的指令如下：

指令：_Polygon
内接多边形中心点（边数 (N) =3　模式 (M) = 内切　边 (D)　星形 (S)　垂直 (V)　环绕曲线 (A))：_
Mode=_Inscribed
内接多边形中心点（边数 (N) =3　模式 (M) = 内切　边 (D)　星形 (S)　垂直 (V)　环绕曲线 (A))
多边形的角（边数 (N) =3　模式 (M) = 内切）

该命令行中部分选项的作用如下：

① 边数：用于设置多边形边数。选择该选项后，在命令行中输入边数，右击确认即可。

② 模式：用于设置绘制多边形的模式是内接还是外切。选择外切后将设置多边形边的中点绘制多边形。

③ 边：选择该选项后，将通过定义多边形边缘的起点和终点绘制矩形。

④ 星形：选择该选项后，将绘制星形。

（2）边

"多边形：边" 🥔工具将通过设置多边形一条边的起点和终点创建多边形。

单击侧边工具栏中"多边形：中心点、半径" ⊙工具右下角的"弹出多边形" ◢按钮，在弹出的"多边形"工具组中单击"多边形：边" 🥔工具或执行"曲线 > 多边形 > 以边"命令，根据命令行中的指令，设置边缘起点、边缘终点，即可创建多边形，如图 3-49、图 3-50 所示。

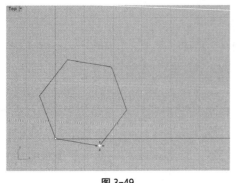

图 3-49

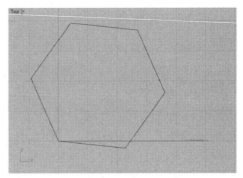

图 3-50

👑 进阶案例：绘制正十二面体轮廓线

本案例练习绘制正十二面体轮廓线。涉及的知识点包括多边形的绘制、阵列等。下面将介绍具体的操作步骤。

> **知识链接** 🔗
>
> 正多面体是指全等的正多边形组成的立方体。该类型立方体有且仅有 5 种：正四面体、正六面体、正八面体、正十二面体和正二十面体。

Step01：选中"状态栏"中的"物件锁点"。单击侧边工具栏中的"多边形：中心点、半径" ⊕工具，在命令行中设置边数为 5，输入 0，设置内接多边形中心点为坐标原点，右击确认。按住 Shift 键设置多边形的角，单击确认，创建正五边形，如图 3-51 所示。

Step02：单击侧边工具栏中"多边形：中心点、半径" ⊕工具右下角的"弹出多边形" ◢按钮，在弹出的"多边形"工具组中单击"多边形：边" ⬡工具，选择上一步骤中绘制的正五边形的端点作为边缘起点，相对的端点作为边缘终点，绘制正五边形，如图 3-52 所示。

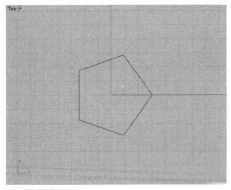

图 3-51

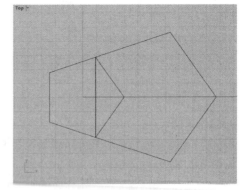

图 3-52

Step03：选中新绘制的正五边形，执行"分析 > 质量属性 > 面积重心"命令，找到该正五边形的面积中心，如图 3-53 所示。

Step04：选中该正五边形与标注面积中心的点，单击侧边工具栏中的"移动" 🖳工具，选择标注面积中心的点作为移动的起点，在命令行中输入 0，设置移动终点，如图 3-54 所示。

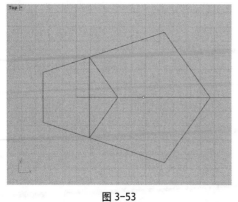

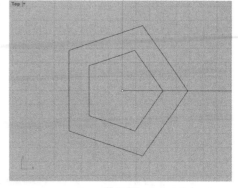

图 3-53   图 3-54

Step05：右击侧边工具栏"多重直线 / 线段" $\wedge$ 工具，在 Top 视图中绘制两条线段，如图 3-55 所示。

Step06：切换至 Front 视图，使用"圆：中心点、半径" $\bigcirc$ 工具，以 X 轴上线段左侧端点为圆心，以长度为半径画圆，如图 3-56 所示。

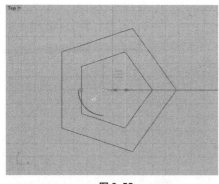

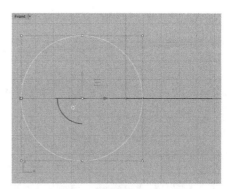

图 3-55   图 3-56

Step07：右击侧边工具栏"多重直线 / 线段" $\wedge$ 工具，在 Front 视图中以大正五边形最左侧边缘中点为线段起点画线，如图 3-57 所示。

Step08：选中大正五边形，单击侧边工具栏中的"移动" $\square$ 工具，以大正五边形最左侧边缘中点为移动起点，向上移动至与线段端点重合，如图 3-58 所示。

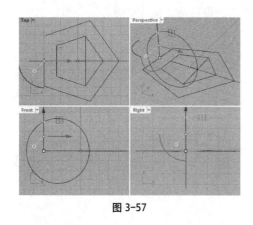

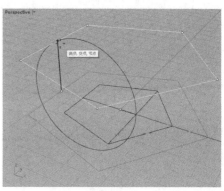

图 3-57   图 3-58

Step09：选中小正五边形，按 Ctrl+C 组合键复制，按 Ctrl+V 组合键粘贴。单击侧边工具栏中的"2D 旋转 /3D 旋转" ⬚ 工具，在 Front 视图中将其旋转，如图 3-59 所示。

Step10：切换至 Perspective 视图，隐藏多余的线条与点物件。选中旋转后的五边形，执行"变动 > 阵列 > 环形"命令，右击使用工作平面原点作为环形阵列中心点，设置阵列数为 5，右击确认。保存默认设置，右击确认两次，创建环形阵列，如图 3-60 所示。

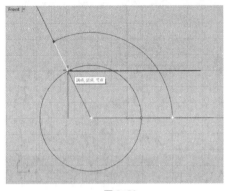

图 3-59

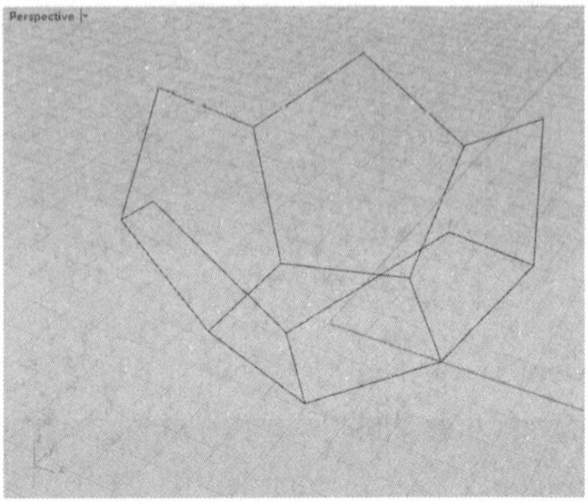

图 3-60

Step11：选中所有对象，按 Ctrl+C 组合键复制，按 Ctrl+V 组合键粘贴。在 Front 视图中单击操作轴，设置旋转角度为 180°，如图 3-61 所示。

Step12：旋转后的效果如图 3-62 所示。

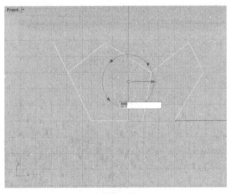
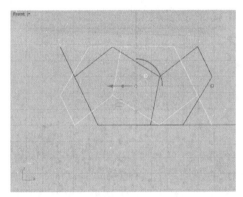

图 3-61

图 3-62

Step13：单击侧边工具栏中的"移动" ⬚ 工具，将其移动至合适位置，如图 3-63 所示。

Step14：切换至 Perspective 视图，效果如图 3-64 所示。

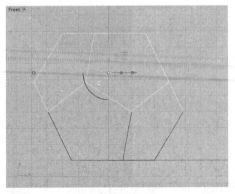
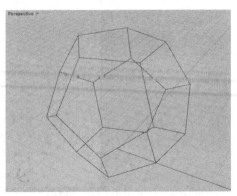

图 3-63

图 3-64

至此，完成正十二面体轮廓线的制作。

3.3 从物件建立曲线

从物件建立曲线是指通过将对象用作位置参考或通过复制边框、边和轮廓，使用现有对象来创建曲线。该种方式可以制作一些特殊的曲线效果。本节将对此进行详细介绍。

3.3.1 投影曲线

投影曲线可以将曲线或点投影到曲面上，在曲面上创建曲线或点。

单击侧边工具栏中的"投影曲线或控制点" 🔲 工具或执行"曲线 > 从物件建立曲线 > 投影"命令，选择要投影的曲线或点，右击确认，选择要投影至其上的曲面、多重曲面、细分物件和网格，右击确认即可投影曲线，如图 3-65、图 3-66 所示。

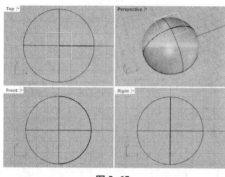   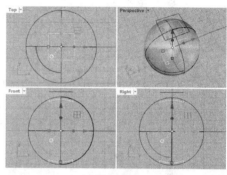

图 3-65　　　　　　　　　　　　图 3-66

使用该工具时，命令行中的指令如下：

指令：_Project

选取要投影的曲线或点物件 (松弛 (L) = 否　删除输入物件 (D) = 否　目的图层 (O) = 目前的　方向 (I) = 工作平面 Z)

选取要投影的曲线或点物件，按 Enter 完成 (松弛 (L) = 否　删除输入物件 (D) = 否　目的图层 (O) = 目前的　方向 (I) = 工作平面 Z)

选取要投影至其上的曲面、多重曲面、细分物件和网格 (松弛 (L) = 否　删除输入物件 (D) = 否　目的图层 (O) = 目前的　方向 (I) = 工作平面 Z)

该命令行中部分选项的作用如下：

① 松弛：选择该选项后，可以将编辑点朝向构造平面投影到曲面上。

② 目的图层：用于设置指定命令结果的图层，包括输入物件、目前的、目标物件 3 个选项。

③ 方向：用于指定投影的方向。

┌── **知识链接** ⌾

拉回曲线可以沿曲面法线方向向曲面拉动曲线或点产生交点从而在曲面上创建曲线和点。单击侧边工具栏中"投影曲线或控制点" 🔲 工具右下角的"弹出从物件建立曲线" ◢ 按钮，打开"从物件建立曲线"工具组，如图 3-67 所示。

图 3-67

在该工具组中单击"拉回曲线或控制点 / 拉回曲线 - 松弛" 工具，根据命令行中的指令，选取要拉回的曲线或点，右击确认，选取要拉回至其上的曲面、细分物件或网格，右击确认，即可，如图 3-68、图 3-69 所示。

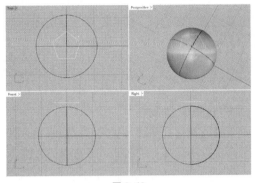

图 3-68

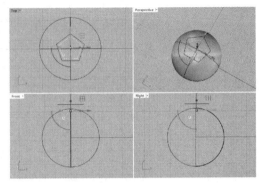

图 3-69

重点 3.3.2　复制边缘

复制边缘可以复制曲面或网格边的边缘从而创建曲线，是非常实用的一种工具。

单击"从物件建立曲线"工具组中的"复制边缘 / 复制网格边缘" 工具，在要复制的边缘上单击将其选中，右击确认即可，如图 3-70、图 3-71 所示。

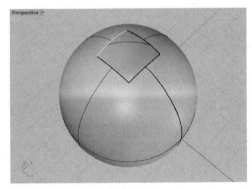

图 3-70

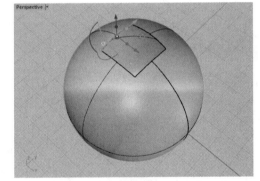

图 3-71

除了"复制边缘 / 复制网格边缘" 工具，Rhino 中还有"复制边框"和"复制面的边框"两种复制边框的工具。"复制边框" 工具可以复制开放曲面、多边形曲面、图案填充或网格的边界从而创建曲线；"复制面的边框" 工具可以复制多重曲面的面边界从而创建曲线。

3.3.3　抽离结构线

抽离结构线可以创建在曲面上的指定位置复制曲面等参曲线的曲线。

单击"从物件建立曲线"工具组中的"抽离结构线 / 移动抽离的结构线" 工具，选取要抽离结构线的曲面，然后选取要抽离的结构线，右击确认即可，如图 3-72、图 3-73所示。

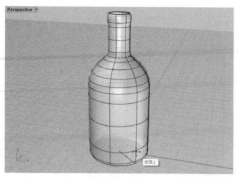

图 3-72

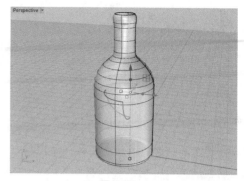

图 3-73

使用该工具时，命令行中的指令如下：

指令：_ExtractIsoCurve
选取要抽离结构线的曲面
选取要抽离的结构线 (方向 (D) =U　切换 (T)　全部抽离 (X)　不论修剪与否 (I) = 否)
指定要抽离结构线的位置，按 Enter 完成 (方向 (D) =U　切换 (T)　全部抽离 (X)　不论修剪与否 (I) = 否)

该命令行中部分选项的作用如下：

① 方向：用于设置抽离结构线的方向，包括 U 方向、V 方向以及两方向 3 个选项。
② 切换：用于切换方向。
③ 不论修剪与否：用于确定是否忽略或考虑曲面修剪。

知识链接 ⌇

用户还可以选择"抽离线框" ⬡ 工具复制选中的曲面、多边形曲面上的等参曲线和网格边的曲线，如图 3-74、图 3-75 所示。

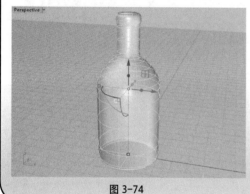

图 3-74

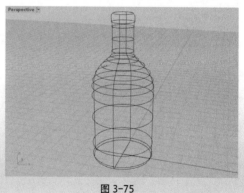

图 3-75

上手实操：抽离杯子结构线

结构线可以表现对象的结构关系，帮助用户更好地理解模型结构。抽离结构线可以复制出模型的结构线，以便进行修改。利用"抽离结构线 / 移动抽离的结构线" 🖇 工具抽离杯子的结构线，效果如图 3-76 所示。

图3-76

扫码看视频

3.4 编辑曲线

创建曲线后，可以通过"曲线工具"工具组对曲线做出变形、延伸、偏移、混接、重建等操作，从而使曲线更符合需要。本节将针对曲线的编辑进行介绍。

3.4.1 控制曲线上的点

曲线上的控制点一般有 3 种，即控制点、节点和编辑点，通过这 3 种控制点可以对曲线进行调整。执行"编辑 > 控制点"命令，在其相应的子菜单中可以选择命令编辑曲线上的点，如图 3-77（a）所示。用户也可以单击侧边工具栏中"显示物件控制点 / 关闭点" 工具右下角的"弹出点的编辑"按钮，打开"点的编辑"工具组选择合适的工具编辑点，如图 3-77（b）所示。

图 3-77（a）　　　　　　　　图 3-77（b）

下面将对常用的控制点和编辑点进行介绍。

（1）控制点

绘制完成曲线后，用户可以选择显示其控制点，通过调整控制点调整曲线。

单击侧边工具栏中的"显示物件控制点 / 关闭点" 工具，或执行"编辑 > 控制点 > 开启控制点"命令，或按 F10 键，选择要显示控制点的物体，右击确认即可显示其控制点，如图 3-78、图 3-79 所示。

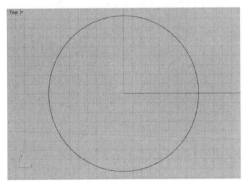

图 3-78

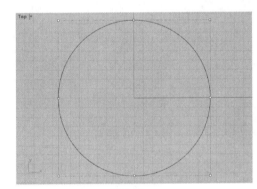

图 3-79

用户可以选择控制点进行移动等操作，即可改变曲线，如图 3-80、图 3-81 所示。

在编辑曲线时，可以为曲线添加控制点，以便更好地控制曲线。单击"点的编辑"工具组中的"插入一个控制点" 工具或执行"编辑 > 控制点 > 插入控制点"命令，在选取的曲线上设置插入控制点的位置即可，如图 3-82、图 3-83 所示。

若想移除多余的控制点，可以单击"点的编辑"工具组中的"移除一个控制点" 工具或执行"编辑 > 控制点 > 移除控制点"命令，先选取要移除控制点的曲线，然后选择要移除的控制点即可。

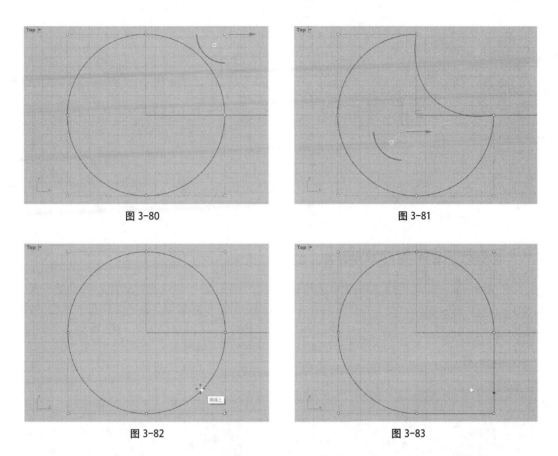

图 3-80   图 3-81

图 3-82   图 3-83

若想关闭控制点，可以右击侧边工具栏中的"显示物件控制点" 工具，或执行"编辑 > 控制点 > 关闭控制点"命令，或按 F11 键即可。

（2）编辑点

除了控制点外，用户还可以通过编辑点调整曲线。与控制点不同，编辑点始终位于曲线上。单击侧边工具栏中的"显示曲线编辑点 / 关闭点" 工具或执行"编辑 > 控制点 > 显示编辑点"命令，选择要显示编辑点的物体，右击确认即可显示其编辑点，如图 3-84、图 3-85 所示。

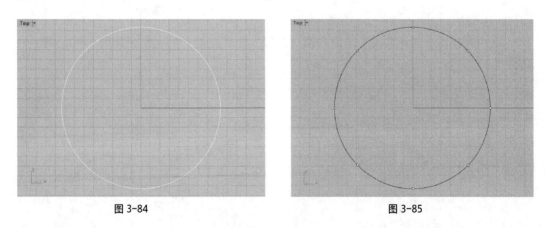

图 3-84   图 3-85

调整编辑点位置后，曲线形状也会发生改变，如图 3-86、图 3-87 所示。

若想关闭编辑点，右击侧边工具栏中的"显示曲线编辑点 / 关闭点" 工具即可。

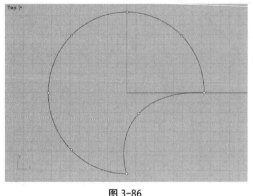

图 3-86

图 3-87

重点 3.4.2　延伸与连接曲线

在 Rhino 软件中，若想沿着曲线方向延伸或缩短曲线，可以通过"延伸"工具组实现。

图 3-88

单击"曲线工具"工具栏组中的"延伸曲线" 工具右下角的"弹出延伸" 按钮，即可打开"延伸"工具组，如图 3-88 所示。

该工具组中部分常用选项的作用如下：

① "延伸曲线" 工具：用于延长或缩短曲线，如图 3-89、图 3-90 所示。

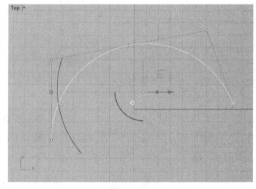

图 3-89　　　　　　　　　　　　　　　　图 3-90

② "连接" 工具：用于延伸和修剪曲线，使其在端点处相交，如图 3-91、图 3-92 所示。

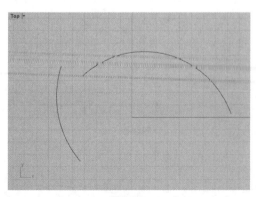

图 3-91

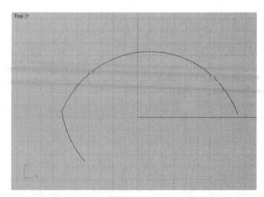

图 3-92

③ "以直线延伸" 工具：用于使用与选中曲线相切的直线延伸曲线，如图 3-93、图 3-94 所示。

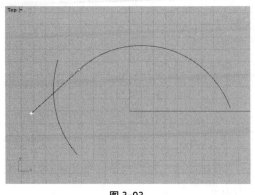

图 3-93   图 3-94

除了通过"曲线工具"工具栏组中的工具延伸曲线外，用户还可以在选择"标准"工具栏组的情况下，单击侧边工具栏中"曲线圆角" 工具右下角的"弹出曲线工具" 按钮，打开"曲线工具"工具组进行设置，如图 3-95 所示。

图 3-95

重点 **3.4.3 偏移曲线**

偏移曲线是指将曲线按照指定的距离复制偏移。

单击"曲线工具"工具组中的"偏移曲线" 工具或执行"曲线 > 偏移 > 偏移曲线"命令，根据命令行中的指令，选择要偏移的曲线，然后设置偏移侧即可，如图 3-96、图 3-97 所示。

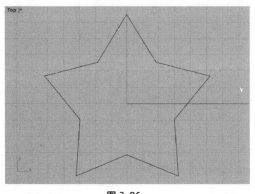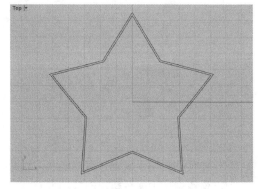

图 3-96   图 3-97

偏移曲线时，命令行中的指令如下：

指令：_Offset
　　选取要偏移的曲线（距离 (D) =0.5　松弛 (L) = 否　角 (C) = 锐角　通过点 (T)　修剪 (R) = 是　公差 (O) =0.01　两侧 (B)　与工作平面平行 (I) = 否　加盖 (A) = 圆头)
　　偏移侧（距离 (D) =0.5　松弛 (L) = 否　角 (C) = 锐角　通过点 (T)　修剪 (R) = 是　公差 (O) =0.01　两侧 (B)　与工作平面平行 (I) = 否　加盖 (A) = 圆头)

该命令行中部分选项的作用如下：

① 距离：用于设置偏移的距离。

② 角：用于设置偏移曲线的角。

③ 通过点：选择该选项，将通过设置偏移曲线的通过点偏移曲线。

④ 修剪：用于设置偏移曲线后是否修剪掉多余的线条。

⑤ 加盖：用于设置开放曲线偏移后是否加盖。

若想一次性偏移多次，可右击"偏移曲线" 🖉 工具或单击"多次偏移" 🖉 工具，根据命令行中的指令设置偏移次数即可。

重点 3.4.4　混接曲线

混接曲线可以连接两条不相接的曲线。Rhino 中混接曲线包括"可调式混接曲线" 🖉 和"弧形混接" 🖉 两种工具。下面将对这两种工具进行介绍。

（1）"可调式混接曲线" 🖉 工具

"可调式混接曲线" 🖉 工具可以在曲线之间创建混合曲线，并控制其与输入曲线的连续性。

单击"曲线工具"工具栏组中的"可调式混接曲线" 🖉 工具或执行"曲线 > 混接曲线 > 可调式混接曲线"命令，根据命令行中的指令，选取要混接的曲线，在弹出的"调整曲线混接"对话框中进行设置，如图 3-98 所示。完成后单击"确定"按钮即可混接曲线，如图 3-99 所示。

图 3-98

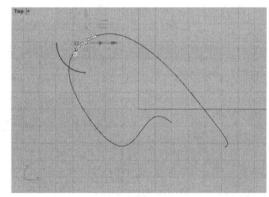

图 3-99

该对话框中部分选项的作用如下：

① 连续性：用于设置过渡曲线和输入曲线或边之间的连续性选项。

② 反转：用于反转指定曲线的方向。

③ 修剪：选择该复选框后，可以将输入曲线修剪为结果曲线。

④ 组合：选择该复选框后，将组合生成的曲线。

（2）"弧形混接" 🖉 工具

"弧形混接" 🖉 工具可创建一条过渡曲线，该曲线由两条曲线之间的两条圆弧组成，两条曲线的端点和凸起可调。

单击"曲线工具"工具栏组中的"弧形混接" 🖉 工具或执行"曲线 > 混接曲线 > 弧形混接"命令，根据命令行中的指令，依次选取第一条曲线的端点和第二条曲线的端点，即可在两个端点之间创建混接，如图 3-100、图 3-101 所示。

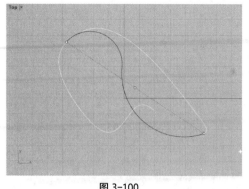

图 3-100

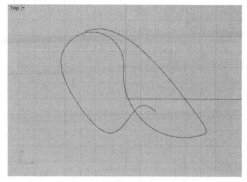

图 3-101

3.4.5 重建曲线

重建曲线可以重新设置选定曲线的点数和阶数，以便更好地调整曲线。

单击"曲线工具"工具栏组中的"重建曲线" 🔧 工具，根据命令行中的指令，选取要重建的曲线，右击确认，打开"重建"对话框设置参数，如图 3-102 所示。设置完成后单击"确定"按钮即可，如图 3-103 所示。

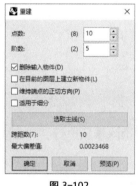

图 3-102

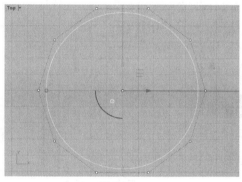

图 3-103

"重建"对话框中部分选项作用如下：

① 点数：用于设置重建曲线的点数。

② 阶数：用于设置重建曲线的阶数。

③ 维持端点的正切方向：选择该复选框后，若曲线是开放的，阶数为 2 以上，点数为 4 以上，则新曲线将与输入曲线的端点切线匹配。

④ 最大偏差值：用于显示单击"预览"时与原始曲线的最大偏差。

3.4.6 曲线倒角

倒角可以去除曲线上生硬的角，是在使用 Rhino 制作模型时常使用到的操作。一般来说，倒角分为圆角和斜角两种方式。下面将对这两种方式进行介绍。

（1）曲线圆角

曲线圆角是指在两条曲线之间添加相切圆弧，并将曲线修剪或延伸到圆弧。

单击"曲线工具"工具组中的"曲线圆角" 🔧 工具或执行"曲线 > 曲线圆角"命令，根据命令行中的指令，依次选取要建立圆角的第一条曲线和第二条曲线，即可在选择的两条曲线之间创建圆角，如图 3-104、图 3-105 所示。

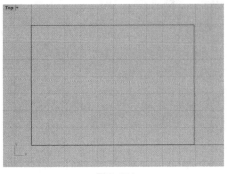

图 3-104

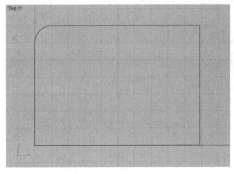

图 3-105

创建曲线圆角时，命令行中的指令如下：

指令：_Fillet
选取要建立圆角的第一条曲线 (半径 (R) =2　组合 (J) = 否　修剪 (T) = 是　圆弧延伸方式 (E) = 圆
弧　其他曲线延伸方式 (X) = 直线)
选取要建立圆角的第二条曲线 (半径 (R) =2　组合 (J) = 否　修剪 (T) = 是　圆弧延伸方式 (E) = 圆
弧　其他曲线延伸方式 (X) = 直线)

其中，部分选项的作用如下：
① 半径：用于设置圆角半径。
② 组合：用于设置是否组合圆角与曲线。

注意事项

　　右击"曲线工具"工具组中的"曲线圆角 / 曲线圆角（重复执行）"工具，可以重复执行制作曲线圆角的操作。

（2）曲线斜角
曲线斜角与曲线圆角类似，但曲线斜角是在两条输入曲线之间创建一条线段，并修剪或延伸曲线以与该线段相交。
单击"曲线工具"工具组中的"曲线斜角"工具或执行"曲线 > 曲线斜角"命令，根据命令行中的指令，依次选取要建立斜角的第一条曲线和第二条曲线，即可在选择的两条曲线之间创建斜角，如图 3-106、图 3-107 所示。

图 3-106

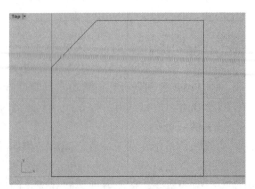

图 3-107

创建曲线斜角时，命令行中的指令如下：

指令：_Chamfer
选取要建立斜角的第一条曲线 (距离 (D) =10, 10　组合 (J) = 否　修剪 (T) = 是　圆弧延伸方式 (E) =
圆弧　其他曲线延伸方式 (X) = 直线)
选取要建立斜角的第二条曲线 (距离 (D) =10, 10　组合 (J) = 否　修剪 (T) = 是　圆弧延伸方式 (E) =
圆弧　其他曲线延伸方式 (X) = 直线)

其中，部分选项的作用如下：
① 距离：用于设置从曲线交点到倒角的距离。
② 组合：用于设置是否组合斜角与曲线。
若想一次性制作多个曲线斜角，右击"曲线工具"工具组中的"曲线斜角 / 曲线斜角
（重复执行）"工具即可。

上手实操：绘制圆角矩形

通过圆角将矩形转变为圆角矩形，使线条更加平滑圆润，效果如图 3-108 所示。

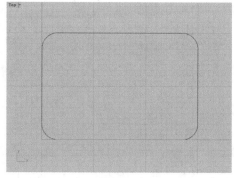

扫码看视频

图 3-108

知识链接 🔗

当要为一条多重曲面上的所有角添加同样大小的圆角时，可以执行"曲线 > 全部
圆角"命令，再根据命令行中的指令，依次选取多重曲线并设置半径即可。

👑 进阶案例：绘制茶杯轮廓线

本案例练习绘制茶杯轮廓线。涉及的知识点包括曲线的绘制、偏移及倒角的制作等。下
面将介绍具体的操作步骤。

Step01：打开 Rhino 软件，单击侧边工具栏中的"控制点曲线 / 通过数个点的曲线"
工具，在 Front 视图中合适位置单击确定曲线起点，如图 3-109（a）所示。

Step02：继续在 Front 视图中单击，右击确认，创建曲线，如图 3-109（b）所示。

Step03：选中曲线，执行"变动 > 镜像"命令，单击命令行中的"Y 轴"选项，围绕 Y
轴镜像，如图 3-110 所示。选中两条曲线，单击侧边工具栏中的"组合"工具，将其组合。

Step04：选中组合曲线，单击"曲线工具"工具组中的"偏移曲线"工具，在命令行
中单击"距离"选项，设置为 10，设置偏移侧为向外，单击确认，效果如图 3-111 所示。

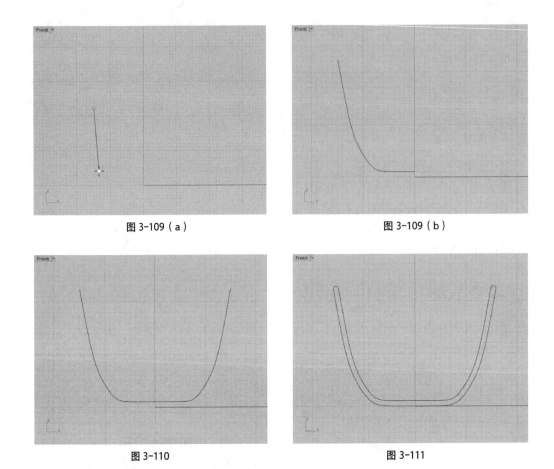

图 3-109（a）　　　　　　　　　　　　　图 3-109（b）

图 3-110　　　　　　　　　　　　　　　图 3-111

Step05：继续绘制曲线作为把手，如图 3-112 所示。

Step06：选中新绘制的曲线，单击"曲线工具"工具组中的"偏移曲线" 工具，在命令行中单击"距离"选项，设置为 10，单击"加盖"选项，设置为无，设置偏移侧为向内，单击确认，效果如图 3-113 所示。

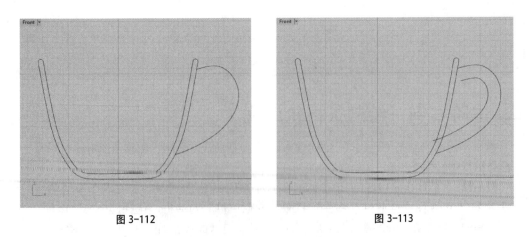

图 3-112　　　　　　　　　　　　　　　图 3-113

Step07：通过调整控制点调整曲线，如图 3-114 所示。

Step08：选中所有曲线，单击侧边工具栏中的"修剪 / 取消修剪" 按钮，在曲线上要修剪的位置单击，修剪掉曲线多余部分，如图 3-115 所示。单击侧边工具栏中的"组合"工具，组合曲线。

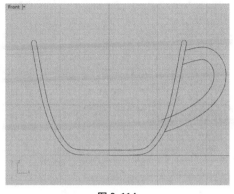

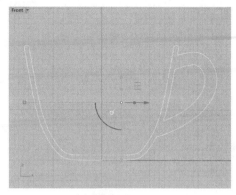

| 图 3-114 | 图 3-115 |

Step09：右击"曲线工具"工具组中的"曲线圆角 / 曲线圆角（重复执行）" ⇗工具，单击命令行中的"半径"选项，设置半径为 3mm，在曲线上要创建圆角的位置单击，创建圆角，如图 3-116 所示。

Step10：设置圆角半径为 20mm，在曲线上要创建圆角的位置单击，创建圆角，完成后右击确认，如图 3-117 所示。

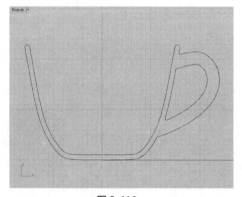

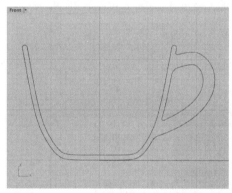

| 图 3-116 | 图 3-117 |

至此，完成茶杯轮廓图的制作。

扫码看视频

综合实战：绘制电脑显示器图形

本案例练习绘制电脑显示器图形。涉及的知识点包括标准曲线的绘制、圆角的创建、曲线的偏移等。下面将对具体的操作步骤进行介绍。

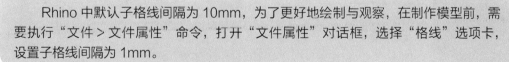

注意事项

Rhino 中默认子格线间隔为 10mm，为了更好地绘制与观察，在制作模型前，需要执行"文件 > 文件属性"命令，打开"文件属性"对话框，选择"格线"选项卡，设置子格线间隔为 1mm。

Step01：单击侧边工具栏中的"矩形：角对角" ▢工具，在命令行中输入 0，右击确认，设置矩形第一角位于坐标原点，如图 3-118 所示。

Step02：继续在命令行中输入 612，右击确认，设置长度，如图 3-119 所示。

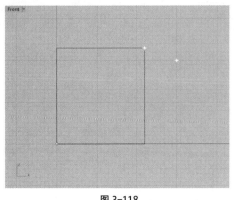

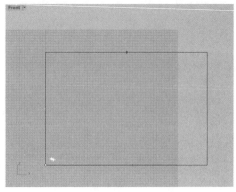

| 图 3-118 | 图 3-119 |

Step03：继续在命令行中输入 361，右击确认，设置长度，如图 3-120 所示。

Step04：调整矩形位置，如图 3-121 所示。

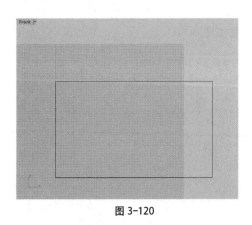

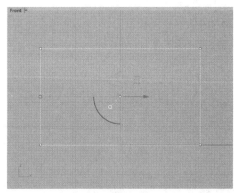

| 图 3-120 | 图 3-121 |

Step05：执行"曲线 > 全部圆角"命令，在命令行中输入 5，设置圆角半径为 5mm，右击确认，效果如图 3-122 所示。

Step06：选中矩形，单击"曲线工具"工具组中的"偏移曲线" 工具，在命令行中单击"距离"选项，输入 10，设置偏移距离为 10mm，右击确认，设置偏移侧向内，单击确定，如图 3-123 所示。

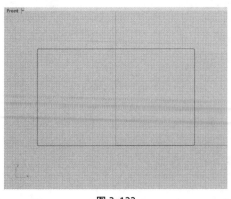

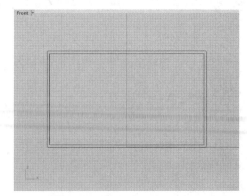

| 图 3-122 | 图 3-123 |

Step07：单击侧边工具栏中的"圆：中心点、半径" 工具，在 Front 视图中单击，确

定圆心，如图 3-124 所示。

Step08：在命令行中输入 5，右击确认，创建半径为 5mm 的圆，如图 3-125 所示。

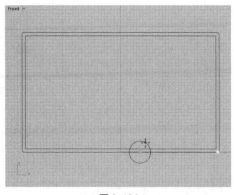

图 3-124

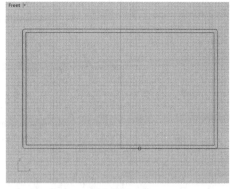

图 3-125

Step09：选中绘制的正圆，向上移动 3mm，如图 3-126 所示。

Step10：选中最外侧矩形，单击侧边工具栏中的"修剪 / 取消修剪" 按钮，在曲线上要修剪的位置单击，修剪掉曲线多余部分，右击确认，如图 3-127 所示。

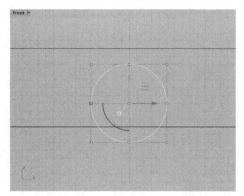

图 3-126

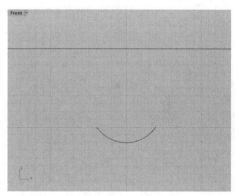

图 3-127

Step11：选中修剪后的圆，执行"变动 > 阵列 > 直线"命令，在命令行中输入 5，右击确认，设置阵列数量。设置第一参考点为圆最底部的点，设置第二参考点向右侧移动 20mm，如图 3-128 所示。

Step12：右击确定，创建阵列效果，如图 3-129 所示。

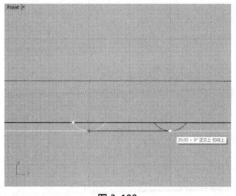

图 3-128

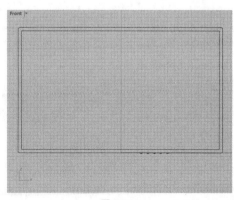

图 3-129

Step13：单击侧边工具栏"多重直线 / 线段"⼊工具，单击绘制直线，如图 3-130 所示。

Step14：使用相同的方法，继续绘制直线，如图 3-131 所示。

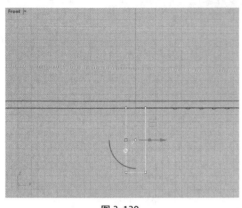 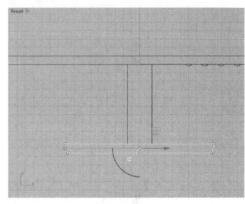

图 3-130   图 3-131

Step15：右击"曲线工具"工具组中的"曲线圆角 / 曲线圆角（重复执行）"⌐工具，单击命令行中的"半径"选项，设置半径为 1mm，在新绘制封闭曲线上侧两个角的边缘线单击，创建圆角，如图 3-132 所示。

Step16：再次设置半径为 3mm，在新绘制封闭曲线下侧两个角的边缘线单击，创建圆角，右击确认，效果如图 3-133 所示。

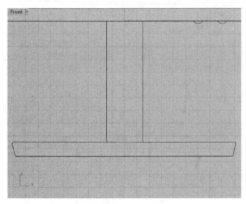 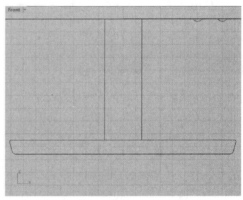

图 3-132   图 3-133

Step17：至此，完成电脑显示器图形的绘制，如图 3-134 所示。

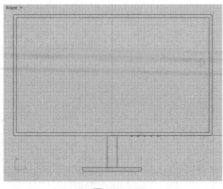

图 3-134

自我巩固

完成本章的学习后，可以通过练习本章的相关内容，进一步加深理解。下面将通过绘制手机图形和六角螺母三视图加深记忆。

1. 绘制手机图形

本案例通过绘制手机图形练习曲线的绘制，绘制完成后的效果如图 3-135 所示。

设计要领：

Step01：绘制圆角矩形。

Step02：偏移圆角矩形，重复操作，并对偏移的圆角矩形进行调整。

Step03：绘制圆和矩形。

图 3-135

2. 绘制六角螺母三视图

本案例通过绘制六角螺母三视图练习曲线的绘制与编辑，绘制完成后的效果如图 3-136 所示。

设计要领：

Step01：绘制圆与正六边形。

Step02：使用直线与圆弧绘制其他视图。

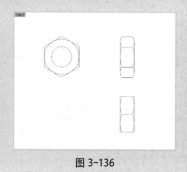

图 3-136

Rhino

第 2 篇
进 阶 篇

Rhino

第 4 章
绘制基本曲面

📄 **内容导读:**

Rhino 软件的核心是 NURBS 曲面，通过创建不同的曲面，制作出精细复杂的模型效果。在 Rhino 软件中，用户可以通过不同的方法制作同一种曲面。本章将针对基本曲面的绘制进行介绍。

🎯 **学习目标:**

- 学会简单曲面的创建;
- 学会挤出曲面;
- 学会绘制曲面。

4.1 　指定三或四个角建立曲面

　　Rhino 软件提供了多种创建曲面的工具。用户可以选择指定三或四个角建立曲面。

　　单击侧边工具栏中的"指定三或四个角建立曲面"工具或执行"曲面 > 角点"命令，根据命令行中的指令，依次设置曲面的第一角、第二角、第三角和第四角的位置，即可创建曲面，如图 4-1、图 4-2 所示。

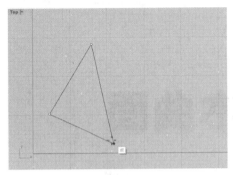

图 4-1

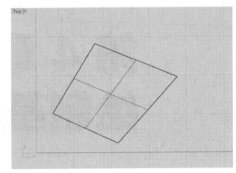

图 4-2

　　创建完第三点后，右击确认即可以三点建立曲面，如图 4-3、图 4-4 所示。

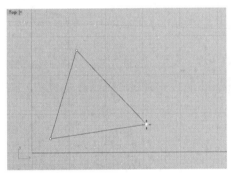

图 4-3

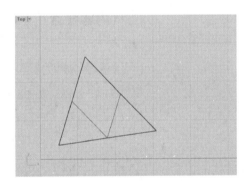

图 4-4

知识链接 ⚭

　　使用该方法创建平面时，在不同的视图中确定角点可以创建非平面曲面，如图 4-5、图 4-6 所示。

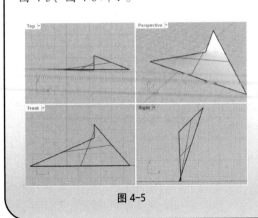

图 4-5

图 4-6

上手实操：制作异形垃圾桶

通过学习曲面创建的相关知识，练习创建异形曲面，效果如图4-7所示。

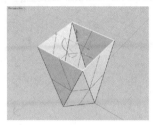

图4-7

扫码看视频

4.2 以平面曲线建立曲面

当视图中存在平面曲线时，用户还可以选择平面曲线创建曲面。

单击侧边工具栏中"指定三或四个角建立曲面"工具右下角的"弹出建立曲面"按钮，打开"建立曲面" ◢ 工具组，如图4-8所示。

单击该工具组中的"以平面曲线建立曲面" ◎ 工具或执行"曲面 > 平面曲线"命令，根据命令行中的指令，选取要建立曲面的平面曲线，右击确认即可，如图4-9所示。

图 4-8

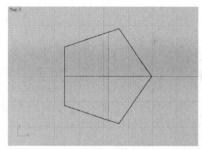

图 4-9

注意事项

若选中的平面曲线有重叠的部分，则每条曲线形成独立的平面，如图4-10、图4-11所示。

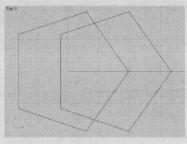

图 4-10

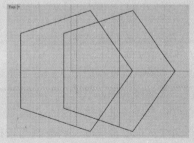

图 4-11

若选中的其中一条平面曲线完全在另一条曲线内，则会形成洞，如图4-12、图4-13所示。

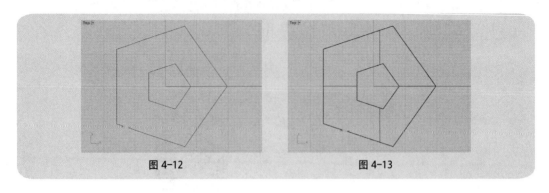

图 4-12   图 4-13

4.3 矩形平面

Rhino 软件中有多种绘制矩形平面的方法，常见的有角对角、三点、垂直、逼近数个点等。本节将针对矩形平面的绘制方法进行介绍。

4.3.1 角对角矩形平面

角对角矩形平面是通过确定两个相对的角绘制矩形平面。单击"建立曲面" ◢ 工具组中的"矩形平面：角对角" ▦ 工具或执行"曲面 > 平面 > 角对角"命令，根据命令行中的指令，依次设置平面的第一角和另一角或长度，即可创建矩形平面，如图 4-14、图 4-15 所示。

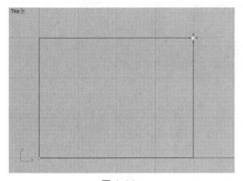 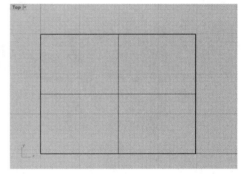

图 4-14   图 4-15

使用该工具时，命令行中的指令如下：

指令：_Plane
平面的第一角 (三点 (P)   垂直 (V)   中心点 (C)   环绕曲线 (A)   可塑形的 (D))
另一角或长度 (三点 (P))

该命令行中部分选项的作用如下：
① 三点：选择该选项将通过 3 点绘制矩形平面。
② 垂直：选择该选项，将绘制与当前构造平面垂直的矩形平面。
③ 中心点：选择该选项将从中心点绘制矩形平面。
④ 环绕曲线：选择该选项，将绘制与选择曲线垂直的矩形平面。

4.3.2 三点矩形平面

三点矩形平面工具是通过设置矩形平面两个相邻的角点和对边上的一个点创建矩形

平面。

单击"建立曲面" ◢工具组中的"矩形平面：三点" ⊞工具或执行"曲面 > 平面 > 三点"命令，根据命令行中的指令，依次设置边缘起点、边缘终点、宽度，即可创建矩形平面，如图4-16、图4-17所示。

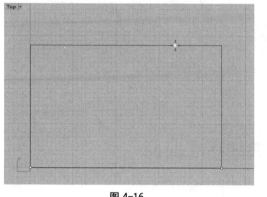

图 4-16

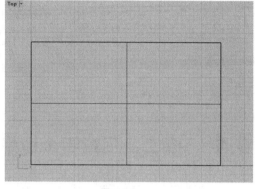

图 4-17

4.3.3 垂直平面

垂直平面是指创建与构造平面垂直的矩形平面。单击"建立曲面" ◢工具组中的"垂直平面" ◢工具或执行"曲面 > 平面 > 垂直"命令，根据命令行中的指令，依次设置边缘起点、边缘终点及高度，即可创建垂直平面，如图4-18、图4-19所示。

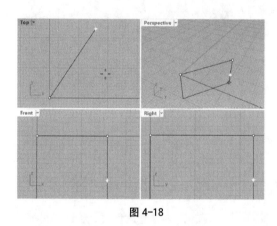

图 4-18

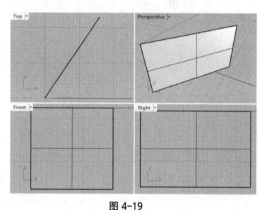

图 4-19

4.3.4 逼近数个点的平面

逼近数个点是通过点对象、控制点、网格顶点或点云拟合矩形平面，使用该方法创建矩形平面时，需要多个点。

使用"单点 / 多点" ◦工具创建多个点物件，如图4-20所示。单击"建立曲面" ◢工具组中的"逼近数个点的平面" ✿工具或执行"曲面 > 平面 > 通过数个点"命令，根据命令行中的指令，选取平面要逼近的点、点云或网格顶点，右击确认，即可根据选择的点创建矩形平面，如图4-21所示。

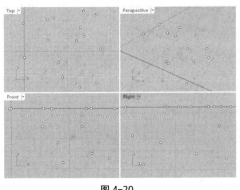
图 4-20

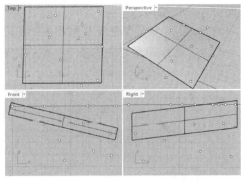
图 4-21

4.4　以二、三或四个边缘曲线建立曲面

"边缘曲线"命令可以通过两条、三条或四条选定曲线创建曲面。

单击"建立曲面" ◢ 工具组中的"以二、三或四个边缘曲线建立曲面" ▣ 工具或执行"曲面＞边缘曲线"命令，根据命令行中的指令，选取两条、三条或四条开放的曲线，右击确认，即可根据选中的曲线创建曲面，如图 4-22、图 4-23 所示。

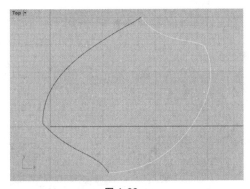
图 4-22

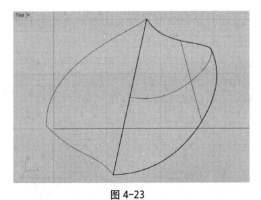
图 4-23

> 🔆 **注意事项**
>
> 选中 4 条曲线时，不需确认即可默认生成曲面，如图 4-24、图 4-25 所示。

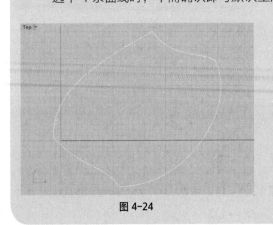
图 4-24

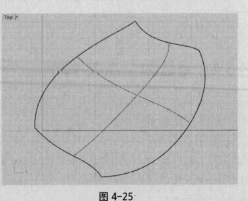
图 4-25

上手实操：制作飘扬的旗帜模型

通过学习"边缘曲线"命令的相关知识，利用该命令制作飘扬的旗帜模型，效果如图 4-26 所示。

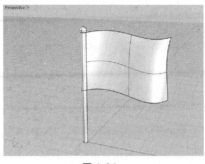

扫码看视频

图 4-26

4.5　挤出

挤出平面是通过将曲线沿一定方向挤出一段距离形成曲面。单击"建立曲面"工具组中"直线挤出"  工具右下角的"弹出挤出"按钮，打开"挤出"工具组，选择合适工具（如图 4-27 所示），或执行"曲面 > 挤出曲线"命令，在其相应的子菜单中选择命令（如图 4-28 所示），即可根据命令行中的指令挤出平面。本节将针对挤出平面的几种常用方式进行介绍。

| 直线(S) |
| 沿着曲线(C) |
| 至点(P) |
| 锥状(T) |
| 彩带(R) |
| 往曲面法线(N) |

图 4-27　　　　　　　　　图 4-28

重点 4.5.1　直线挤出

直线挤出是指通过沿直线跟踪曲线的路径来创建曲面。单击"建立曲面"工具组中的"直线挤出" 工具或执行"曲面 > 挤出曲线 > 直线"命令，根据命令行中的指令，选取要挤出的曲线，右击确认，然后设置挤出长度，即可创建曲面，如图 4-29、图 4-30 所示。

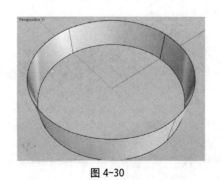

图 4-29　　　　　　　　　　　　　　　　　图 4-30

使用该种方法挤出曲面时，命令行中的指令如下：

> 指令：_ExtrudeCrv
>
> 选取要挤出的曲线：_Pause
>
> 选取要挤出的曲线
>
> 选取要挤出的曲线，按 Enter 完成
>
> 挤出长度 < 138>（输出为 (O) = 曲面　方向 (D)　两侧 (B) = 否　实体 (S) = 否　删除输入物件 (L) = 否　至边界 (T)　设定基准点 (A)）：_Solid=_No
>
> 挤出长度 < 138>（输出为 (O) = 曲面　方向 (D)　两侧 (B) = 否　实体 (S) = 否　删除输入物件 (L) = 否　至边界 (T)　设定基准点 (A)）

该命令行中部分选项的作用如下：

① 方向：用于设置挤出方向。

② 两侧：选择该选项后，将以当前曲线向两侧挤出。

③ 实体：当选取平面闭合曲线挤出时，选择该选项将挤出闭合的多边形曲面。

④ 至边界：选择该选项后，可将曲线挤出至选定的边界。

⑤ 设定基准点：用于选择一个点作为设置拉伸距离的两个点时的第一个点。

重点 4.5.2　沿着曲线挤出

若想使挤出的曲面具有更多的造型，可以选择"沿着曲线挤出" 🔘 工具挤出曲面。单击"建立曲面"工具组中的"沿着曲线挤出" 🔘 工具，或执行"曲面 > 挤出曲线 > 沿着曲线"命令，根据命令行中的指令，选取要挤出的曲线，右击确认，然后选取路径曲线在靠近起点处，即可创建曲面，如图 4-31、图 4-32 所示。

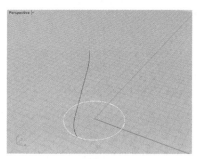
图 4-31

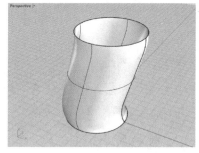
图 4-32

使用该种方法挤出曲面时，命令行中的指令如下：

> 指令：_ExtrudeCrvAlongCrv
>
> 选取要挤出的曲线：_Pause
>
> 选取要挤出的曲线
>
> 选取要挤出的曲线，按 Enter 完成
>
> 选取路径曲线在靠近起点处（输出为 (O) = 曲面　实体 (S) = 否　删除输入物件 (D) = 否　子曲线 (U) = 否　至边界 (T)　分割正切点 (P) = 否）：_Solid=_No
>
> 选取路径曲线在靠近起点处（输出为 (O) = 曲面　实体 (S) = 否　删除输入物件 (D) = 否　子曲线 (U) = 否　至边界 (T)　分割正切点 (P) = 否）：_SubCurve=_No
>
> 选取路径曲线在靠近起点处（输出为 (O) = 曲面　实体 (S) = 否　删除输入物件 (D) = 否　子曲线 (U) = 否　至边界 (T)　分割正切点 (P) = 否）

在该命令行中若选择"子曲线"选项，将沿曲线拾取两点以指定的距离挤出曲线。要注意的是，挤出的曲面从选取曲线的起点开始，而不是从第一个拾取点开始。拾取点仅建立拉伸距离。

4.5.3 挤出至点

挤出至点是指将曲线挤出直至曲面收缩于一点。单击"建立曲面"工具组中的"挤出至点" 工具或执行"曲面>挤出曲线>至点"命令，根据命令行中的指令，选取要挤出的曲线，右击确认，然后设置要挤出的目标点，即可创建曲面，如图 4-33、图 4-34 所示。

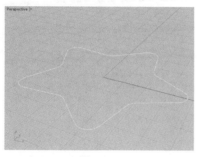

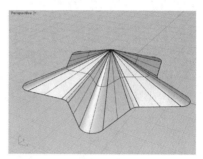

图 4-33   图 4-34

4.5.4 彩带

"彩带"命令可以偏移曲线并在两条曲线之间创建直纹曲面。

单击"建立曲面"工具组中的"彩带" 工具或执行"曲面>挤出曲线>彩带"命令，根据命令行中的指令，选取要建立彩带的曲线，然后设置偏移侧，即可创建曲面，如图 4-35、图 4-36 所示。

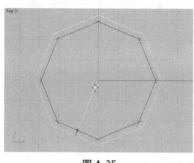

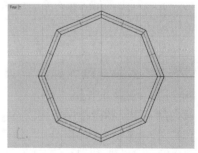

图 4-35   图 4-36

使用该种方法挤出曲面时，命令行中的指令如下：

指令：_Ribbon
选取要建立彩带的曲线 (距离 (D) =30   松弛 (L) = 否   角 (C) = 锐角   通过点 (T)   修剪 (R) = 是   公差 (O) =0.01   两侧 (B)   与工作平面平行 (I) = 否)
偏移侧 (距离 (D) =30   松弛 (L) = 否   角 (C) = 锐角   通过点 (T)   修剪 (R) = 是   公差 (O) =0.01   两侧 (B)   与工作平面平行 (I) = 否)

该命令行中部分选项的作用如下：
① 距离：用于设置曲线偏移的距离。

② 角：用于指定如何处理偏移角点连续性，包括锐角、圆角、平滑、斜角和无 5 个选项。这些选项仅适用于偏移方向为"外侧"的情况。

③ 通过点：选择该选项后，将通过设置偏移曲面的通过点创建曲面。

4.5.5 挤出曲线成锥状

挤出曲线成锥状可以将曲线以指定的拔模斜度向内或向外逐渐变细从而创建曲面。单击"建立曲面"工具组中的"挤出曲线成锥状" 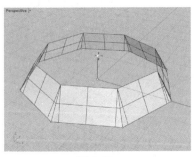工具，或执行"曲面 > 挤出曲线 > 锥状"命令，根据命令行中的指令，选取要挤出的曲线，右击确定，然后设置挤出长度，即可创建曲面，如图 4-37、图 4-38 所示。

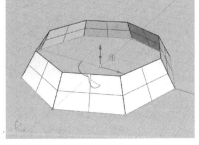

图 4-37　　　　　　　　　　　　　　　图 4-38

使用该种方法挤出曲面时，命令行中的指令如下：

```
指令：_ExtrudeCrvTapered
选取要挤出的曲线：_Pause
选取要挤出的曲线
选取要挤出的曲线，按 Enter 完成
挤出长度 <118>（方向 (D)　拔模角度 (R) =20　实体 (S) = 是　角 (C) = 平滑　删除输入物件 (L) =
否　反转角度 (F)　至边界 (T)　设定基准点 (B)）：_Solid=_Yes
挤出长度 <118>（方向 (D)　拔模角度 (R) =20　实体 (S) = 是　角 (C) = 平滑　删除输入物件 (L) =
否　反转角度 (F)　至边界 (T)　设定基准点 (B)）
```

该命令行中部分选项的作用如下：

① 拔模角度：用于指定锥度的拔模斜度。拔模斜度取决于构造平面方向。当曲面与构造平面垂直时，拔模斜度为 0；当曲面与构造平面平行时，拔模斜度为 90°。

② 反转角度：选择该选项后，将切换拔模斜度方向。

♔ 进阶案例：制作烟灰缸模型

本案例练习制作烟灰缸模型。涉及的知识点包括曲线的绘制、以平面曲线建立曲面、挤出曲面、偏移曲面等。下面将介绍具体的操作步骤。

Step01：单击侧边工具栏中的"圆：中心点、半径" ⊘工具，在命令行中输入 0，右击确认，设置圆心位于坐标原点。在命令行中输入 50，右击确认，设置圆半径为 50mm，如图 4-39 所示。

Step02：选中绘制的圆，单击"建立曲面"工具组中的"直线挤出" 🗗工具，在命令行中输入 34，右击确认，设置挤出长度为 34mm，如图 4-40 所示。

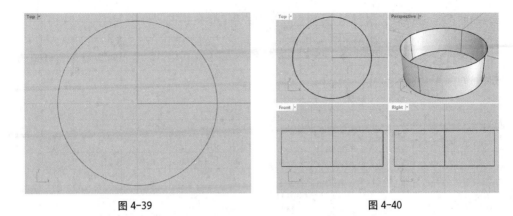

图 4-39   图 4-40

Step03：单击"建立曲面" ◢工具组中的"以平面曲线建立曲面" ◯工具，选取平面曲线，右击确认，创建平面，如图 4-41 所示。

Step04：单击侧边工具栏中的"曲面圆角" ◠工具，单击命令行中的"半径"选项，设置半径为 10mm，在挤出曲面和平面上分别单击，创建曲面圆角，如图 4-42 所示。

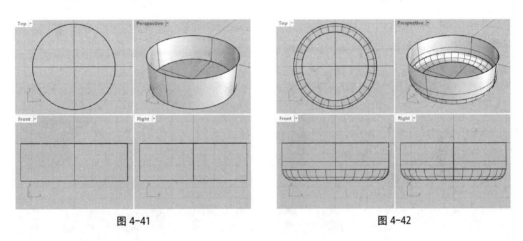

图 4-41   图 4-42

Step05：选中所有曲面，单击侧边工具栏中的"组合"工具，将其组合为多重曲面。选中多重曲面，执行"曲面 > 偏移曲面"命令，单击命令行中的"实体"选项，使其为是；单击命令行中的"距离"选项，设置距离为 3mm，使偏移方向朝内，右击确定，偏移曲面，效果如图 4-43 所示。

Step06：在 Front 视图中绘制一个半径为 5mm 的圆，并将其挤出，如图 4-44 所示。

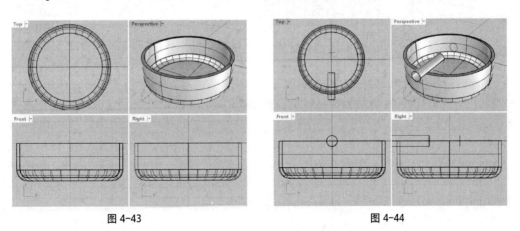

图 4-43   图 4-44

Step07：选中挤出曲面与偏移物件，单击侧边工具栏中的"修剪/取消修剪" 工具，在需要剪去的部分单击，效果如图 4-45 所示。

Step08：选中修剪后的曲面，单击侧边工具栏中的"组合"工具，将其组合为封闭的多重曲面，如图 4-46 所示。

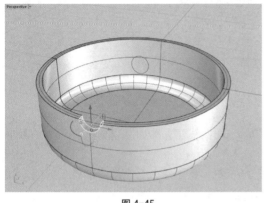
图 4-45

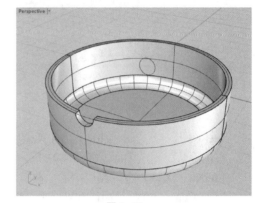
图 4-46

Step09：在实际制作中，用户可以选择不同的材质制作烟灰缸，如图 4-47 所示。用户可以在此基础上进行细节处理，制作出更精美的效果，参考效果如图 4-48 所示。

图 4-47

图 4-48

至此，完成烟灰缸的制作。

综合实战：制作路锥模型

扫码看视频

本案例练习制作路锥模型。涉及的知识点包括直线挤出、挤出曲线成锥状等。下面将介绍具体的操作步骤。

Step01：切换至 Top 视图，单击侧边工具栏中的"矩形：角对角"工具，在命令行中输入 0，右击确认，设置矩形的第一角位于坐标原点，继续在命令行中输入 300，右击确认，设置矩形长度，再次右击，使宽度套用长度，创建一个 300mm×300mm 的矩形，如图 4-49 所示。

Step02：执行"曲线 > 曲线斜角"命令，单击命令行中的"距离"选项，设置第一斜角距离和第二斜角距离为 72，右击确认，在矩形某个角的两条边缘线上单击，创建斜角，如图 4-50 所示。

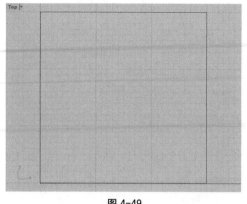

图 4-49

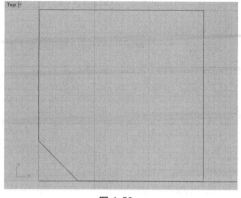

图 4-50

Step03：使用相同的方法，继续创建斜角，最终如图 4-51 所示。

Step04：选中调整后的曲线，单击"建立曲面"工具组中的"直线挤出" 工具，在命令行中输入 20，右击确认，设置挤出长度为 20mm，如图 4-52 所示。

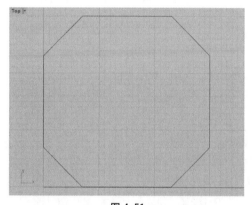

图 4-51

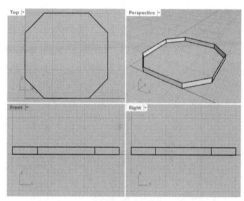

图 4-52

Step05：单击侧边工具栏中的"圆：中心点、半径" 工具，在 Top 视图中绘制一个半径为 130mm 的圆，如图 4-53 所示。在 Front 视图中将其上移 20mm。

Step06：选中绘制的圆，单击"建立曲面"工具组中的"挤出曲线成锥状" 工具，单击命令行中的"实体"选项，使其为"否"，在命令行中输入 10，右击确认，设置挤出长度为 10mm，效果如图 4-54 所示。

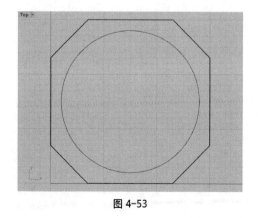

图 4-53

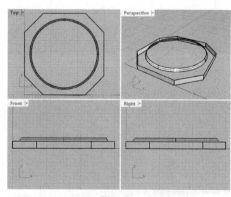

图 4-54

Step07：继续在 Top 视图中绘制一个半径为 100mm 的圆，在 Front 视图中将其上移 30mm，如图 4-55 所示。

Step08：选中新绘制的圆，单击"建立曲面"工具组中的"挤出曲线成锥状"▲工具，单击命令行中的"实体"选项，使其为"否"，单击"拔模角度"选项，设置角度为 7°，在命令行中输入 670，右击确认，设置挤出长度为 670mm，效果如图 4-56 所示。

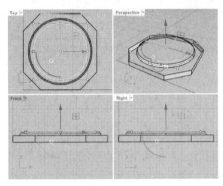

图 4-55

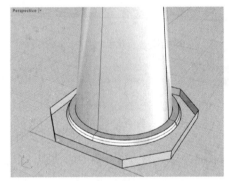

图 4-56

Step09：单击"建立曲面"▲工具组中的"以平面曲线建立曲面"◯工具，在 Perspective 视图中选取平面曲线，如图 4-57 所示。

Step10：右击确认，创建曲面，如图 4-58 所示。

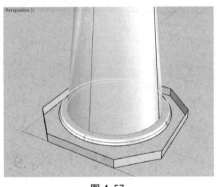

图 4-57

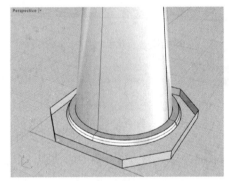

图 4-58

Step11：使用相同的方法，继续创建平面曲面，如图 4-59 所示。

Step12：选中所有曲面，单击侧边工具栏中的"组合"工具，将其组合为多重曲面，如图 4-60 所示。

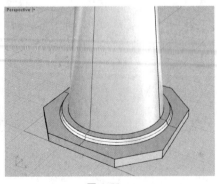

图 4-59

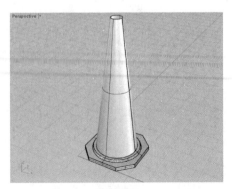

图 4-60

Step13：执行"实体 > 边缘圆角 > 不等距边缘圆角"命令，单击命令行中的"下一个半径"选项，设置下一个半径为 10，选择要建立圆角的边缘，如图 4-61 所示。

Step14：设置下一个半径为 5，选取要建立圆角的边缘，如图 4-62 所示。

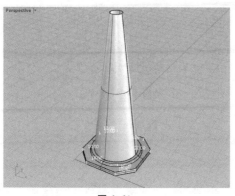

图 4-61

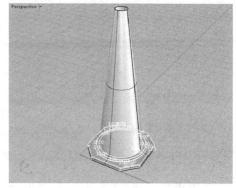

图 4-62

Step15：右击确认两次，创建圆角，效果如图 4-63 所示。在实际生活中，路锥上还会添加反光贴以便有更好的警示效果，如图 4-64 所示。

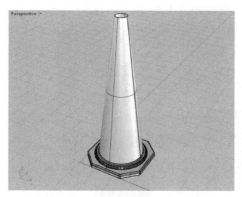

图 4-63

图 4-64

至此，完成路锥模型的制作。

✏️ 自我巩固

完成本章的学习后，可以通过练习本章的相关内容，进一步加深理解。下面将通过制作亚克力相框摆台和手机支架模型加深记忆。

1. 制作亚克力相框摆台模型

本案例通过制作亚克力相框摆台模型练习基本曲面的创建，完成效果如图 4-65、图 4-66 所示。

设计要领：

Step01：绘制曲线并挤出。

Step02：合并封闭曲线，组合曲面。

Step03：赋予材质颜色。

图 4-65

图 4-66

2. 制作手机支架模型

本案例通过制作手机支架模型练习创建基本曲面，完成效果如图 4-67、图 4-68 所示。

图 4-67

图 4-68

设计要领：

Step01： 绘制曲线并进行偏移，创建圆角。

Step02： 挤出曲面，闭合封闭曲线，并组合成整体。

Step03： 赋予材质颜色。

Rhino

第 5 章
绘制高级曲面

内容导读：

除了基础曲面外，在 Rhino 中还可以通过多种命令制作出更加丰富的曲面，如放样、嵌面、扫掠等。本章将针对多种创建高级曲面的方式进行介绍。通过本章的学习，可以学会制作更加复杂的曲面。

学习目标：

- 学会放样曲面；
- 学会嵌面；
- 学会以网线建立曲面；
- 学会扫掠曲面；
- 学会旋转成形创建曲面；
- 了解布帘曲面的制作。

5.1 放样曲面

放样是指通过定义曲面形状的选定轮廓曲线创建曲面。

单击侧边工具栏中"指定三或四个角建立曲面" 工具右下角的"弹出建立曲面" 按钮，在弹出的"建立曲面"工具组中单击"放样" 工具，或执行"曲面 > 放样"命令，根据命令行中的指令，选取要放样的曲线，右击确认后设置曲线接缝点，右击确认，在弹出的"放样选项"对话框中设置参数，如图 5-1 所示。完成后单击"确定"按钮即可，如图 5-2 所示。

图 5-1

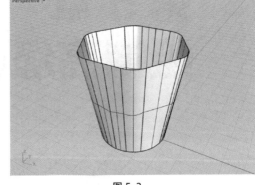

图 5-2

"放样选项"对话框中部分选项的作用如下：

① 样式：用于确定曲面的节点和控制点结构，包括标准、松弛、紧绷、平直区段和均匀 5 个选项。

② 封闭放样：选择该复选框后，将创建封闭的放样曲面，曲面在通过最后一条放样曲线后会绕回第一条放样曲线，但必须要有三条以上放样曲线才可以使用。

③ 与起始端边缘相切：若起始端曲线是曲面边缘，则放样曲面与相邻曲面保持相切。至少使用三条曲线才能激活此选项。

④ 与结束端边缘相切：若结束端曲线是曲面边缘，则放样曲面与相邻曲面保持相切。至少使用三条曲线才能激活此选项。

⑤ 在正切点分割：选择该复选框后，放样将创建单个曲面。

⑥ 对齐曲线：单击该按钮后单击形状曲线的末端可以反转方向。

⑦ 不要简化：选择该选项后将不会重建曲线。

放样曲面时，命令行中的指令如下：

指令：_Loft
选取要放样的曲线 (点 (P))
选取要放样的曲线 (点 (P))
选取要放样的曲线，按 Enter 完成 (点 (P))
移动曲线接缝点，按 Enter 完成 (反转 (F)　自动 (A)　原本的 (N)　锁定到节点 (S) = 是)

该命令行中部分选项的作用如下：

① 反转：选择该选项将翻转接缝线方向。

② 自动：选择该选项将自动对齐接缝点及曲线方向。

③ 原本的：单击该选项后将使用原来的曲线接缝位置及曲线方向。

知识链接 ⊘

改变接缝点的方向时，曲面的质量也会随之改变。在设置接缝点位置时，应保证每条曲线上接缝点的方向对齐且方向一致，以免发生扭曲。

👆 **上手实操：制作花瓶模型**

在学习了放样曲面的知识后，接着练习制作一个花瓶模型，效果如图 5-3 所示。

扫码看视频

图5-3

5.2 嵌面

嵌面可以通过选定的曲线、网格、点对象和点云补全曲面。

单击"建立曲面"工具组中的"嵌面" 🗇 工具或执行"曲面 > 嵌面"命令，根据命令行中的指令，选取曲面要逼近的曲线、点、点云或网格，右击确认，在弹出的"嵌面曲面选项"对话框中设置参数，如图 5-4 所示。完成后单击"确定"按钮即可，如图 5-5 所示。

图 5-4

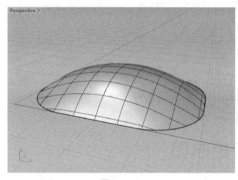

图 5-5

"嵌面曲面选项"对话框中部分选项的作用如下：

① 取样点间距：用于设置取样点之间的距离。

② 曲面的 U 方向跨距数：用于设置生成曲面的 U 方向跨度数量。

③ 曲面的 V 方向跨距数：用于设置生成曲面的 V 方向跨度数量。

④ 硬度：用于设置平面变形程度，数值越大越接近平面。

⑤ 调整切线：若输入曲线是现有曲面的边缘，选择该复选框后，将调整生成曲面的方向与原曲面相切。

⑥ 自动修剪：选择该复选框后，生成的曲面边缘以外的部分将被自动修剪掉。

⑦ 选取起始曲面：单击该按钮，可以选择形状与要创建的曲面相似的曲面。

⑧ 起始曲面拉力：类似于硬度，但仅适用于起始曲面。拉力值越大，生成的曲面形状就越接近起始曲面。

5.3 以网线建立曲面

以网线建立曲面可以从交叉曲线网格中选取网线创建曲面。要注意的是，一个方向的所有曲线不能相交，且必须与另一方向的所有曲线相交。

单击"建立曲面"工具组中的"以网线建立曲面" 工具或执行"曲面 > 网线"命令，根据命令行中的指令，选取网线中的曲线，右击确认，打开"以网线建立曲面"对话框设置参数，如图 5-6 所示。完成后单击"确定"按钮，即可建立曲面，如图 5-7 所示。

图 5-6

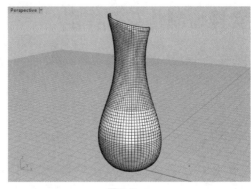

图 5-7

"以网线建立曲面"对话框中各选项的作用如下：

① 边缘曲线：用于设置边缘曲线的容差，曲面的边缘将在边缘曲线设定的值内。

② 内部曲线：用于设置内部曲线的容差，曲面表面的内部将在此值内。

③ 角度：若边缘曲线是曲面边，且曲面以相切或曲率连续性匹配相邻曲面，则该选项用于匹配曲面法线的精度。

④ 松弛：选择该选项后，曲面将与输入边缘曲线匹配，但精度较低。

⑤ 位置 / 相切 / 曲率：用于设置边缘曲线的连续性。

5.4　扫掠曲面

扫掠曲面是通过一系列定义曲面横截面的轮廓曲线和一条或两条路径曲线创建曲面。Rhino 中包括单轨扫掠和双轨扫掠两种类型的扫掠。

重点 5.4.1　单轨扫掠

单轨扫掠可以通过一条或多条定义曲面横截面的轮廓曲线沿一条路径曲线创建曲面。

单击"建立曲面"工具组中的"单轨扫掠" 工具或执行"曲面 > 单轨扫掠"命令，根据命令行中的指令，依次选取路径和断面曲线，右击确认，打开"单轨扫掠选项"对话框设置参数，如图 5-8 所示；完成后单击"确定"按钮，即可创建曲面，如图 5-9 所示。

> **注意事项**
>
> 单轨扫掠时，若选取的断面曲线是封闭曲线，还需要设置曲线接缝点。

"单轨扫掠选项"对话框中部分选项的作用如下：

① 自由扭转：选择该选项后，断面曲线将旋转以在整个扫掠过程中保持与其轨道的角度。

② 走向：选择该选项后，将启用"设置轴向"按钮，单击该按钮即可设置轴的方向，

以计算横截面的三维旋转参数。

③ 对齐曲面：选择该选项后，若轨道是曲面边，则横截面曲线将与曲面边一起扭曲；若形状与曲面相切，则新曲面也应相切。

④ 封闭扫掠：选择该选项后，将创建一个封闭的曲面。此选项仅在选择两条断面曲线后可用。

⑤ 整体渐变：选择该选项后，将创建从一条断面曲线到另一条断面曲线逐渐变细的扫掠；反之，扫掠将在末端保持不变，在中间变化更快。

⑥ 未修剪斜接：选择该选项后，若通过扫掠创建带有扭结的多重曲面，则组件曲面不会被修剪。

⑦ 对齐断面：当创建的扫掠曲面与其他曲面连接时，单击该按钮可以保持扫掠曲面与其他曲面的连续性。

⑧ 不要更改断面：选择该选项后，将在不更改断面曲线的情况下创建扫掠。

图 5-8

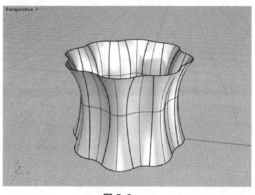

图 5-9

重点 ### 5.4.2　双轨扫掠

双轨扫掠可以通过一条或多条定义曲面横截面的轮廓曲线沿两条路径曲线创建曲面。

单击"建立曲面"工具组中的"双轨扫掠" 工具或执行"曲面 > 双轨扫掠"命令，根据命令行中的指令，依次设置路径及断面曲线，右击确认，打开"双轨扫掠选项"对话框设置参数，如图 5-10 所示；完成后单击"确定"按钮，即可创建曲面，如图 5-11 所示。

图 5-10

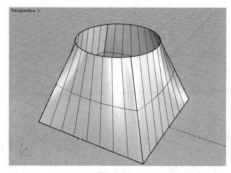

图 5-11

"双轨扫掠选项"对话框中部分选项的作用如下：

① 不要更改断面：选择该选项，将在不改变断面曲线的情况下创建扫掠曲面。

② 重建断面点数：在创建扫掠之前重建断面曲线的控制点。

③ 维持第一个断面形状：使用正切或曲率连续计算扫掠曲面边缘的连续性时，曲面可能会远离断面曲线。该选项可以强制曲面匹配第一条断面曲线。

④ 维持最后一个断面形状：使用正切或曲率连续计算扫掠曲面边缘的连续性时，曲面可能会远离断面曲线。该选项可以强制曲面匹配最后一条断面曲线。

⑤ 保持高度：选择该选项后，将固定扫掠曲面的断移、缩放。

⑥ 边缘连续性：仅当轨道为曲面边缘且断面曲线无理时，即所有控制点权重均为 1 时，才启用该选项。精确的弧和椭圆段是有理的。只有曲线结构（点数和有理 / 非有理）支持的连续性选项才可用。

上手实操：制作皮圈模型

学习了扫掠的相关知识后，便可以通过该方法制作皮圈模型，效果如图 5-12 所示。

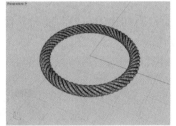

扫码看视频

图5-12

5.5 旋转成形

旋转成形是通过将轮廓曲线围绕设定的旋转轴旋转创建曲面。该方法是 Rhino 中经常使用的曲面创建方法。单击"建立曲面"工具组中的"旋转成形 / 沿着路径旋转" 工具，或执行"曲面 > 旋转"命令，根据命令行中的指令，选取要旋转的曲线，右击确认，设置旋转轴起点和终点，再设置起始角度和旋转角度即可，如图 5-13、图 5-14 所示。

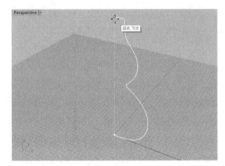

图 5-13

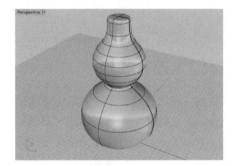

图 5-14

使用该工具时，命令行中的指令如下：

指令：_Revolve
选取要旋转的曲线
选取要旋转的曲线，按 Enter 完成
旋转轴起点
旋转轴终点 (按 Enter 使用工作平面 Z 轴的方向)
起始角度 <0> (输出为 (O) = 曲面　删除输入物件 (D) = 否　360 度 (F)　设置起始角度 (A) = 是　分割正切点 (S) = 否　可塑形的 (R) = 否)
旋转角度 <360> (输出为 (O) = 曲面　删除输入物件 (D) = 否　360 度 (F)　分割正切点 (S) = 否　可塑形的 (R) = 否)

命令行中部分选项的作用如下：

① 删除输入物件：用于设置创建曲面后是否删除原曲线。

② 360 度：选择该选项，将执行旋转角度为 360°。

> **注意事项**
>
> 使用"旋转成形" 🖋 工具创建曲面时，若想避免出现顶部或底部尖点，需要将顶部或相邻的控制点设置在同一直线上。

右击"建立曲面"工具组中的"旋转成形 / 沿着路径旋转" 🖋 工具或执行"曲面 > 沿着路径旋转"命令，根据命令行中的指令，选取轮廓曲线和路径曲线，然后设置路径旋转轴起点和终点，即可创建曲面，如图 5-15、图 5-16 所示。

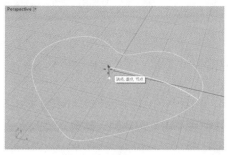

图 5-15　　　　　　　　　　图 5-16

👑 进阶案例：制作玻璃汽水瓶模型

本案例练习制作玻璃汽水瓶。涉及的知识点包括曲线的绘制、旋转成形的应用、放样曲面等。下面将介绍具体的操作步骤。

Step01：单击侧边工具栏中的"控制点曲线 / 通过数个点的曲线" 🖳 工具，在 Front 视图中绘制曲线，如图 5-17 所示。

Step02：选中绘制的曲线，单击"建立曲面"工具组中的"旋转成形 / 沿着路径旋转" 🖋 工具，在命令行中输入 0，右击确认，设置旋转轴起点为坐标原点，在 Front 视图中单击，设置旋转轴终点，如图 5-18 所示。

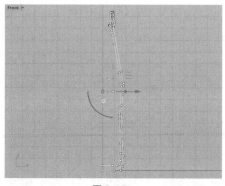
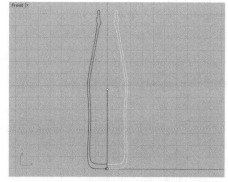

图 5-17　　　　　　　　　　图 5-18

Step03：保持默认设置，右击确认两次，创建曲面，如图 5-19 所示。

Step04：切换至 Top 视图，单击侧边工具栏中的"多边形：中心点、半径" ⬡ 工具，单击命令行中的"星形"选项，绘制星形；在命令行中输入 0，右击确认，设置星形中心点位于坐标原点；单击"边数"选项，设置边数为 21；在 Top 视图中单击设置星形的角，再次单击设置星形的第二个半径，效果如图 5-20 所示。

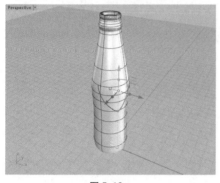

图 5-19

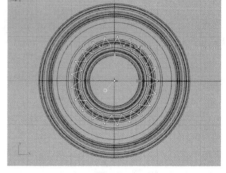

图 5-20

Step05：选中星形曲线，执行"曲线 > 全部圆角"命令，设置圆角半径为 5mm，右击确认，创建圆角，效果如图 5-21 所示。

Step06：单击侧边工具栏中的"圆：中心点、半径" ⊘ 工具，在命令行中输入 0，右击确认，设置圆心位于坐标原点，在 Top 视图中合适位置单击，创建圆，如图 5-22 所示。

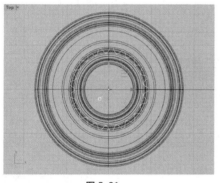

图 5-21

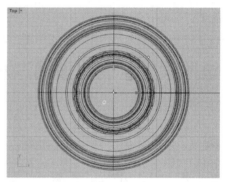

图 5-22

Step07：在 Front 视图中调整星形曲线与圆的位置，选择圆，按住 Alt 键向上拖拽复制，如图 5-23 所示。

Step08：选中 3 条曲线，单击"建立曲面"工具组中的"放样" ⬰ 工具，在 Top 视图中调整曲线接缝点方向一致，如图 5-24 所示。

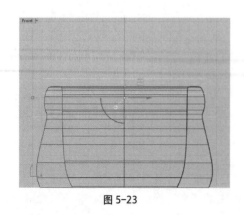

图 5-23

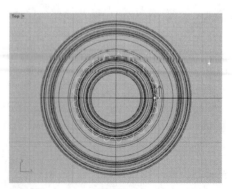

图 5-24

Step09：右击确认，打开"放样选项"对话框，设置"样式"为松弛，如图 5-25 所示。

Step10：设置完成后单击"确定"按钮，创建曲面，如图 5-26 所示。

图 5-25

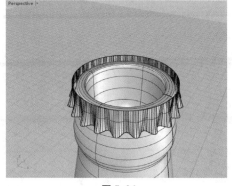

图 5-26

　　Step11：单击"建立曲面"工具组中的"以平面曲线建立曲面" ◎ 工具，单击顶部曲线，右击确认，创建平面，如图 5-27 所示。

　　Step12：选中平面曲面与放样曲面，单击侧边工具栏中的"组合"工具，将其组合。执行"实体 > 边缘圆角 > 不等距边缘圆角"命令，单击命令行中的"下一个半径"选项，设置下一个半径为 5，选取要建立圆角的边缘，如图 5-28 所示。

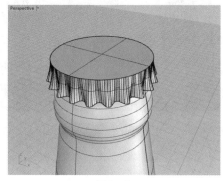

图 5-27

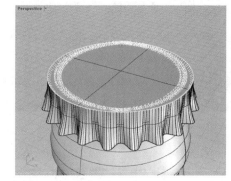

图 5-28

　　Step13：右击确认两次，创建圆角，如图 5-29 所示。

　　Step14：在"图层"面板中分别修改图层 1 与图层 2 名称为瓶身、瓶盖。选中瓶盖部分，在"属性"面板中设置其图层为"瓶盖"，如图 5-30 所示。

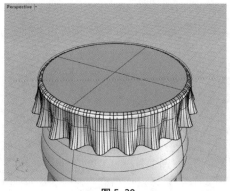

图 5-29

图 5-30

Step15：使用相同的方法设置瓶身的图层为"瓶身"，如图 5-31 所示。隐藏多余线条。

Step16：至此，完成玻璃汽水瓶模型的制作，如图 5-32 所示。

图 5-31

图 5-32

利用上述的建模方法，在实际应用中，可以创建如图 5-33、图 5-34 所示的汽水瓶造型。

图 5-33

图 5-34

5.6 在物件上产生布帘曲面

在物件上产生布帘曲面，通过在对象和（投影到当前视口中的）构建平面的点的相交处定义的点，创建曲面，制作出类似布帘悬垂的效果。

单击"建立曲面"工具组中的"在物件上产生布帘曲面" 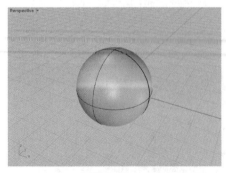工具或执行"曲面 > 布帘"命令，根据命令行中的指令，框选要产生布帘的范围即可，如图 5-35、图 5-36 所示。

图 5-35

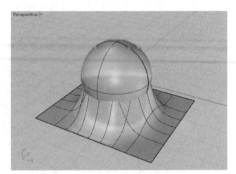

图 5-36

使用该工具时，命令行中的指令如下：

指令：_Drape
框选要产生布帘的范围 (自动间距 (A) = 是   间距 (S) =5   自动侦测最大深度 (U) = 是)

该命令行中部分选项的作用如下：

① 间距：用于设置控制点间距。数值越小，表面越密。

② 自动侦测最大深度：若该选项为是，可以将叠加曲面停止在自动确定为矩形内最远可见点的位置；若该选项为否，则可自定义深度设置。

综合实战：制作台灯模型

本案例练习制作台灯模型。涉及的知识点包括曲线的绘制、旋转成形、放样等。下面将对具体的步骤进行介绍。

Step01：单击侧边工具栏中的"控制点曲线 / 通过数个点的曲线"工具，在 Front 视图中绘制曲线，如图 5-37 所示。

Step02：选中绘制的曲线，单击"建立曲面"工具组中的"旋转成形 / 沿着路径旋转"工具，在命令行中输入 0，右击确认，设置旋转轴起点为坐标原点，在 Front 视图中单击，设置旋转轴终点，如图 5-38 所示。

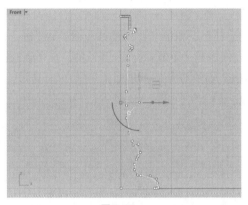

图 5-37

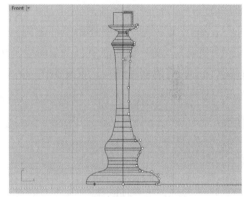

图 5-38

Step03：保持默认设置，右击确认两次，创建曲面，如图 5-39 所示。

Step04：使用相同的方法，继续绘制曲线，如图 5-40 所示。

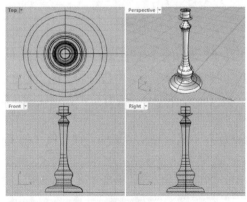

图 5-39

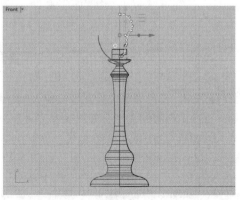

图 5-40

Step05：使用"旋转成形 / 沿着路径旋转" 工具创建曲面，如图 5-41 所示。

Step06：切换至 Top 视图。单击侧边工具栏中的"多边形：中心点、半径" 工具，单击命令行中的"星形"选项，绘制星形；在命令行中输入 0，右击确认，设置星形中心点位于坐标原点；单击"边数"选项，设置边数为 16；在 Top 视图中单击设置星形的角，再次单击设置星形的第二个半径，效果如图 5-42 所示。

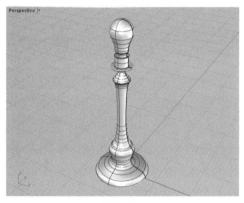

图 5-41

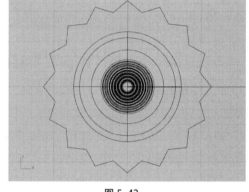

图 5-42

Step07：选中绘制的星形曲线，按 F10 键显示其控制点，选中内侧控制点，在 Front 视图中将其上移，如图 5-43 所示。

Step08：单击侧边工具栏中"曲线圆角" 工具右下角的"弹出曲线工具" 按钮，在弹出的"曲线工具"对话框中右击"曲线圆角 / 曲线圆角（重复执行）" 工具，在 Top 视图中选取合适的曲线创建圆角，重复操作，右击确认，效果如图 5-44 所示。

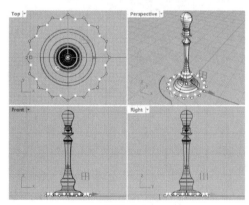

图 5-43

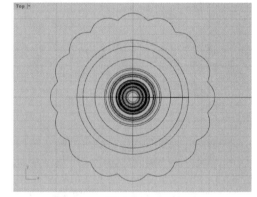

图 5-44

Step09：在 Front 视图中将该曲线调整至合适高度，如图 5-45 所示。

Step10：切换至 Top 视图，单击侧边工具栏中的"圆：中心点、半径" 工具，在命令行中输入 0，右击确认，设置圆心位于坐标原点，在 Top 视图中合适位置单击，创建圆。在 Front 视图中调整圆高度，如图 5-46 所示。

Step11：选中以上 2 条曲线，单击在"建立曲面"工具组中的"放样" 工具，在 Top 视图中调整曲线接缝点方向一致，如图 5-47 所示。

Step12：右击确认，打开"放样选项"对话框，保持默认设置，单击"确定"按钮，创建曲面，如图 5-48 所示。

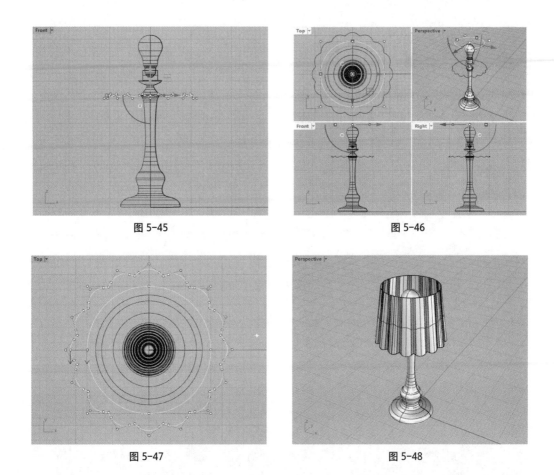

图 5-45

图 5-46

图 5-47

图 5-48

Step13：选中所有对象，单击"标准"工具栏组中的"锁定物件 / 解除锁定物件" 🔒工具将其锁定。在 Top 视图中绘制一个半径为 26mm 和一个半径为 20mm 的正圆，如图 5-49 所示。

Step14：选中上一步骤绘制的两个正圆，单击"建立曲面" ◢工具组中的"以平面曲线建立曲面" ◐工具，选取平面曲线，右击确认，创建平面，如图 5-50 所示。

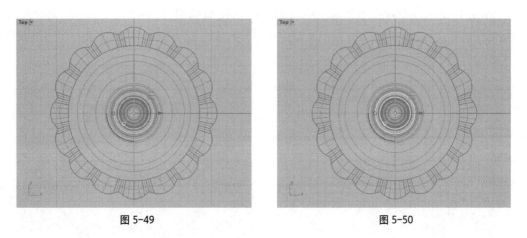

图 5-49

图 5-50

Step15：选中上一步骤绘制的平面，执行"实体 > 挤出曲面 > 直线"命令，在命令行中输入 2，设置挤出长度，右击确认，创建实体，如图 5-51 所示。

Step16：在 Front 视图中调整实体高度，如图 5-52 所示。

图 5-51

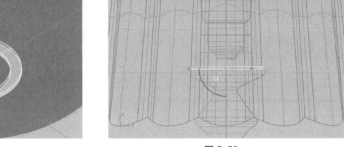

图 5-52

Step17：单击侧边工具栏中的"多重直线 / 线段" ⋀工具，绘制直线，如图 5-53 所示。

Step18：选中绘制的直线，执行"实体 > 圆管"命令；在命令行中输入 1，设置起点半径，右击确认；继续输入 1，设置终点半径，右击确认；再次右击确认，创建圆管，如图 5-54 所示。

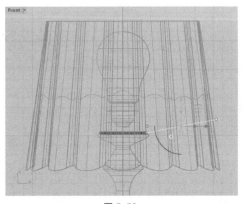

图 5-53

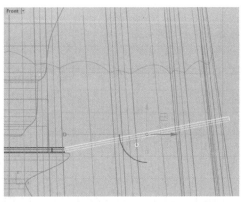

图 5-54

Step19：右击"标准"工具栏组中的"锁定物件 / 解除锁定物件" 🔒工具，解除物件锁点，选中放样曲面，单击侧边工具栏中的"修剪"工具，在圆管多余位置处单击，将其修剪掉，如图 5-55 所示。右击确认。

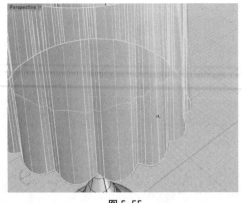

图 5-55

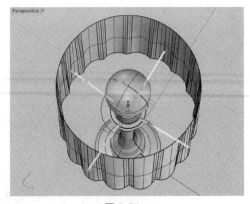

图 5-56

Step20：选中修剪后的圆管，执行"变动 > 阵列 > 环形"命令；在命令行中输入 0，设置环形阵列中心点为坐标原点，右击确认；在命令行中输入 4，设置阵列数，右击确认；保持默认设置，右击确认两次，阵列选中的对象，如图 5-56 所示。

Step21：选中阵列后的圆管和挤出的实体，单击侧边工具栏中的"群组物件" ⬤ 工具，将其编组。执行"实体 > 圆柱体"命令，在命令行中输入 0，右击确认，设置圆柱体底面中心点位于坐标原点；在命令行中输入 5，设置半径，右击确认；继续输入 50，右击确认，设置圆柱体高度，创建圆柱体，如图 5-57 所示。

Step22：调整圆柱体至合适位置，利用操作轴将其稍微旋转，如图 5-58 所示。

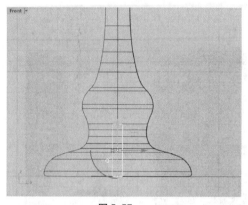

图 5-57

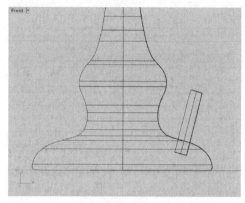

图 5-58

Step23：选中圆柱体和与圆柱体相交的物件，按 Ctrl+C 组合键复制，按 Ctrl+V 组合键粘贴。执行"实体 > 相交"命令，选中一个圆柱体，右击确认，然后选中另一个复制物件，右击确认，创建交集，如图 5-59 所示。

Step24：选中复制物件，执行"实体 > 差集"命令，选中圆柱体，右击确认，创建差集，如图 5-60 所示。

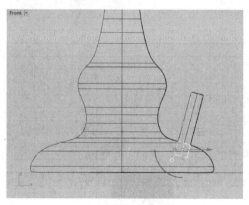

图 5-59

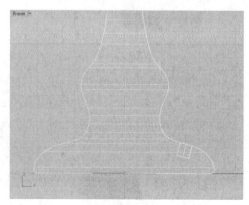

图 5-60

Step25：执行"实体 > 边缘圆角 > 不等距边缘圆角"命令，单击命令行中的"下一个半径"选项，设置下一个半径为 1，选中要建立边缘的圆角，如图 5-61 所示。

Step26：右击确认，创建圆角，如图 5-62 所示。

Step27：至此，完成台灯模型的制作，如图 5-63 所示。在实际应用中，用户可以举一反三地创建出如图 5-64 所示的台灯造型。

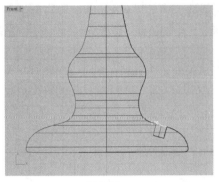

图 5-61

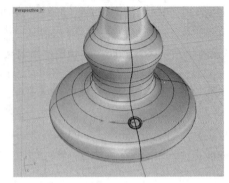

图 5-62

图 5-63

图 5-64

✏️ 自我巩固

完成本章的学习后，可以通过练习本章的相关内容，进一步加深理解。下面将通过创建沙漏模型和异形烛台模型加深记忆。

1. 制作沙漏模型

本案例通过制作沙漏模型练习旋转成形曲面的创建，制作完成后的效果如图 5-65、图 5-66 所示。

设计要领：

Step01： 绘制结构线并进行放样，从封闭曲线创建平面，组合曲面。

Step02： 创建圆柱管。绘制曲线，并旋转成形。

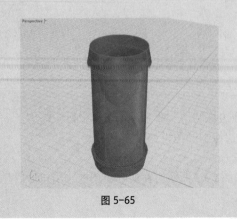

图 5-65

图 5-66

Step03：绘制矩形平面，重建曲面，调整曲面控制点，制作出凹凸不平的效果。

Step04：修剪曲面，并组合成封闭曲面。

Step05：赋予材质与颜色。

2. 制作异形烛台模型

本案例通过制作异形烛台模型练习放样、旋转成形等命令，制作完成后的效果如图 5-67、图 5-68 所示。

设计要领：

Step01：绘制顶部托盘处侧面曲线，旋转成形。

Step02：绘制圆，调整至不同大小和高度，放样圆。

Step03：绘制底座处侧面曲线，旋转成形。

Step04：赋予材质与颜色。

图 5-67

图 5-68

Rhino

第6章
编辑曲面详解

📄 **内容导读：**

创建曲面后，可以通过编辑工具使曲面更加精细自然，制作出更加真实的效果。本章将针对 Rhino 软件中曲面的编辑操作进行介绍，包括曲面圆角的制作、曲面的连接、曲面的偏移、曲面的其他操作等。通过本章的内容，还能学习如何分析曲面。

🎯 **学习目标：**

- 学会曲面倒角的添加；
- 学会连接曲面；
- 学会偏移曲面；
- 学会重建曲面；
- 掌握分析曲面的方法。

6.1 延伸曲面

创建曲面后，可以将其边缘延伸，以得到需要的效果。曲面的延伸与曲线的延伸类似，都可以对延伸的长度进行控制。

单击侧边工具栏中“曲面圆角”工具右下角的“弹出曲面工具”按钮，打开“曲面工具”工具组，单击“延伸曲面”工具或执行“曲面 > 延伸曲面”命令，根据命令行中的指令，选取要延伸的边缘，再设置延伸至点的位置即可，如图 6-1、图 6-2 所示。

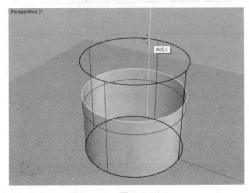

Perspective
曲线上

图 6-1

Perspective

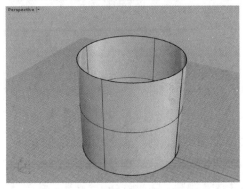

图 6-2

使用该工具时，命令行中的指令如下：

```
指令：_ExtendSrf
选取要延伸的边缘 ( 类型 (T) = 平滑   合并 (M) = 是 )
延伸至点 <1.00>( 设定基准点 (S)   类型 (T) = 平滑   合并 (M) = 是 )
```

该命令行中各选项的作用如下：

① 类型：用于设置延伸曲面的类型，包括平滑和直线两种。选择平滑即可从边缘平滑地延伸曲面；选择直线即可从边缘沿直线延伸曲面。

② 设定基准点：在选取设置延伸距离的两个点时，指定一个位置作为第一个点。

③ 合并：选择是，可以将延伸曲面与原曲面合并；选择否，则延伸曲面将创建为单独的表面。

知识链接

切换至“曲面工具”工具栏组，在该工具栏组中也可找到“延伸曲面”工具并进行使用，如图 6-3 所示。

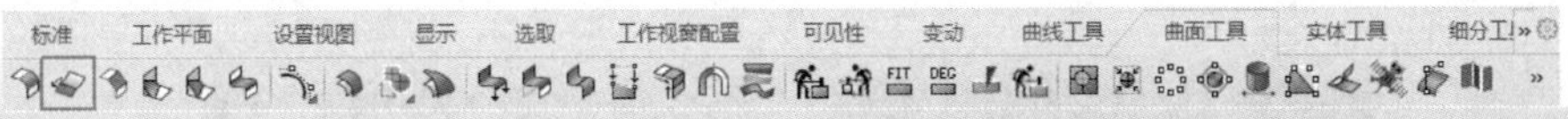

标准
工作平面
设置视图
显示
选取
工作视窗配置
可见性
变动
曲线工具
曲面工具
实体工具
细分工

图 6-3

6.2 曲面倒角

Rhino 中的曲面倒角分为圆角和斜角。应用曲面倒角，可以使直角边变得光滑。

重点 6.2.1　曲面圆角

曲面圆角可以在两个曲面之间创建一个单一半径的圆角曲面。

单击侧边工具栏中的"曲面圆角" 工具或执行"曲面 > 曲面圆角"命令，根据命令行中的指令，选取要建立圆角的第一个曲面和第二个曲面，即可创建曲面圆角，如图 6-4、图 6-5 所示。

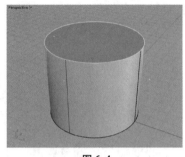

图 6-4

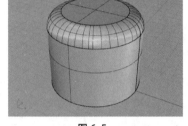

图 6-5

使用该工具时，命令行中的指令如下：

指令：_FilletSrf
选取要建立圆角的第一个曲面 (半径 (R) =3.00　延伸 (E) = 是　修剪 (T) = 是　混接造型 (B) = 圆形倒角)
选取要建立圆角的第二个曲面 (半径 (R) =3.00　延伸 (E) = 是　修剪 (T) = 是　混接造型 (B) = 圆形倒角)

该命令行中部分选项的作用如下：
① 半径：用于指定圆角半径。
② 延伸：选择该选项，当一个输入曲面比另一个长时，圆角曲面将延伸到输入曲面边。

注意事项

创建曲面圆角类似于沿着曲面的边滚动定义半径的球。若转角比球的半径窄，球就无法通过转弯，即会导致创建曲面圆角失败。

重点 6.2.2　曲面斜角

曲面斜角与曲面圆角类似，只是将生成的圆角曲面变成直纹曲面。

单击"曲面工具"工具组中的"曲面斜角" 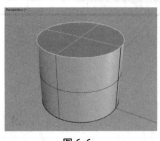 工具或执行"曲面 > 曲面斜角"命令，根据命令行中的指令，选取要建立斜角的第一个曲面和第二个曲面，即可创建曲面斜角，如图 6-6、图 6-7 所示。

图 6-6

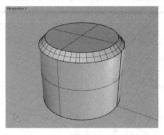

图 6-7

使用该工具时，命令行中的指令如下：

指令：_ChamferSrf
选取要建立斜角的第一个曲面 (距离 (D) =6.00，6.00　延伸 (E) = 是　修剪 (T) = 是)：距离
第一斜角距离 <6.00>
第二斜角距离 <6.00>
选取要建立斜角的第一个曲面 (距离 (D) =6.00，6.00　延伸 (E) = 是　修剪 (T) = 是)
选取要建立斜角的第二个曲面 (距离 (D) =6.00，6.00　延伸 (E) = 是　修剪 (T) = 是)

该命令行中部分选项的作用如下：
① 距离：用于设置从曲面交点到倒角边缘的距离。
② 延伸：用于设置是否沿曲面延伸到倒角曲面。

上手实操：制作简易陀螺模型

在学习了曲面倒角的知识后，练习制作
简易陀螺模型，效果如图 6-8 所示。

6.2.3　不等距曲面圆角

不等距曲面圆角可以在两个曲面之间建
立不等半径的相切圆角曲面，以制作出更加
丰富的模型效果。

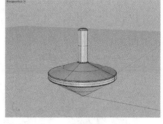

扫码看视频

图 6-8

单击"曲面工具"工具组中的"不等距曲面圆角 / 不等距曲面混接" 工具，或执行
"曲面 > 不等距圆角 / 混接 / 斜角 > 不等距曲面圆角"命令，根据命令行中的指令，选取要做
不等距圆角的两个相交曲面，再在视图中选取要编辑的圆角控制杆，拖拽调整半径或在命令
行中输入数值，调整完成后右击确认即可，如图 6-9（a）（b）所示。

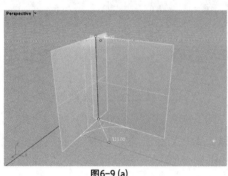

图6-9 (a)

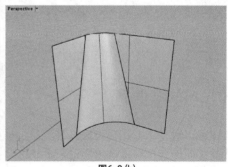

图6-9 (b)

使用该工具时，命令行中的指令如下：

指令：_VariableFilletSrf
选取要做不等距圆角的两个相交曲面之一 (半径 (R) =1)
选取要做不等距圆角的第二个相交曲面 (半径 (R) =1)
选取要编辑的圆角控制杆，按 Enter 完成 (新增控制杆 (A)　复制控制杆 (C)　设置全部 (S)　连结[1]控

---

❶ 命令行中的"连结"应为"联结"，下同。

该命令行中部分选项的作用如下：

① 新增控制杆：用于沿曲面相交处添加新的控制杆。

② 复制控制杆：用于复制已有的控制杆。

③ 设置全部：用于设置全部控制杆的半径。

④ 联结控制杆：该选项为"是"时，调整某一控制杆，其他控制杆会以相同的比例调整。

6.2.4　不等距曲面斜角

不等距曲面斜角可以在两个曲面之间创建不同距离值的斜角曲面。该工具的使用方法与"不等距曲面圆角 / 不等距曲面混接"⬚工具类似。

单击"曲面工具"工具组中的"不等距曲面斜角"⬚工具或执行"曲面 > 不等距圆角 / 混接 / 斜角 > 不等距曲面斜角"命令，根据命令行中的指令，选取要做不等距斜角的两个相交曲面，再在视图中选取要编辑的斜角控制杆，拖拽调整距离或在命令行中输入数值，调整完成后右击确认即可，如图 6-10、图 6-11 所示。

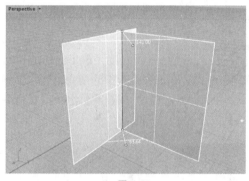
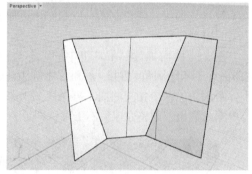

图 6-10　　　　　　　　　　　　　　　　图 6-11

6.3　连接曲面

在 Rhino 软件中，用户可以选择混接、连接、衔接、合并等多种方式连接曲面。通过这些方式连接曲面各自有各自的特点。本节将对此进行介绍。

重点 6.3.1　混接曲面

混接曲面可以在两个不相接曲面边缘之间建立平滑的曲面，并以指定的持续性与原曲面相接。该工具是建模中非常实用的一个工具。

单击"曲面工具"工具组中的"混接曲面"⬚工具或执行"曲面 > 混接曲面"命令，根据命令行中的指令，依次选取第一个边缘和第二个边缘，然后设置曲线接缝点，右击确认，打开"调整曲面混接"对话框设置参数，如图 6-12 所示。完成后单击"确定"按钮即可创建混接曲面，如图 6-13 所示。

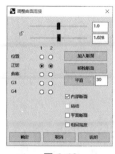

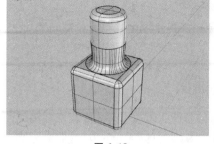

图 6-12   图 6-13

"调整曲面混接"对话框中部分选项的作用如下：

① ⚿：单击锁定后可以保持两个曲线端点的关系。

② 滑块：用于确定曲面对边缘曲线的影响距离。

③ 连续性选项：用于设置每个曲面端点的连续性，包括位置、正切、曲率、G3 和 G4 五个选项。

④ 加入断面：用于添加断面以增加对混接曲面形状的控制。

⑤ 移除断面：用于移除多余的断面曲线。

⑥ 平面断面：选择该选项将强制所有形状曲线为平面并平行于指定方向。

⑦ 相同高度：若曲面之间的间隙发生变化，选择该选项后，将会在整个混合过程中保持形状曲线的高度。

使用该工具时，命令行中的指令如下：

指令：_BlendSrf

选取第一个边缘 (连锁边缘 (C)   编辑 (E))

选取第二个边缘 (连锁边缘 (C))

选取要调整的控制点，按住 ALT 键并移动控制杆调整边缘处的角度，按住 SHIFT 做对称调整。

选取要调整的控制点，按住 ALT 键并移动控制杆调整边缘处的角度，按住 SHIFT 做对称调整。

该命令行中部分选项的作用如下：

① 连锁边缘：用于选择连续的边缘。

② 编辑：用于对包含混接曲面历史记录的曲面进行编辑。

知识链接 �

右击"曲面工具"工具组中的"不等距曲面圆角 / 不等距曲面混接" 🐾工具，或执行"曲面 > 不等距圆角 / 混接 / 斜角 > 不等距曲面混接"命令，均可以制作不等距的混接曲面。

 上手实操：制作三管混接效果

练习制作三管混接效果，如图 6-14 所示。涉及的知识点包括曲面的分割、混接曲面的制作等。

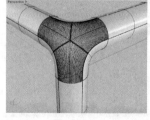

扫码看视频

图 6-14

6.3.2　连接曲面

　　连接曲面可以延伸曲面边直至曲面相交并修剪掉多余的部分。

　　单击"曲面工具"工具组中的"连接曲面"🔧工具或执行"曲面>连接曲面"命令，根据命令行中的指令，依次选取第一个靠近要延展或要保留一侧边缘的曲面、第二个靠近要延展或要保留一侧边缘的曲面即可，如图6-15（a）（b）所示。

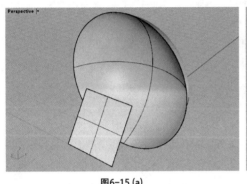
图6-15 (a)

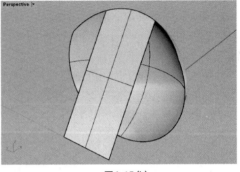
图6-15 (b)

重点 6.3.3　衔接曲面

　　衔接曲面可调整曲面的边，使其与另一曲面具有位置、切线或曲率的连续性。

　　单击"曲面工具"工具组中的"衔接曲面"🔧工具或执行"曲面>曲面编辑工具>衔接"命令，根据命令行中的指令，选取要改变的未修剪曲面边缘及要衔接的曲面或边缘，打开"衔接曲面"对话框，设置参数，如图6-16所示。完成后单击"确定"按钮即可，如图6-17所示。

图 6-16

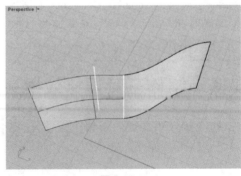
图 6-17

　　"衔接曲面"对话框中部分选项的作用如下：

　　① "连续性"选项组：用于设置匹配的连续性。

② "维持另一端"选项组：用于更改曲面结构以防止修改与匹配相对的边缘处的曲率。

③ 互相衔接：若目标曲面的边缘是未修剪边缘，两个曲面的形状会互相衔接调整。

④ 以最接近点衔接边缘：要衔接的曲面边缘每个控制点会与目标曲面边缘的最近点进行衔接，否则将拉伸或压缩曲面以端对端匹配整个边。

⑤ 精确衔接：用于确定是否应测试匹配结果的准确性并对其进行优化，以使面在公差范围内匹配。

⑥ 翻转：用于更改曲面方向。

⑦ "结构线方向调整"选项组：用于确定匹配曲面参数化的方式。

重点 6.3.4　合并曲面

合并曲面可以在未修剪的边缘处将两个曲面合并为一个曲面。

单击"曲面工具"工具组中的"合并曲面" 🔩工具或执行"曲面 > 曲面编辑工具 > 合并"命令，根据命令行中的指令，选取一对要合并的曲面即可，如图 6-18、图 6-19 所示。

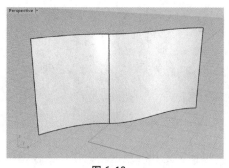

图 6-18

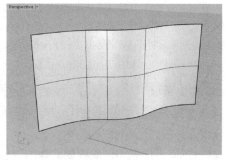

图 6-19

合并曲面时，命令行中的指令如下：

指令：_MergeSrf
选取一对要合并的曲面 (平滑 (S) = 是　公差 (T) =0.01　圆度 (R) =1)
选取一对要合并的曲面 (平滑 (S) = 是　公差 (T) =0.01　圆度 (R) =1)

该命令行中各选项的作用如下：

① 平滑：该选项为"是"时，将合并生成光滑的曲面，合并后的曲面较适合编辑控制点，但可能会改变原曲面的形状。

② 公差：两个要合并的曲面边缘距离必须在公差范围内，曲面才能合并。

③ 圆度：用于设置合并的圆度。该数值在 0（尖锐）~1（平滑）之间。

6.4　曲面偏移

偏移曲面可以使选中的曲面以设置的距离向指定的方向进行偏移复制。Rhino 中的偏移曲面包括等距偏移和不等距偏移两种。下面将对此进行介绍。

偏移曲面可以指定的距离复制曲面或多重曲面。

单击"曲面工具"工具组中的"偏移曲面" 🖱 工具或执行"曲面 > 偏移曲面"命令，根据命令行中的指令，选取要偏移的曲面或多重曲面，右击确认，选取要反转方向的物体，右击确认，即可以设定的方向与距离偏移曲面，如图 6-20、图 6-21 所示。

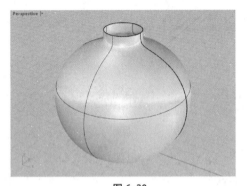

图 6-20

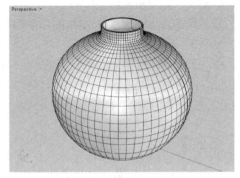

图 6-21

偏移曲面时，命令行中的指令如下：

> 指令：_OffsetSrf
> 选取要偏移的曲面或多重曲面
> 选取要偏移的曲面或多重曲面，按 Enter 完成
> 选取要反转方向的物体，按 Enter 完成 (距离 (D) =1   角 (C) = 锐角   实体 (S) = 是   公差 (T) =0.01   删除输入物件 (L) = 是   全部反转 (F))

该命令行中部分选项的作用如下：

① 距离：用于设置偏移距离。

② 角：用于设置如何处理偏移角的连续性，包括锐角和圆角两种。该选项仅适用于向外偏移的情况。如图 6-22、图 6-23 所示分别为选择"圆角"和"锐角"的效果。

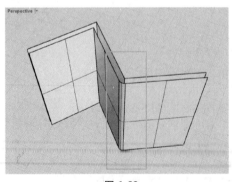

图 6-22

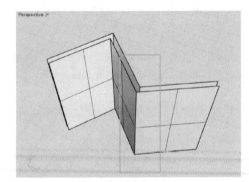

图 6-23

③ 实体：选择该选项，将以原曲面与偏移后的曲面放样形成封闭的实体。

④ 公差：用于设置偏移曲面的公差。

⑤ 两侧：该选项为"是"时将以原曲面为中心向两侧偏移。

⑥ 全部反转：单击该选项将翻转所有选定曲面的偏移方向。

上手实操：制作汽水开瓶器模型

通过偏移曲面的知识制作汽水开瓶器模型，效果如图 6-24 所示。

扫码看视频

图 6-24

6.4.2 不等距偏移曲面

不等距偏移曲面可以指定多个偏移距离以偏移复制曲面，制作出更加丰富的偏移效果。

单击"曲面工具"工具组中的"不等距偏移曲面" 工具或执行"曲面 > 不等距偏移曲面"命令，根据命令行中的指令，选取要做不等距偏移的曲面，然后选取要移动的点，设置偏移距离，右击确认即可，如图 6-25（a）（b）所示。

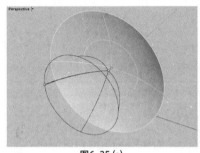
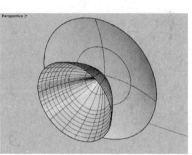

图6-25 (a)　　　　　　　　　图6-25 (b)

6.5　曲面的其他操作

除了以上常见的曲面编辑操作外，在"曲面工具"工具组中还可以找到其他工具对曲面进行编辑，如图 6-26 所示为打开的"曲面工具"工具组。本节将针对一些比较常用的曲面编辑操作进行介绍。

图 6-26

重点 **6.5.1　对称**

"对称" 工具可以镜像曲面，并使镜像的部分与原始对象相切。

单击"曲面工具"工具组中的"对称" 工具，根据命令行中的指令，选取曲线端点或曲面边缘，然后设置对称平面起点和终点即可，如图 6-27、图 6-28 所示。

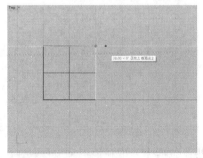
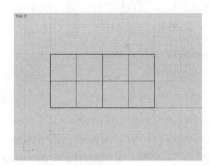

图 6-27　　　　　　　　　　图 6-28

当曲面为不规则曲面时，对称后会产生一定的变形以与原对象相切，如图 6-29、图 6-30 所示。

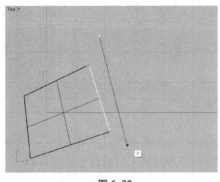

图 6-29

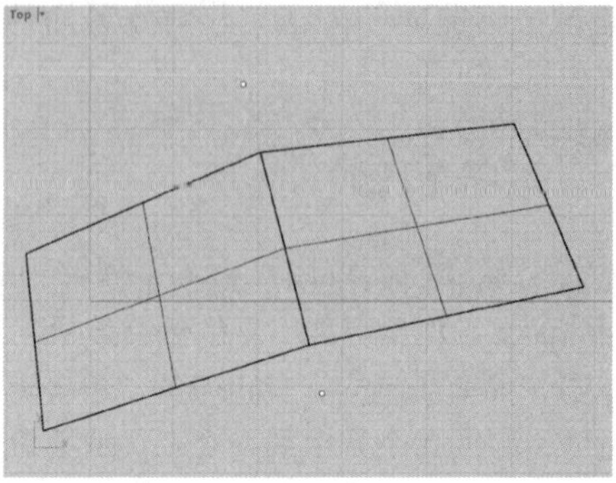

图 6-30

知识链接 ⊘

选中"对称"🏠工具后单击"状态栏"中的"记录建构历史"按钮，再进行对称操作，当修改原曲面时，镜像部分也会随之变化。

6.5.2 在两个曲面之间建立均分曲面

"在两个曲面之间建立均分曲面"可以在两个曲面中间均匀地创建曲面。

单击"曲面工具"工具组中的"在两个曲面之间建立均分曲面"🗒工具或执行"曲面 > 均分曲面"命令，根据命令行中的指令，依次选取起点曲面和终点曲面，再设置曲面的数目等参数，右击确定即可，如图 6-31、图 6-32 所示。

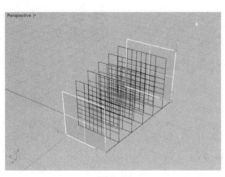
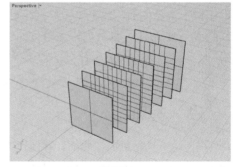

图 6-31

图 6-32

创建均分曲面时，命令行中的指令如下：

指令：_TweenSurfaces

选取起点曲面

选取终点曲面

按 Enter 接受设置 (曲面的数目 (N) =5　目的图层 (O) =目前的图层　匹配方式 (M) =取样点　取样数 (S) =5)

命令行中部分选项的作用如下：

① 曲面的数目：用于设置中间曲面的数目。

② 匹配方式：用于指定细化输出曲面的方法，包括无、重新逼近和取样点 3 种。

③取样数：用于设置要使用的取样点数。

重点 6.5.3　更改曲面阶数

在调整曲面的过程中，用户可以通过改变曲面阶数，重新调整曲面的结构线和控制点，以更好地编辑曲面。

选中要更改曲面阶数的曲面，按 F10 键显示物件控制点，单击"曲面工具"工具组中的"更改曲面阶数" _{DEG} 工具或执行"编辑 > 改变阶数"命令，根据命令行中的指令，选取要改变阶数的曲线或曲面，右击确认，设置新的 U 阶数和 V 阶数，右击确认即可，如图 6-33、图 6-34 所示。

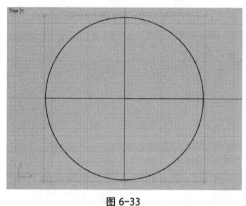

图 6-33　　　　　　　　　　　　　　图 6-34

用户也可以选中要更改曲面阶数的曲面，单击"更改曲面阶数" _{DEG} 工具，再设置新的 U 阶数和 V 阶数。更改曲面阶数时，命令行中的指令如下：

指令：_ChangeDegree
选取要改变阶数的曲线或曲面
选取要改变阶数的曲线或曲面，按 Enter 完成
新的 U 阶数 <1>(可塑形的 (D) = 否)：5
新的 V 阶数 <1>(可塑形的 (D) = 否)：5

在该命令行中，用户可以通过设置 U 阶数和 V 阶数，添加或减少曲面的控制点，而不影响曲面结构。

重点 6.5.4　重建曲面

重建曲面可以重建选定的曲线或曲面，并为其指定阶数和控制点。

单击"曲面工具"工具组中的"重建曲面" _图 工具或执行"编辑 > 重建"命令，根据命令行中的指令，选取要重建的曲线、挤出物件或曲面，右击确认，打开"重建曲面"对话框，如图 6-35 所示。在该对话框中设置参数，完成后单击"确定"按钮，即可重建曲面，如图 6-36 所示。

"重建曲面"对话框中部分选项的作用如下：

①点数：用于设置重建后的控制点数。其中，括号中的数字为当前控制点数。

②阶数：用于设置重建后的阶数。

③目前的图层：选择该复选框，将在目前的图层新建曲面；取消选择将会在原曲面图

层新建曲面。

④重新修剪：选择该复选框后，将以原边缘曲线修剪重建后的曲面。

⑤计算：计算原曲面和重建后曲面的偏差值。

图 6-35

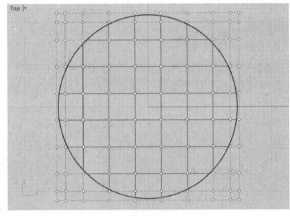

图 6-36

知识链接 ⟲

除了"重建曲面" 🔧工具外，用户还可以使用"曲面工具"工具组中的"重建曲面的 U 或 V 方向" 🔧工具重建曲面。单击"曲面工具"工具组中的"重建曲面的 U 或 V 方向" 🔧工具，根据命令行中的指令，选取要重建 U 或 V 方向的曲面，右击确认，选择重建选项，右击确认即可，如图 6-37、图 6-38 所示。

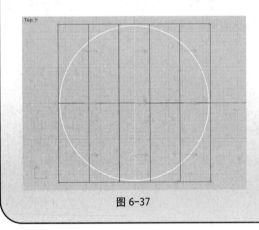

图 6-37

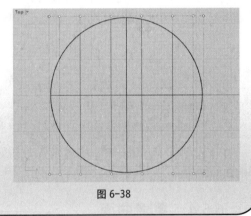

图 6-38

使用该工具时，命令行中的指令如下：

指令： RebuildUV
选取要重建 U 或 V 方向的曲面
选取要重建 U 或 V 方向的曲面，按 Enter 完成
选择 RebuildUV 指令的选项，按 Enter 完成 (方向 (D) =U　点数 (P) =8　型式 (T) =均匀　删除输入物件 (L) = 否　目前的图层 (C) = 否　重新修剪 (R) = 是)

其中，部分选项的作用如下：

①方向：用于设置重建的方向，包括 U 方向和 V 方向两种。

②型式：用于设置重建的型式，包括标准、松弛、紧绷、平直区段和均匀五种。

6.5.5 缩回已修剪曲面

缩回已修剪曲面可以将修剪后的曲面的结构线和控制点缩回至修剪边缘附近，以便于更贴合地编辑曲面。

单击"曲面工具"工具组中的"缩回已修剪曲面 / 缩回已修剪曲面至边缘" 工具或执行"曲面 > 曲面编辑工具 > 缩回已修剪曲面"命令，根据命令行中的指令，选取要缩回的已修剪曲面，右击确定即可，如图 6-39、图 6-40 所示。

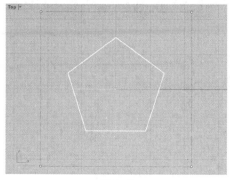

图 6-39　　　　　　　　　　　　　　　　图 6-40

👑 进阶案例：制作吹风机模型

本案例练习制作吹风机模型。涉及的知识点包括曲面的创建、曲面的编辑等。下面将介绍具体的操作步骤。

Step01：设置子格线间隔为 1mm，单击侧边工具栏中的"多重直线 / 线段" 工具，在 Front 视图中绘制曲线，如图 6-41 所示。

Step02：选中曲线，单击"建立曲面"工具组中的"旋转成形 / 沿着路径旋转" 工具，在曲线起点和终点处单击确定旋转轴，右击确认两次，创建曲面，如图 6-42 所示。

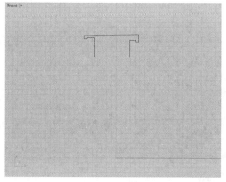
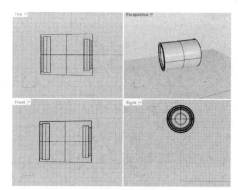

图 6-41　　　　　　　　　　　　　　　　图 6-42

Step03：单击侧边工具栏中的"曲面圆角" 工具，单击命令行中的"半径"选项，设置半径为 10mm，右击确认，选取要建立圆角的两个曲面，创建圆角，如图 6-43 所示。

Step04：使用相同的方法，为其他相邻曲面添加半径为 1mm 的圆角，如图 6-44 所示。选中所有曲面，单击侧面工具栏中的"组合" 工具，将多个曲面组合成一个封闭的多重曲面。

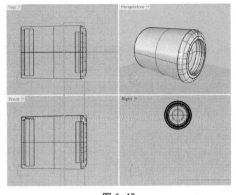

图 6-43

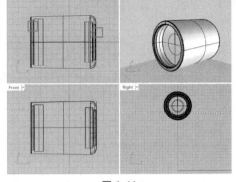

图 6-44

Step05：单击侧边工具栏中的"多重直线 / 线段" 工具，在 Front 视图中绘制曲线，如图 6-45 所示。

Step06：选中曲线，单击"建立曲面"工具组中的"旋转成形 / 沿着路径旋转" 工具，沿 Z 轴创建旋转轴，右击确认两次，创建曲面，如图 6-46 所示。

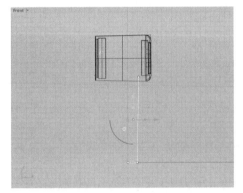

图 6-45

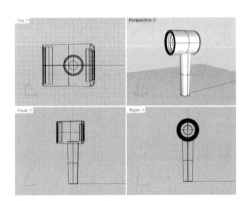

图 6-46

Step07：选中所有曲面，执行"曲线 > 从物件建立曲线 > 相交"命令，获得相交线，如图 6-47 所示。

Step08：选中相交线，执行"实体 > 圆管"命令，在命令行中输入 4，按 Enter 键确认，再次按 Enter 键保持默认设置创建圆管，如图 6-48 所示。

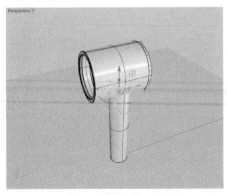

图 6-47

图 6-48

Step09：选中原曲面，单击侧边工具栏中的"分割 / 以结构线分割曲面" 工具，选择圆管，按 Enter 键确认，分割曲面，并删除多余部分，如图 6-49 所示。

Step10：单击"曲面工具"工具组中的"混接曲面" 🐟工具，选择分割后的曲面边缘，调整其曲线接缝点方向一致，位置对应，如图 6-50 所示。

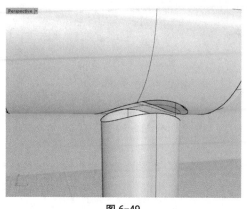

图 6-49

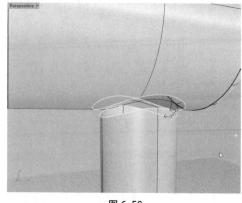

图 6-50

Step11：按 Enter 键确认，打开"调整曲面混接"对话框，设置参数，如图 6-51 所示。

Step12：完成后单击"确定"按钮，创建混接效果，如图 6-52 所示。

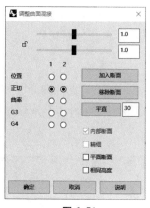

图 6-51

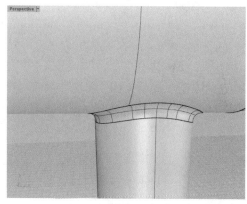

图 6-52

Step13：选中所有曲面，单击侧面工具栏中的"组合" 🧩工具，将多个曲面组合成一个封闭的多重曲面。切换至 Right 视图，使用"圆：中心点、半径" ⊘工具绘制半径为 3mm、8mm、20mm、36mm、40mm 的正圆，并调整这些正圆曲线距多重曲面左侧（出风口）6mm，如图 6-53 所示。

Step14：选中多重曲面，按 Ctrl+H 组合键将其隐藏。选中半径为 36mm 和 40mm 的正圆曲线，执行"曲面 > 平面曲线"命令，创建曲面，如图 6-54 所示。

Step15：使用相同的方法，在半径为 20mm 和 8mm 的正圆曲线之间、半径为 3mm 和半径为 8mm 的正圆曲线之间创建曲面，如图 6-55 所示。

Step16：选中创建的 3 个曲面，单击"曲面工具"工具组中的"偏移曲面" 🐟工具，在命令行中输入 4，按 Enter 键确认，保证其偏移方向向右，按 Enter 键偏移曲面，如图 6-56 所示。

Step17：切换至 Right 视图，使用"矩形平面：角对角" ▦工具绘制一个 18mm×1mm 的矩形平面，如图 6-57 所示。

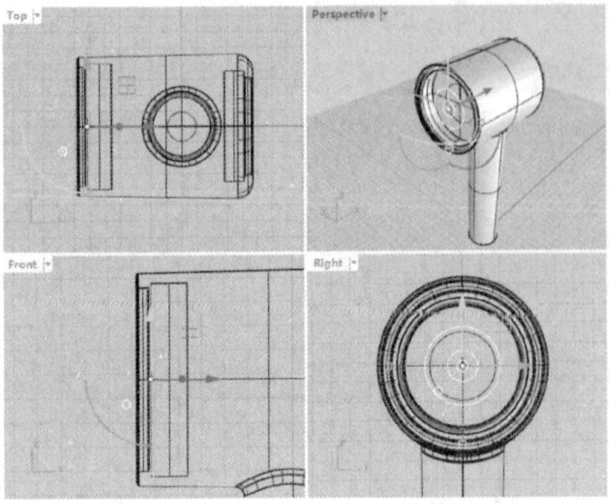

图 6-53

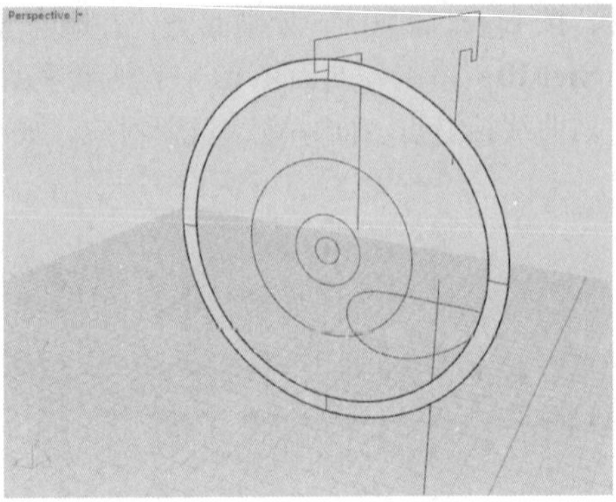

图 6-54

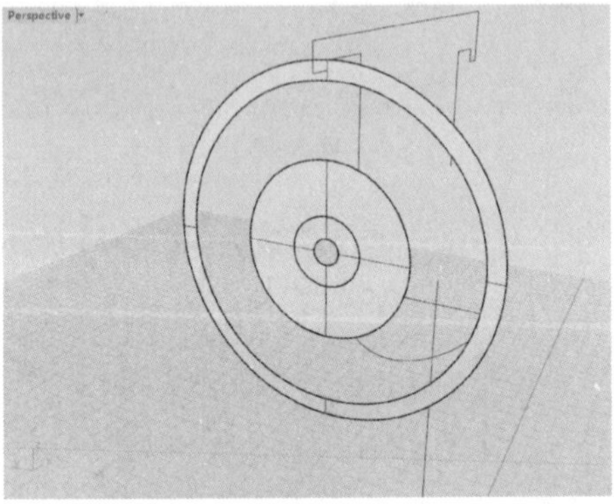

图 6-55

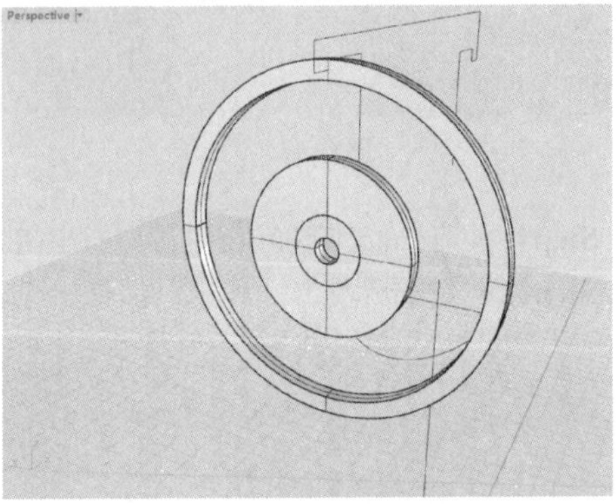

图 6-56

Step18：选中创建的矩形平面，单击“曲面工具”工具组中的“偏移曲面”工具，在命令行中输入 3.6，按 Enter 键确认，保证其偏移方向向右，按 Enter 键偏移曲面，如图 6-58 所示。

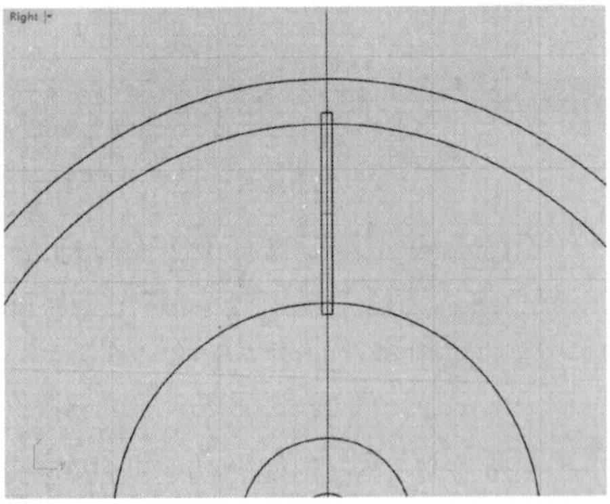

图 6-57

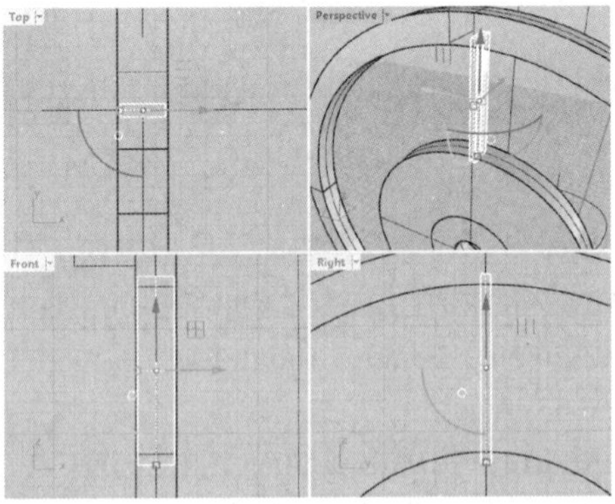

图 6-58

Step19：切换至 Right 视图，选中新偏移的曲面，执行“变动 > 阵列 > 环形”命令。根据命令行中的提示，在正圆曲线圆心处单击，确定环形阵列中心点；输入 60，设置阵列数，按 Enter 键确认；保持默认设置按两次 Enter 键，阵列偏移曲面，如图 6-59 所示。

Step20：执行“实体 > 边缘圆角 > 不等距边缘圆角”命令，在命令行中输入 0.2，按 Enter 键确认设置圆角半径为 0.2mm，选择偏移曲面的边缘，如图 6-60 所示，按 Enter 键确认，创建圆角。

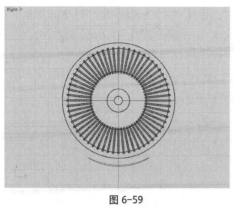

图 6-59

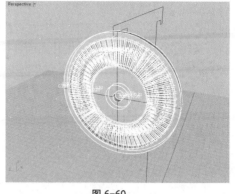

图 6-60

Step21：选中多重曲面，按 Ctrl+G 组合键编组。按 Ctrl+Alt+H 组合键显示隐藏的曲面，切换至 Front 视图，使用"控制点曲线 / 通过数个点的曲线" ⬜ 工具绘制曲线，如图 6-61 所示。

Step22：选中绘制的曲线，使用 "旋转成形 / 沿着路径旋转" 💡 工具，以曲线下方端点所在水平线为旋转轴创建曲面，如图 6-62 所示。

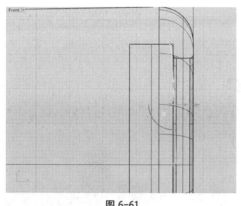

图 6-61

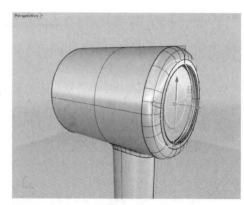

图 6-62

Step23：隐藏除该旋转曲面外的所有物件，切换至 Right 视图，使用"圆：中心点、半径" ⊘ 工具绘制半径为 1mm 的正圆，如图 6-63 所示。

Step24：选中绘制的正圆，右击侧边工具栏中的"复制" 🔠 工具，原地复制，并将其向左（任意方向均可）移动 4mm，如图 6-64 所示。

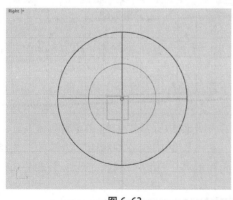

图 6-63

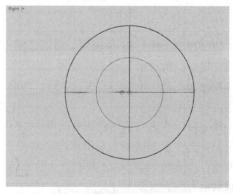

图 6-64

Step25：选中复制的圆，执行"变动 > 阵列 > 环形"命令。根据命令行中的提示，在正圆曲线圆心处单击，确定环形阵列中心点；输入 8，设置阵列数，按 Enter 键确认；保持默认设置，按两次 Enter 键，阵列偏移曲面，如图 6-65 所示。

Step26：使用相同的方法，复制并向左移动正圆曲线，并进行阵列，阵列数从内至外依次为 16、24、32、40、48、54、60，效果如图 6-66 所示。

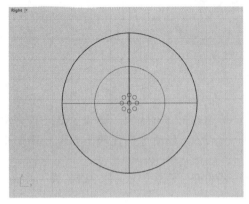
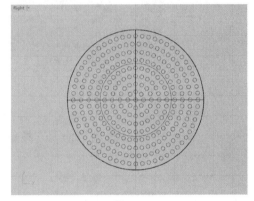

图 6-65   图 6-66

Step27：选中曲面，单击侧边工具栏中的"分割 / 以结构线分割曲面" ⬚工具，选择所有圆形曲线，按 Enter 键确认分割曲面，并删除多余部分（分割出的圆形曲面），如图 6-67 所示。

Step28：按 Ctrl+Alt+H 组合键显示隐藏的对象。选中所有曲线，按 Ctrl+H 组合键隐藏，如图 6-68 所示。

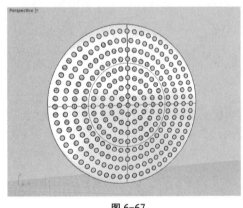
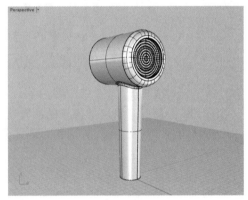

图 6-67   图 6-68

Step29：切换至 Right 视图，使用"圆：中心点、半径" ⬚工具绘制半径为 5mm 的正圆，使用"矩形：角对角" ⬚工具绘制 22mm × 10mm 的圆角矩形，如图 6-69 所示。

Step30：选中绘制的曲线，执行"曲面 > 挤出曲线 > 直线"命令，挤出曲线，如图 6-70 所示。

Step31：选中与挤出曲面有交集的封闭曲面，右击侧边工具栏中的"复制" ⬚工具，原地复制。选中复制曲面，单击侧边工具栏中的"分割 / 以结构线分割曲面" ⬚工具，选择挤出曲面，按 Enter 键确认分割曲面。隐藏挤出曲面与曲线，删除分割曲面的多余部分（圆形及圆角矩形曲面以外部分），如图 6-71 所示。

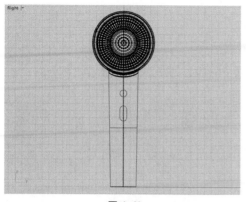

图 6-69

图 6-70

Step32：选中圆角矩形和圆形分割面，单击"曲面工具"工具组中的"偏移曲面"工具，在命令行中输入 2，按 Enter 键确认，保证其偏移方向向左，按 Enter 键偏移曲面，并将其向右移动 1mm，如图 6-72 所示。

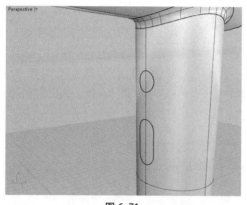

图 6-71

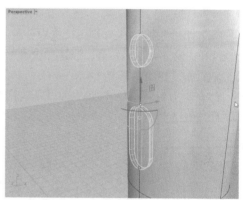

图 6-72

Step33：选中偏移后的圆角矩形分割面，右击侧边工具栏中的"复制"工具，原地复制。选中与偏移曲面相接的多重曲面，执行"实体 > 差集"命令，选择偏移曲面，按 Enter 键确认，减去多余曲面，如图 6-73 所示。

Step34：执行"曲线 > 从物件建立曲线 > 复制边缘"命令，单击曲面边缘，按 Enter 键确认复制其边缘，如图 6-74 所示。

图 6-73

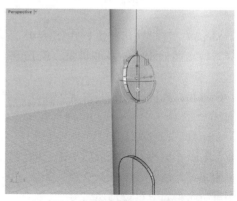

图 6-74

Step35：右击侧边工具栏中的"单点 / 多点" 工具，在复制边缘上单击创建点（分为位于复制边缘的上、下端点处），如图 6-75 所示。

Step36：选中复制边缘，单击侧边工具栏中的"分割 / 以结构线分割曲面"工具，选择绘制的点，按 Enter 键确认分割曲线，并删除其中一段，如图 6-76 所示。

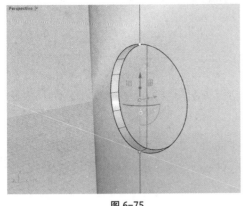

图 6-75

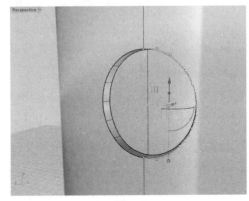

图 6-76

Step37：切换至 Right 视图，选中分割后的边缘曲线，执行"变动 > 设置 XYZ 座标"命令，打开"设置点"对话框，选择"设置 Y"复选框，单击"确定"按钮后在视图中设置曲线 Y 轴对齐，如图 6-77 所示。

Step38：选中调整后的边缘曲线，执行"曲面 > 挤出曲线 > 直线"命令，向两侧挤出曲面，如图 6-78 所示。

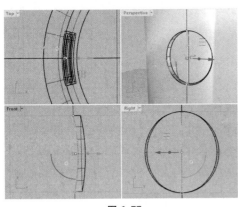

图 6-77

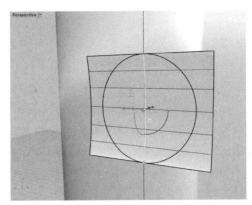

图 6-78

Step39：选中挤出曲面，单击侧边工具栏中的"分割 / 以结构线分割曲面"工具，选择与挤出曲面相接的多重曲面，按 Enter 键确认分割曲面，并删除多余部分，如图 6-79 所示。

Step40：执行"曲面 > 放样"命令，选择分割曲面边缘与内侧封闭多重曲面边缘，如图 6-80 所示。

Step41：右击确认后设置曲线接缝点，右击确认，在弹出的"放样选项"对话框中设置参数，如图 6-81 所示。完成后单击"确认"按钮创建曲面。

Step42：选中放样曲面和分割曲面，单击侧边工具栏中的"组合"工具将其组合成一个多重曲面，如图 6-82 所示。

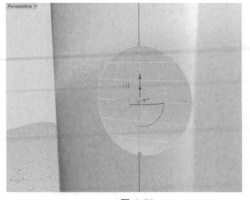

图 6-79

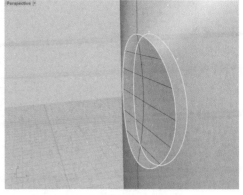

图 6-80

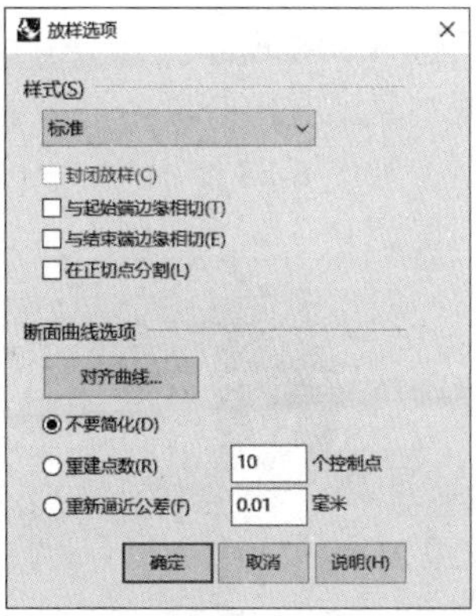

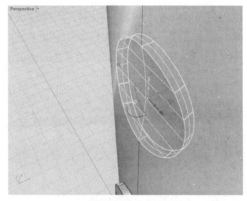

图 6-81

图 6-82

Step43：隐藏除组合多重曲面以外的物件。复制组合后的多重曲面左侧边缘，执行"实体 > 圆管"工具创建半径为 0.2mm 的圆管，如图 6-83 所示。

Step44：选中多重曲面，单击侧边工具栏中的"分割 / 以结构线分割曲面"工具，选择圆管，按 Enter 键确认分割曲面，并删除多余部分，隐藏圆管，如图 6-84 所示。

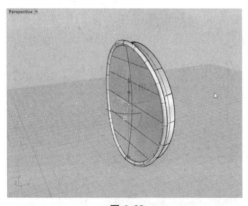

图 6-83

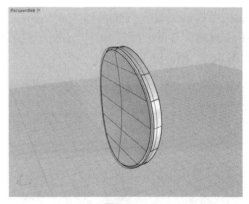

图 6-84

Step45：单击"曲面工具"工具组中的"混接曲面"工具，在命令行中输入 C，按 Enter 键确认，选择分割后的曲面边缘，调整其曲线接缝点方向一致，位置对应，如图 6-85 所示。

Step46：按 Enter 键确认，打开"调整曲面混接"对话框，设置参数，如图 6-86 所示。

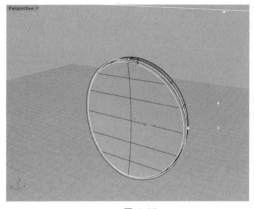
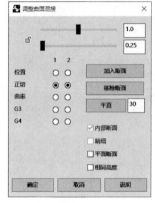

<table>
<tr><td>图 6-85</td><td>图 6-86</td></tr>
</table>

Step47：完成后单击"确定"按钮，创建混接效果，如图 6-87 所示。

Step48：选中曲面，单击侧边工具栏中的"组合" 🐟 工具将其组合成一个多重曲面。按 Ctrl+Shift+H 组合键，选取要显示的物件后按 Enter 键确认，如图 6-88 所示。

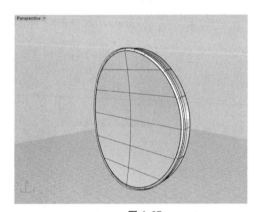
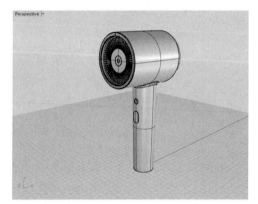

图 6-87
图 6-88

Step49：执行"实体 > 边缘圆角 > 不等距边缘圆角"命令。在命令行中输入 0.5，按 Enter 键确认，设置圆角半径为 0.5mm，选择偏移曲面的边缘；在命令行中输入 5，按 Enter 键确认，设置圆角半径为 5mm，选择偏移曲面的边缘；按 Enter 键确认，创建圆角，如图 6-89、图 6-90 所示。

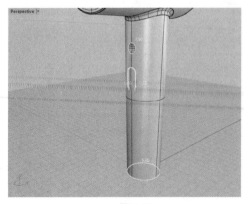

图 6-89
图 6-90

Step50：设置 Perspective 视图显示模式为渲染模式，选择"渲染工具"工具栏组，选择"设置渲染颜色"工具，简单地调整颜色，如图 6-91、图 6-92 所示。

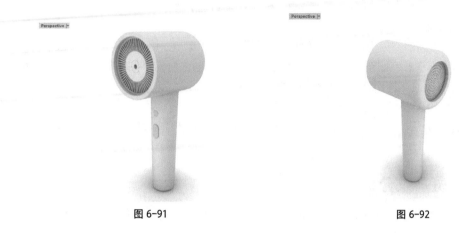

图 6-91　　　　　　　　　　　　　　　图 6-92

至此，完成吹风机模型的制作。

6.6　曲面分析

曲面分析可以帮助用户了解模型质量，更好地处理曲面。Rhino 中包括多种分析曲面的工具，如曲率分析、斑马纹分析、拔模角度分析、环境贴图等。本节将针对常用的曲面分析工具进行介绍。

重点 6.6.1　曲率分析

曲率分析通过使用假色分析直观地计算曲面的曲率，是检查曲面质量时常用的工具之一。

单击"曲面工具"工具组中的"曲率分析 / 关闭曲率分析" 📖 工具或执行"分析 > 曲面 > 曲率分析"命令，根据命令行中的指令，选取要做曲率分析的物件，右击确认，即可打开"曲率"对话框，如图 6-93 所示，视图中的物件如图 6-94 所示。

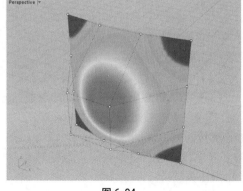

图 6-93　　　　　　　　　　　　　　　图 6-94

"曲率"对话框中部分选项的作用如下：
①"样式"选项组：用于设置显示曲率的形式，包括高斯、平均、最小半径和最大半

径4种。高斯曲率可以判断一个曲面是否可展开为平面图案；平均用于显示平均曲率的绝对值，在查找表面曲率突然变化的区域时作用很大；最小半径用于检测曲面表面是否有区域弯曲得太紧；最大半径主要用于平点检测，模型中的红色区域则表示曲率实际上为零的平坦点。

②自动范围：单击该按钮将自动计算曲率值到颜色映射，以达到良好的颜色分布效果。

③最大范围：单击该按钮，将会把最大曲率映射到红色，而最小曲率映射到蓝色。在曲率变化极大的曲面上，使用该选项将会导致图像信息不足。

④调整网格：用于调整网格，以使细节级别更加精细。

若想关闭曲率分析，右击"曲面工具"工具组中的"曲率分析/关闭曲率分析" 工具即可。

重点 6.6.2 斑马纹分析

斑马纹可以帮助用户使用条纹贴图直观地分析曲面平滑度、连续性及其他重要特性，是检查曲面质量时常用的工具之一。

单击"曲面工具"工具组中"曲率分析/关闭曲率分析" 工具右下角的"弹出曲面分析"按钮，打开"曲面分析"工具组，单击"斑马纹分析/关闭斑马纹分析"工具，或执行"分析 > 曲面 > 斑马纹"命令，根据命令行中的指令，选取要做斑马纹分析的物件，右击确认，即可打开"斑马纹选项"对话框，如图6-95所示，视图中的物件如图6-96所示。

图 6-95

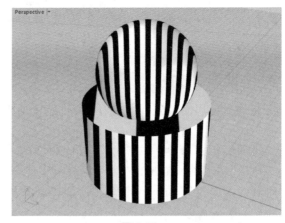

图 6-96

"斑马纹选项"对话框中部分选项的作用如下：

①条纹粗细：用于设置斑马纹的粗细。

②显示边缘与结构线：选择该复选框，将显示物件的边缘与结构线。

为物件添加斑马纹后即可根据斑马纹的走向对曲面进行分析，具体介绍如下：

① G0连续：若条纹在连接处扭结或向侧面跳跃，则曲面之间的位置是匹配的，这表示曲面之间的 G0连续性。

② G1连续：若条纹在连接处对齐，但急剧转动，则曲面之间的位置和相切是匹配的。这表示曲面之间的 G1连续性。

③ G2连续：若条纹匹配并在连接处平滑地延续，则曲面之间的位置、相切和曲率均匹配，这表示曲面之间的 G2连续性。

若想关闭物件的斑马纹分析，右击"斑马纹分析/关闭斑马纹分析"工具即可。

6.6.3 拔模角度分析

拔模角度分析通过使用假色分析直观地计算曲面拔模角度。通常用于设计必须从模具中弹出的注塑件。

单击"曲面分析"工具组中的"拔模角度分析"  工具，根据命令行中的指令，选取要做拔模角度分析的物件，右击确认，即可打开"拔模角度分析"对话框，如图 6-97 所示，视图中的物件如图 6-98 所示。

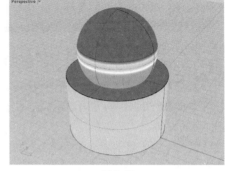

| 图 6-97 | 图 6-98 |

拔模角度取决于执行命令时活动视图中构建平面的 Z 轴方向。若表面方向与构建平面的 Z 方向相同，则拔模角为 90°；若表面方向垂直于构建平面 Z 方向，则拔模角为 0°；若表面方向与构建平面的 Z 方向相反，则拔模角为 -90°。

若将最大角度和最小角度设置为相同的值，则曲面中所有超出该角度的部分都显示为红色。

6.6.4 环境贴图

环境贴图可以使用曲面中反射的图像直观地评估曲面平滑度。环境贴图是一种渲染风格，使场景看起来像被高度抛光的金属反射。在某些情况下，环境贴图会显示使用斑马纹分析时无法检测出的表面缺陷。

单击"曲面分析"工具组中的"环境贴图"  工具，根据命令行中的指令，选取要做环境贴图分析的物件，右击确认，即可打开"环境贴图选项"对话框，如图 6-99 所示，视图中的物件如图 6-100 所示。

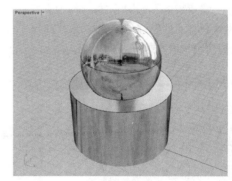

| 图 6-99 | 图 6-100 |

"环境贴图选项"对话框中部分选项的作用如下：

① 浏览：单击该按钮将打开"打开位图"对话框，用于选择环境贴图的图像。

② 与物件渲染颜色混合：选择该复选框将使图像与对象的渲染颜色混合，模拟不同的材质。

6.6.5　其他工具

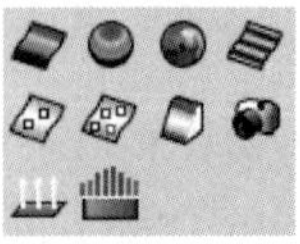

除了以上几种比较常见的曲面分析工具，在"曲面分析"工具组中还有其他几种工具，如图 6-101 所示。

图 6-101

这些工具的作用分别如下：

① 以 UV 坐标建立点 / 点的 UV 坐标 ⬚：用于在指定的曲面 UV 坐标处创建点对象。

② 点集合偏差值 ⬚：用于报告选定点对象、控制点、网格对象、网格顶点和曲面之间的距离。

③ 厚度分析 / 关闭厚度分析 ⬚：用于使用假色显示计算实体的厚度。

④ 捕捉工作视窗至文件 ⬚：用于将当前视图的图像保存到文件中。

⑤ 显示物件方向/关闭物件的方向显示 ⬚：用于打开"方向分析"对话框，并显示曲线、曲面和多边形曲面的方向。

⑥ 边缘连续性 ⬚：用于显示重叠边缘的连续性并进行标注。

🖥 综合实战：制作额温枪模型

本案例练习制作额温枪。涉及的知识点包括曲面的创建、曲面的编辑等。下面将介绍具体的操作步骤。

> **注意事项**
>
> 创建模型前，需调整子格线间距为 1mm。

1. 制作主体模型

Step01：单击侧边工具栏中的"矩形：角对角"⬚工具，切换至 Front 视图，在命令行中输入 0，右击确认，设置矩形的第一点位于坐标原点；输入 34，右击确认，设置矩形长度；单击"圆角"选项，输入 137，右击确认，设置矩形宽度；输入 17，设置圆角半径；右击确认，创建一个 34mm×137mm 的圆角矩形，如图 6-102 所示。

扫码看视频

Step02：选中绘制的曲线，执行"实体 > 挤出平面曲线 > 直线"命令，在命令行中输入 1，右击确认，设置挤出长度为 1mm，如图 6-103 所示。锁定挤出实体。

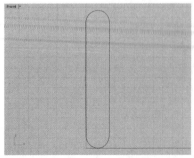

图 6-102

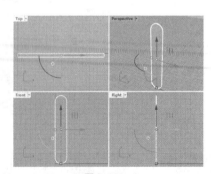

图 6-103

Step03：切换至 Right 视图，移动曲线位置，如图 6-104 所示。

Step04：单击侧边工具栏中的"控制点曲线 / 通过数个点的曲线" 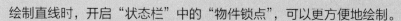工具，在 Top 视图中绘制曲线，在 Front 视图中调整曲线至合适位置，如图 6-105 所示。

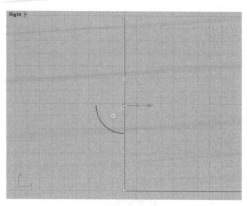

图 6-104

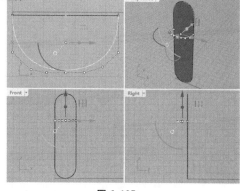

图 6-105

Step05：选中新绘制的曲线，单击"建立曲面"工具组中的"直线挤出" 工具，挤出至圆角矩形底部圆端点处，如图 6-106 所示。

Step06：单击侧边工具栏中的"圆：中心点、半径"工具，在 Front 视图中绘制一个半径为 15mm 的正圆，在 Right 视图中通过操作轴将其旋转 -10°，并调整至合适位置，如图 6-107 所示。

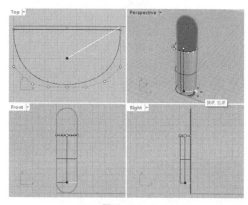

图 6-106

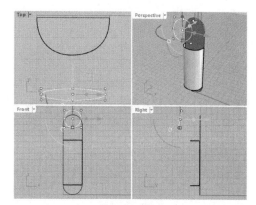

图 6-107

Step07：单击侧边工具栏中的"多重直线 / 线段" 工具，在 Front 视图中绘制直线，右击结束绘制，如图 6-108 所示。

☀ **注意事项**

绘制直线时，开启"状态栏"中的"物件锁点"，可以更方便地绘制。

Step08：选中圆，单击侧边工具栏中的"分割 / 以结构线分割曲面" 工具，选取直线，右击确认，将圆分割为 2 段，如图 6-109 所示。

Step09：使用相同的方法，绘制直线，并分割圆角矩形，如图 6-110 所示。

Step10：切换至 Perspective 视图，单击"建立曲面"工具组中的"放样" 工具，选取要放样的曲线,如图 6-111 所示。

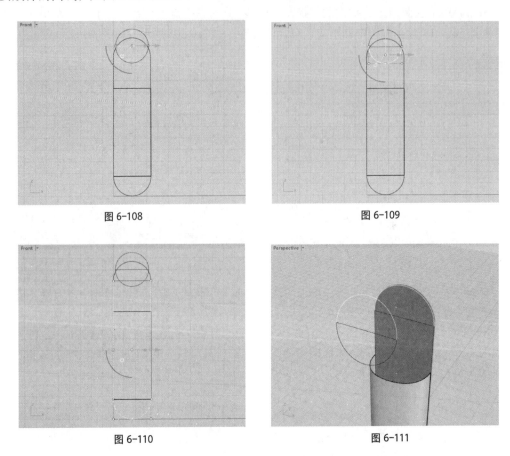

图 6-108

图 6-109

图 6-110

图 6-111

Step11:右击确认,打开"放样选项"对话框,保持默认设置后单击"确定"按钮,创建曲面,如图 6-112 所示。

Step12:切换至 Top 视图,使用"多重直线 / 线段" ⚡ 工具绘制直线,如图 6-113 所示。

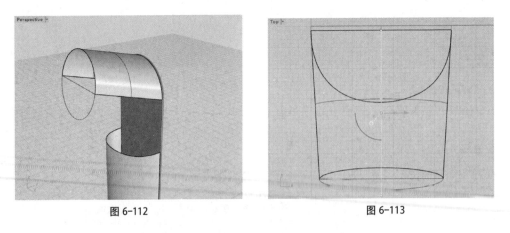

图 6-112

图 6-113

Step13:选中曲面,单击侧边工具栏中的"分割 / 以结构线分割曲面" 🔲 工具,选中新绘制的直线,右击确认,将曲面分割为两部分,并删除多余曲面,如图 6-114 所示。

Step14:单击"曲面工具"工具组中的"混接曲面" ⬛ 工具,依次选取要混接的边缘,如图 6-115 所示。

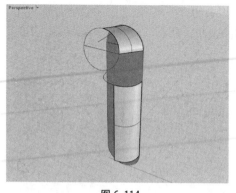

图 6-114

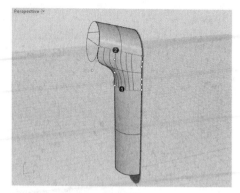

图 6-115

Step15：打开"调整曲面混接"对话框，设置参数，如图 6-116 所示。

Step16：完成后单击"确定"按钮，创建混接，效果如图 6-117 所示。

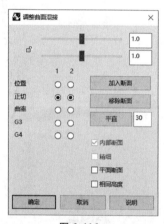

图 6-116

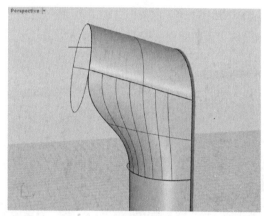

图 6-117

Step17：切换至 Right 视图，使用"控制点曲线 / 通过数个点的曲线" 工具绘制曲线，如图 6-118 所示。

Step18：选中绘制的直线，单击侧边工具栏中的"修剪 / 取消修剪" 工具，在混接曲面上单击，修剪掉多余部分，如图 6-119 所示。右击结束修剪。

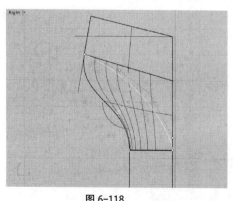

图 6-118

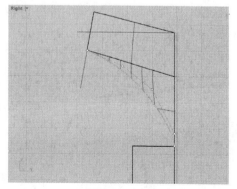

图 6-119

Step19：使用"控制点曲线 / 通过数个点的曲线" 工具在 Right 视图中绘制曲线，如图 6-120 所示。

Step20：选中要分割的曲线，单击侧边工具栏中的"分割/以结构线分割曲面" ⊞工具，选中新绘制的直线，右击确认，将曲线分割，如图 6-121 所示。

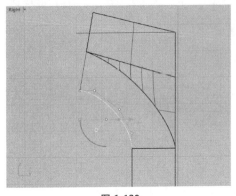
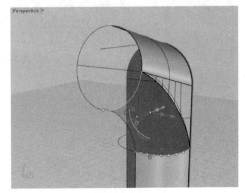

图 6-120

图 6-121

Step21：单击"建立曲面"工具组中的"以二、三或四个边缘曲线建立曲面" ▣工具，选取开放曲线，创建曲面，如图 6-122 所示。

Step22：单击"曲面工具"工具组中的"衔接曲面" ⏷工具，选取要衔接的曲面边缘，如图 6-123 所示。

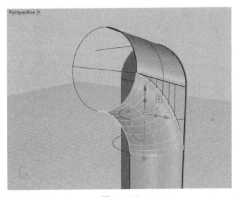
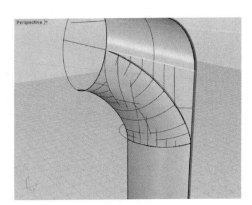

图 6-122

图 6-123

Step23：打开"衔接曲面"对话框，设置参数，如图 6-124 所示。

Step24：完成后单击"确定"按钮，衔接曲面。使用相同的方法，衔接其他曲面，最终效果如图 6-125 所示。

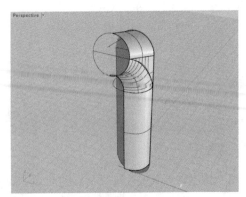

图 6-124

图 6-125

Step25： 切换至 Right 视图，绘制曲线，如图 6-126 所示。

Step26： 单击侧边工具栏中"投影曲线或控制点" ![icon]工具右下角的"弹出从物件建立曲线" ![icon]按钮，在打开的"从物件建立曲线"工具组中选择"复制边缘 / 复制网格边缘" ![icon]工具，选中要复制的边缘，右击确认，复制边缘，如图 6-127 所示。

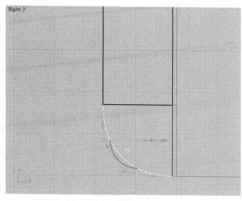

图 6-126

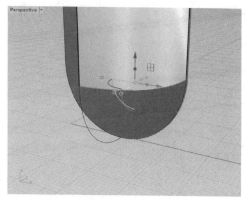

图 6-127

Step27： 选中最开始绘制的曲线，单击侧边工具栏中的"分割 / 以结构线分割曲面" ![icon]工具，选取新绘制的曲线与复制的边缘，右击确认，分割曲线，如图 6-128 所示。

Step28： 单击"建立曲面"工具组中的"以二、三或四个边缘曲线建立曲面" ![icon]工具，选取开放曲线，创建曲面，如图 6-129 所示。

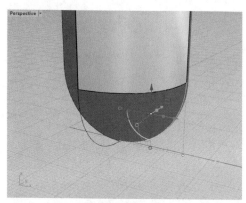

图 6-128

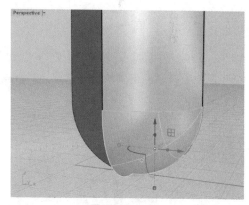

图 6-129

Step29： 选取所有曲面，执行"变动 > 镜像"命令，切换至 Front 视图，设置镜像平面起点和终点，镜像选中对象，如图 6-130 所示。

Step30： 选中所有曲面，单击侧边工具栏中的"组合"工具，将其组合成整体。隐藏所有曲线，单击"建立曲面"工具组中的"以平面曲线建立曲面" ![icon]工具，创建平面曲面，并与原有曲面组合成一个封闭的整体，如图 6-131 所示。

Step31： 单击侧边工具栏中的"控制点曲线 / 通过数个点的曲线" ![icon]工具，在 Top 视图中绘制曲线，在 Front 视图中调整曲线至合适位置，如图 6-132 所示。

Step32： 在 Front 视图中绘制一个 34mm×137mm 的圆角矩形，调整至合适位置，如图 6-133 所示。

Step33： 使用"多重直线 / 线段"工具绘制直线，如图 6-134 所示。

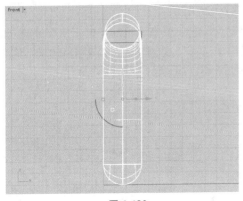

图 6-130

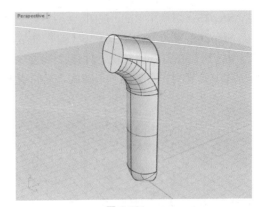

图 6-131

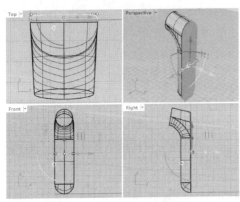

图 6-132

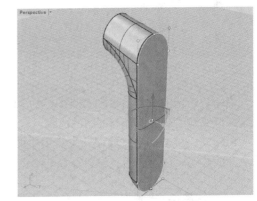

图 6-133

Step34：选中圆角矩形，单击侧边工具栏中的"分割 / 以结构线分割曲面" 工具，选中新绘制的直线，右击确认，将圆角矩形分割，如图 6-135 所示。

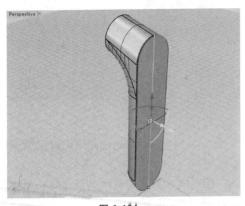

图 6-134

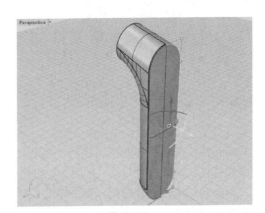

图 6-135

Step35：单击"建立曲面"工具组中的"双轨扫掠" 工具，依次选取分割后的曲线，然后选取"Step31"中绘制的曲线，右击确认，打开"双轨扫掠选项"对话框，保持默认设置，单击"确定"按钮创建曲面，如图 6-136 所示。

Step36：选中新创建的曲面，在 Front 视图中使用"镜像 / 三点镜像" 工具将其镜像，并组合复制曲面与原曲面，如图 6-137 所示。

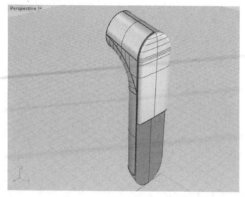

图 6-136

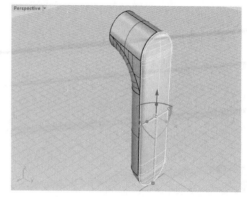

图 6-137

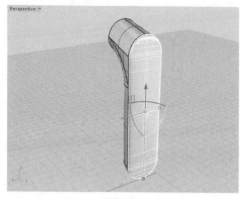

图 6-138

Step37：单击"建立曲面"工具组中的"以平面曲线建立曲面"⬭工具，选取组合曲面的边缘创建平面，并与组合曲面组合成一个封闭的整体，如图 6-138 所示。隐藏多余曲线。

2. 添加细节

Step01：切换至 Front 视图，绘制一个 20mm×20mm，圆角半径为 2mm 的圆角矩形，如图 6-139 所示。

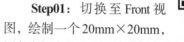

扫码看视频

Step02：使用相同的方法，绘制一个半径为 4mm 的正圆，如图 6-140 所示。

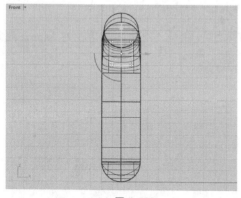

图 6-139

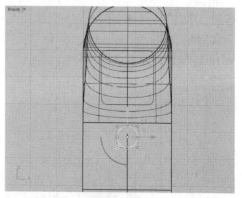

图 6-140

Step03：选中绘制的圆角矩形和正圆，执行"实体 > 挤出平面曲线 > 直线"命令，在命令行中输入 3，右击确认，设置挤出长度为 3mm，在 Right 视图中调整至合适位置，如图 6-141 所示。

Step04：选中与挤出物件相交的封闭曲面与挤出物件，按 Ctrl+C 组合键复制，按 Ctrl+V 组合键粘贴。选中其中一个复制的封闭曲面，执行"实体 > 差集"命令，选中一个圆角矩形挤出物件和一个正圆挤出物件，右击确认，进行布尔运算差集，效果如图 6-142 所示。

Step05：使用相同的方法，创建布尔运算相交，效果如图 6-143 所示。

Step06：执行"实体 > 球体 > 三点"命令，在 Right 视图中绘制球体，如图 6-144 所示。

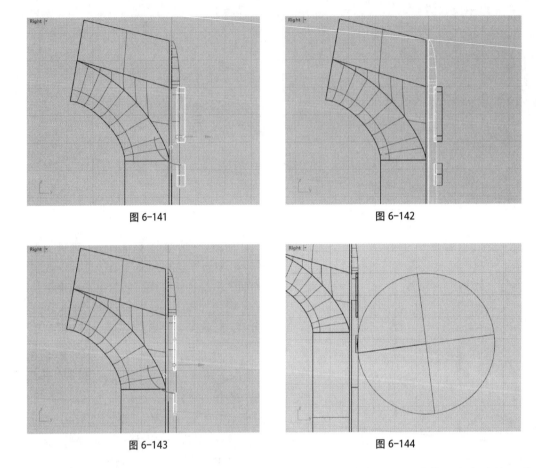

图 6-141

图 6-142

图 6-143

图 6-144

Step07：选中与球体相交的物件，执行"实体 > 差集"命令，选中球体，右击确认，进行布尔运算差集，效果如图 6-145 所示。

Step08：切换至 Top 视图，执行"实体 > 圆柱体"命令，绘制 2 个半径为 3mm，高为 10mm 的圆柱体，如图 6-146 所示。

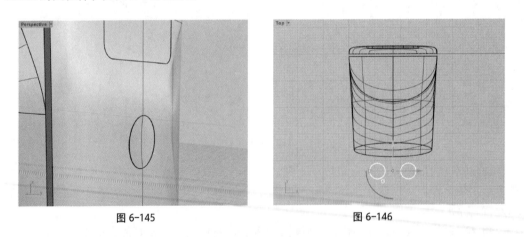

图 6-145

图 6-146

Step09：在 Right 视图中将圆柱体调整至合适位置，并通过操作轴旋转 80°，如图 6-147 所示。

Step10：选中与圆柱体相交的物件，执行"实体 > 差集"命令，选中圆柱体，右击确认，进行布尔运算差集，效果如图 6-148 所示。

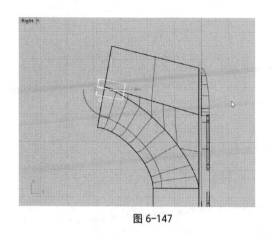

图 6-147

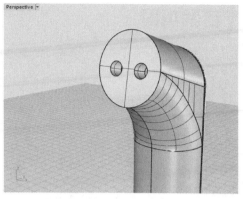

图 6-148

Step11：解锁物件。执行"实体 > 边缘圆角 > 不等距边缘圆角"命令，单击命令行中的"下一个半径"选项，设置下一个半径为 0.1，右击确认，选取要建立圆角的边缘，如图 6-149 所示。

Step12：右击确认两次，创建圆角，如图 6-150 所示。

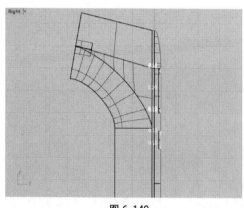

图 6-149

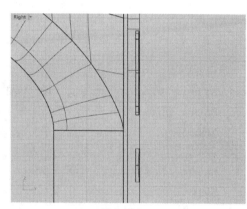

图 6-150

Step13：使用相同的方法，创建其他地方的圆角，如图 6-151 所示。至此，完成额温枪模型的制作。

在实际生活中，除了上述造型，还可以看到其他造型的额温枪，如图 6-152 所示。

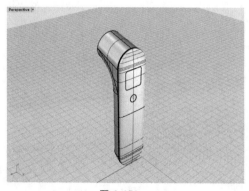

图 6-151

图 6-152

✏ 自我巩固

完成本章的学习后，可以通过练习本章的相关内容，进一步加深理解。下面将通过 2 个练习加深记忆。

1. 制作指尖陀螺模型

本案例练习制作指尖陀螺模型，以对本章内容进行练习，制作完成后，效果如图 6-153、图 6-154 所示。

图 6-153

图 6-154

设计要领：

Step01： 绘制圆并挤出曲面。绘制球体并裁剪。

Step02： 混接曲面与裁剪后球体的曲面，重复操作。

Step03： 绘制圆并进行修剪，制作指尖陀螺外轮廓。继续绘制圆，以封闭的平面曲线创建曲面。

Step04： 混接曲面。放样制作阶梯状效果。组合曲面。

Step05： 添加圆角效果。

2. 制作儿童玩具手机模型

本案例通过制作儿童玩具手机模型，练习曲面的编辑操作。制作完成后的效果如图 6-155、图 6-156 所示。

图 6-155

图 6-156

设计要领：

Step01： 绘制椭圆，挤出曲面，分割曲面边缘，并混接曲面。重复操作，并组合曲面成封闭的多重曲面。

    Step02：绘制圆角矩形并挤出实体，进行布尔分割运算，删除多余部分。

    Step03：分割主体曲面，使用双轨扫掠创建曲面。绘制曲线，通过旋转成形制作摇杆效果。

    Step04：绘制曲线，切割主体模型，制作分模线效果。

    Step05：添加细节，创建圆角。

Rhino

第 7 章
实体工具的应用详解

📄 **内容导读:**

在 Rhino 软件中，用户可以通过多种方式创建实体，如立方体、球体等标准实体，以及挤出复杂实体等。本章将针对实体的创建进行介绍。通过本章的学习，能够可以创建并调整标准实体，学会挤出实体的操作等。

🎯 **学习目标:**

• 学会标准实体的创建；
• 学会创建挤出实体。

7.1　创建标准实体

实体是封闭的曲面，Rhino 软件中提供了多种标准实体模型。单击侧边工具栏中"立方体：角对角、高度" 工具右下角的"弹出建立实体"按钮，即可打开"建立实体"工具组，如图 7-1 所示。本节将针对常见的 8 种创建标准实体的方法进行介绍。

图 7-1

重点 7.1.1　创建立方体

立方体是一种常用的实体模型，在 Rhino 中可以采用多种方式创建立方体。单击侧边工具栏中的"立方体：角对角、高度"工具或执行"实体 > 立方体 > 角对角、高度"命令，根据命令行中的指令，设置底面的第一角，右击确认，然后设置底面的另一角或长度，右击确认，设置高度即可创建立方体，如图 7-2、图 7-3 所示。

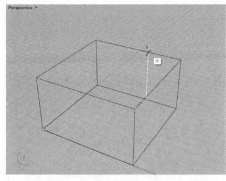

图 7-2

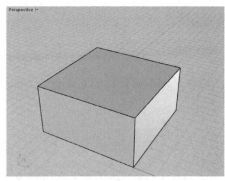

图 7-3

创建立方体时，命令行中的指令如下：

指令：_Box
底面的第一角 (对角线 (D)　三点 (P)　垂直 (V)　中心点 (C)): 0
底面的另一角或长度 (三点 (P))
高度，按 Enter 套用宽度

命令行中部分选项的作用如下：

① 对角线：选择该选项，将通过对角线创建立方体。

② 三点：选择该选项，将通过设置矩形一条边的端点及对边上的一点创建立方体。

③ 垂直：选择该选项，将创建垂直于当前构建平面的立方体。

④ 中心点：选择该选项，将通过设置立方体底面的中心点、角点及高度创建立方体。

除了通过命令行中的选项选择创建立方体的方式外，用户还可以在"建立实体"工具组单击"立方体：角对角、高度"工具右下角的"弹出立方体"按钮，打开"立方体"工具组，选择工具创建立方体，如图 7-4 所示。

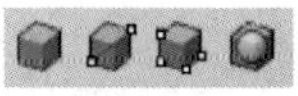

图 7-4

> ┌─ **知识链接** ↺
>
> "边框方块 / 边框方框（工作平面）"工具是"立方体"工具组中比较特殊的一个立方体工具，使用该工具可以创建一个包含选定对象的立方体，如图 7-5、图 7-6 所示。

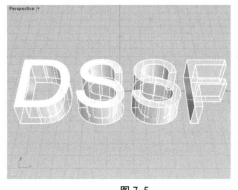

图 7-5

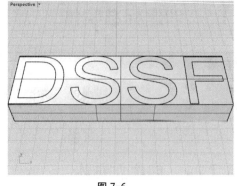

图 7-6

7.1.2 创建球体

与立方体类似，在 Rhino 中创建球体也有多种方式。单击"建立实体"工具组中"球体：中心点、半径"⬤工具右下角的"弹出球体"◪按钮，即可打开"球体"工具组，如图 7-7 所示。

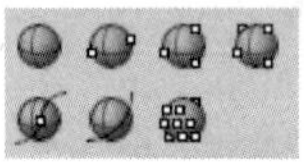

图 7-7

通过该工具组中的工具，即可以不同的方式创建球体。单击"球体"工具组中的"球体：中心点、半径"⬤工具或执行"实体>球体>中心点、半径"命令，根据命令行中的指令，设置球体中心点及半径，即可创建球体，如图 7-8、图 7-9 所示。

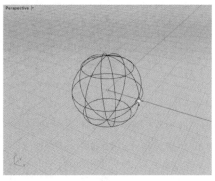

图 7-8

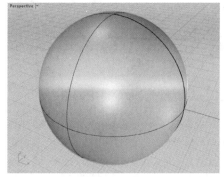

图 7-9

创建球体时，命令行中的指令如下：

指令：_Sphere
球体中心点 (两点 (P)   三点 (O)   正切 (T)   环绕曲线 (A)   四点 (I)   逼近数个点 (F)): 0
半径 <1.00>(直径 (D)   定位 (O)   周长 (C)   面积 (A)   投影物件锁点 (P) = 否)

该命令行中部分选项的作用如下：

① 两点：选择该选项，将通过设置球体的直径起点和终点创建球体。

② 三点：选择该选项，将通过设置球体圆周的三个点创建球体。

③ 正切：选择该选项，将通过设置相切曲线创建球体。

④ 四点：选择该选项，将通过设置圆周的三个点及建立位置的点创建球体。

⑤ 周长：选择该选项，将通过设置圆周长度创建球体。

⑥ 面积：选择该选项，将通过设置圆的面积创建球体。

👑 进阶案例：制作铃铛模型

本案例练习制作铃铛模型。涉及的知识点包括球体的创建、曲线的创建与编辑、挤出物件的创建等。下面将进行具体的介绍。

Step01：单击"球体"工具组中的"球体：中心点、半径" 🔵 工具，在命令行中输入 0，右击确认，设置球体中心点位于坐标原点；继续在命令行中输入 100，右击确认，设置球体半径为 100mm，创建球体，如图 7-10 所示。

Step02：单击侧边工具栏中的"圆：中心点、半径" ⊘ 工具，在 Top 视图中绘制一个半径为 108mm 和一个半径为 96mm 的正圆，如图 7-11 所示。

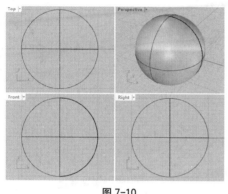

图 7-10

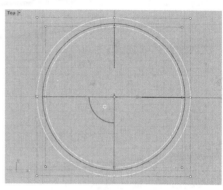

图 7-11

Step03：选中绘制的正圆，单击"建立实体"工具组中的"挤出封闭的平面曲线" 🔳 工具，在命令行中输入 6，右击确认，设置挤出长度为 6mm，挤出实体，如图 7-12 所示。

Step04：使用"圆：中心点、半径" ⊘ 工具在 Top 视图中绘制 2 个半径为 15mm 的正圆，如图 7-13 所示。

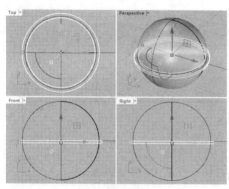

图 7-12

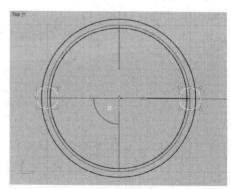

图 7-13

Step05：使用"多重直线 / 线段" ⋀ 工具绘制 2 条直线，如图 7-14 所示。

Step06：选中新绘制的直线与正圆，单击侧边工具栏中的"修剪 / 取消修剪" ✂ 工具，在曲线上多余部分的位置单击，修剪多余部分，右击确认，组合曲线，如图 7-15 所示。

Step07：切换至 Front 视图，调整曲线位置，执行"变动 / 弯曲"命令，设置骨干起点为曲线中线处，骨干终点为曲线端点处，如图 7-16 所示。

Step08：设置骨干通过点，如图 7-17 所示。

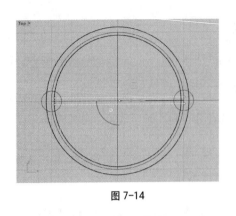

图 7-14

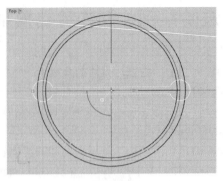

图 7-15

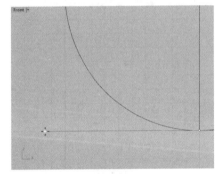

图 7-16

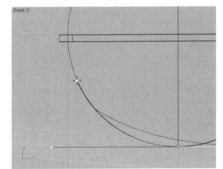

图 7-17

注意事项

处理该步骤时，最好关闭"状态栏"中的"物件锁点"选项。

Step09：使用相同的方法，弯曲曲线另一侧，完成后的效果如图 7-18 所示。

Step10：切换至 Right 视图，选中曲线，单击侧边工具栏中的"修剪 / 取消修剪"工具，在球体上多余部分的位置单击，修剪多余部分，右击确认，效果如图 7-19 所示。

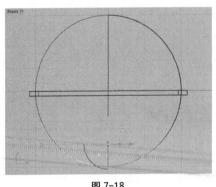

图 7-18

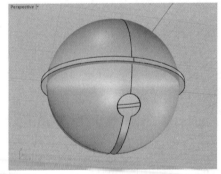

图 7-19

Step11：单击"球体"工具组中的"球体：中心点、半径"工具，在球体内部绘制一个半径为 20mm 的球体，如图 7-20 所示。

Step12：切换至 Front 视图，通过"圆：中心点、半径"工具、"多重直线 / 线段"工具以及"圆弧：中心点、起点、角度"工具绘制曲线，并进行组合，如图 7-21 所示。

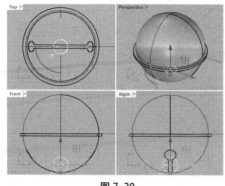

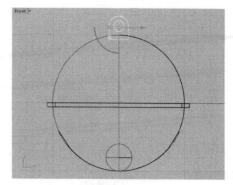

图 7-20   图 7-21

Step13：选中绘制的曲线，单击"建立实体"工具组中的"挤出封闭的平面曲线" 工具，在命令行中输入 2，右击确认，设置挤出长度为 2mm，挤出实体，并调整至合适位置，如图 7-22 所示。

Step14：执行"实体 > 边缘圆角 > 不等距边缘圆角"命令，单击命令行中的"下一个半径"选项，设置下一个半径为 0.2，右击确认，选择挤出物件边缘，右击确认，创建圆角效果，如图 7-23 所示。至此，完成铃铛模型的制作。

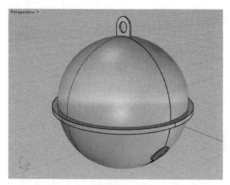

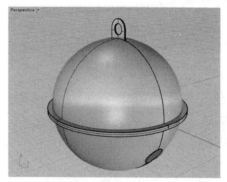

图 7-22   图 7-23

实际应用中，用户还可看到如图 7-24、图 7-25 所示的铃铛造型。

图 7-24   图 7-25

重点 **7.1.3　创建椭圆体**

在 Rhino 中，用户可以使用多种工具创建椭圆体。单击"建立实体"工具组中"椭圆体：从中心点" ⬭工具右下角的"弹出椭圆体" ⬗按钮，即可打开"椭圆体"工具组，如图 7-26 所示。用户也可以执行"实体 > 椭圆体"命令，在其相应的子菜单中选择命令创建椭圆体，如图 7-27 所示。

⬭ ⬭ ⬭ ⬭ ⬭

图 7-26

| 从中心点(C) |
| 从焦点(F) |

图 7-27

以"椭圆体：从中心点" ⬭工具的使用为例，单击该工具后，根据命令行中的指令，设置椭圆体中心点，然后设置第一轴终点、第二轴终点及第三轴终点，即可创建椭圆体，如图 7-28、图 7-29 所示。

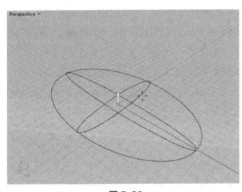

图 7-28

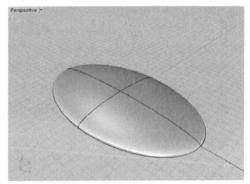

图 7-29

使用"椭圆体：从中心点" ⬭工具创建椭圆体时，命令行中的指令如下：

指令：_Ellipsoid
椭圆体中心点 (角 (C)　直径 (D)　从焦点 (F)　环绕曲线 (A))：0
第一轴终点 (角 (C))
第二轴终点
第三轴终点

其中，部分选项的作用如下：

① 角：选择该选项，将通过设置椭圆体的角及其对角、第三轴的终点创建椭圆体。

② 直径：选择该选项，将通过设置第一轴的起点和终点及第二轴和第三轴的终点创建椭圆体。

③ 从焦点：选择该选项，将通过设置基础椭圆的焦点创建椭圆体。

重点 7.1.4　创建锥体

锥体包括圆锥体、平顶锥体、棱锥、平顶棱锥等，在 Rhino 中，用户可以选择相应的锥体工具创建锥体，如图 7-30 所示。本小节将针对其中 4 种常见的锥体进行介绍。

🔺🔺🔺🔺

图 7-30

（1）圆锥体

单击"建立实体"工具组中的"圆锥体"工具或执行"实体 > 圆锥体"命令，根据命令行中的指令，设置圆锥体底面（圆心）及半径，然后设置其顶点位置，即可创建圆锥体，如图 7-31、图 7-32 所示。

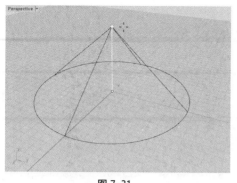

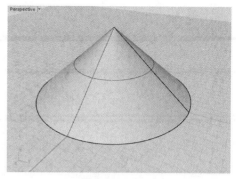

图 7-31   图 7-32

创建圆锥体时，命令行中的指令如下：

指令：_Cone
圆锥体底面 (方向限制 (D) = 垂直   实体 (S) = 是   两点 (P)   三点 (O)   正切 (T)   逼近数个点 (F)): 0
半径 <66.00>(直径 (D)   周长 (C)   面积 (A)   投影物件锁点 (P) = 否)
圆锥体顶点 <211.00>(方向限制 (D) = 垂直)

其中，部分选项的作用如下：

① 方向限制：用于设置圆锥的方向，包括无、垂直、环绕曲线 3 种。选择"无"可以创建任意方向的圆锥；选择"垂直"可以创建与构建平面垂直的圆锥；选择"环绕曲线"可以创建一个与曲线垂直的圆锥。

② 实体：该选项为 "是" 时将创建实体。

（2）平顶锥体

平顶锥体是顶点被平面截断的圆锥体。单击"建立实体"工具组中的"平顶锥体" 🝙 工具或执行"实体 > 平顶锥体"命令，根据命令行中的指令，设置圆柱管底面（圆心）及底面半径，然后设置圆柱体端点及顶面半径，即可创建平顶锥体，如图 7-33、图 7-34 所示。

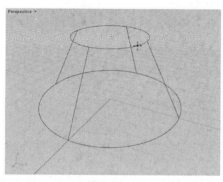

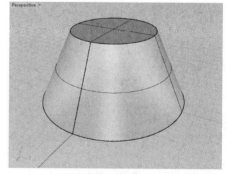

图 7-33   图 7-34

创建平顶锥体时，命令行中的指令如下：

指令：_TruncatedCone
圆柱管底面 (方向限制 (D) = 无   实体 (S) = 否   两点 (P)   三点 (O)   正切 (T)   逼近数个点 (F)): 0
底面半径 <1.00>(直径 (D)   周长 (C)   面积 (A)   投影物件锁点 (P) = 否)
圆柱体端点 <0.00>
顶面半径 <0.00>(直径 (D))

（3）棱锥

"棱锥" 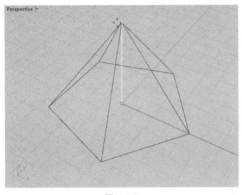 工具可以绘制类似于金字塔的锥体。单击"建立实体"工具组中的"棱锥" 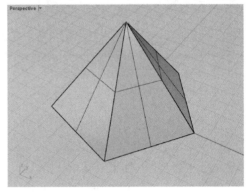 工具或执行"实体 > 棱锥"命令，根据命令行中的指令，设置内接棱锥中心点、棱锥的角及棱锥顶点，即可创建棱锥，如图 7-35、图 7-36 所示。

图 7-35

图 7-36

创建棱锥时，命令行中的指令如下：

指令：_Pyramid
内接棱锥中心点 (边数 (N) =6　模式 (M) = 内切　边 (D)　星形 (S)　方向限制 (I) = 垂直　实体 (O) = 是)：0
棱锥的角 (边数 (N) =6　模式 (M) = 内切)
棱锥顶点 <200.00>

该命令行中部分选项的作用如下：

① 边数：用于设置棱锥底面多边形边数。

② 模式：用于设置底面多边形模式，分为内切和外切两种。

③ 边：选择该选项将通过设置底面多边形的边创建棱锥。

（4）平顶棱锥

平顶棱锥是顶点被平面截断的棱锥。单击"建立实体"工具组中的"平顶棱锥" 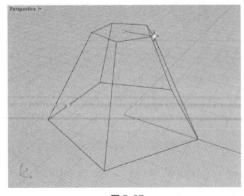 工具或执行"实体 > 平顶棱锥"命令，根据命令行中的指令，设置内接平顶棱锥中心点、平顶棱锥的角、平顶棱锥顶面中心点及指定点即可创建平顶棱锥，如图 7-37、图 7-38 所示。

图 7-37

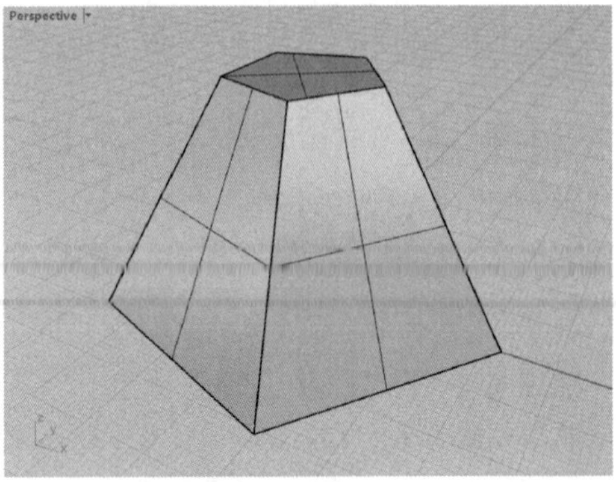

图 7-38

创建平顶棱锥时，命令行中的指令如下：

指令：_TruncatedPyramid

内接平顶棱锥中心点 (边数 (N) =5　模式 (M) = 内切　边 (D)　星形 (S)　方向限制 (I) = 垂直　实体 (O) = 是)：0

平顶棱锥的角 (边数 (N) =5　模式 (M) = 内切)

平顶棱锥顶面中心点 <127.00>

指定点

重点 ## 7.1.5　创建圆柱体

圆柱体一般可以通过"圆柱体" ⬚工具或"圆柱体"命令创建。

单击"建立实体"工具组中的"圆柱体" ⬚工具或执行"实体 > 圆柱体"命令，根据命令行中的指令，设置圆柱体底面 (圆心)、半径及圆柱体端点即可创建圆柱体，如图 7-39、图 7-40 所示。

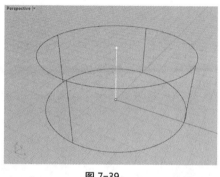

图 7-39

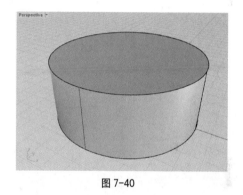

图 7-40

创建圆柱体时，命令行中的指令如下：

指令：_Cylinder

圆柱体底面 (方向限制 (D) = 垂直　实体 (S) = 是　两点 (P)　三点 (O)　正切 (T)　逼近数个点 (F))：0

半径 <9.00>(直径 (D)　周长 (C)　面积 (A)　投影物件锁点 (P) = 否)

圆柱体端点 <6.00>(方向限制 (D) = 垂直　两侧 (B) = 否)

该命令行中部分选项的作用如下：

① 方向限制：用于限制底面圆的方向。

② 两点：选择该选项，将通过设置底面圆直径的两点创建底面圆，进而创建圆柱体。

③ 三点：选择该选项，将通过设置底面圆周上的三点创建底面圆，进而创建圆柱体。

④ 两侧：该选项为"是"时，将从底面圆向两端拉伸创建圆柱体。

👑 进阶案例：制作地球仪模型

本案例练习制作地球仪模型。涉及的知识点包括球体的创建、圆柱体的创建、旋转成形等。接下来将针对具体的操作步骤进行介绍。

Step01：单击"球体"工具组中的"球体：中心点、半径" ◯工具，在命令行中输入 0，右击确认，设置球体中心点位于坐标原点；继续在命令行中输入 150，右击确认，设置球体半径为 150mm，创建球体，如图 7-41 所示。

Step02：选中球体，在 Front 视图中通过操作轴将其旋转 25°，如图 7-42 所示。

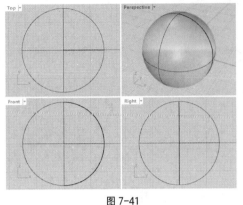

图 7-41

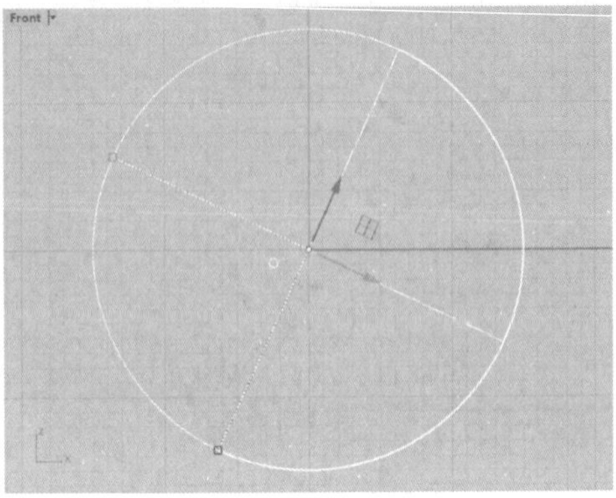

图 7-42

Step03：切换至 Top 视图，单击"建立实体"工具组中的"圆柱体" ▣工具；在命令行中输入 0，右击确认，设置圆柱体底面（圆心）；继续输入 4，右击确认，设置圆柱体底面半径为 4mm；输入 320，右击确认，设置圆柱体长度；创建圆柱体，在 Front 视图中调整其高度，并将其旋转 25°，如图 7-43、图 7-44 所示。

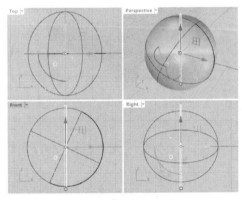

图 7-43

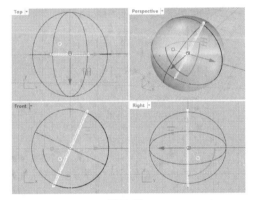

图 7-44

Step04：选中球体，执行"实体 > 差集"命令，选中圆柱体右击确认，运算布尔运算差集，效果如图 7-45 所示。

Step05：使用相同的方法，创建一个半径为 3.9mm，长度为 320mm 的圆柱体，并调整至合适角度，如图 7-46 所示。

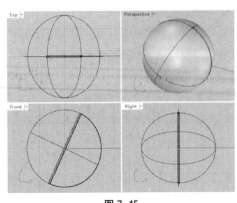

图 7-45

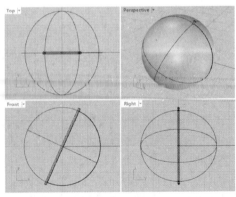

图 7-46

Step06：切换至 Front 视图，使用"圆弧：中心点、起点、角度" ⟩工具绘制圆弧，如图 7-47 所示。

Step07：选中绘制的曲线，执行"曲面 > 挤出曲线 > 直线"命令，在命令行中输入 16，右击确认，设置挤出长度为 16mm，在 Top 视图中调整挤出曲面位置，效果如图 7-48 所示。

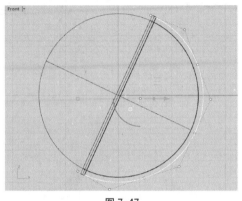

图 7-47

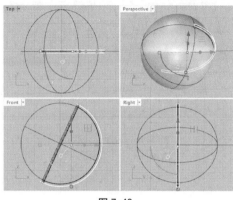

图 7-48

Step08：选中挤出平面，执行"曲面 > 偏移曲面"命令，单击挤出平面，翻转方向使方向朝外，单击命令行中的"距离"选项，输入 4，右击确认，设置偏移距离为 4mm，单击"实体"选项，右击确认，偏移出实体，如图 7-49 所示。

Step09：在 Top 视图中使用"圆柱体" ▣工具创建 2 个半径为 5mm，高为 4mm 的圆柱体，并调整其位置，在 Front 视图中将其旋转 25°，如图 7-50 所示。

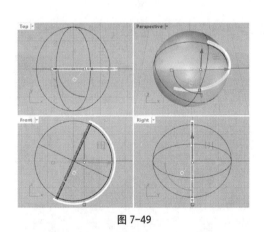

图 7-49

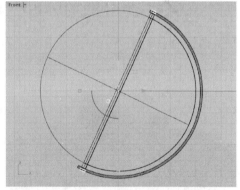

图 7-50

Step10：使用相同的方法，在 Top 视图中创建一个半径为 7mm，高为 60mm 的圆柱体和一个半径为 70mm，高为 10mm 的圆柱体，在 Front 视图中调整其位置，如图 7-51 所示。

Step11：选中新创建的圆柱体，单击侧边工具栏中的"布尔运算联集" ◉工具合并选中物件，如图 7-52 所示。

Step12：执行"实体 > 边缘圆角 > 不等距边缘圆角"命令，保持默认设置，选择底部物件的边缘，如图 7-53 所示。右击确认，创建圆角。

Step13：使用相同的方法，为偏移对象边缘和最外层圆柱体边缘创建较小的圆角，完成后的效果如图 7-54 所示。至此，完成地球仪模型的制作。

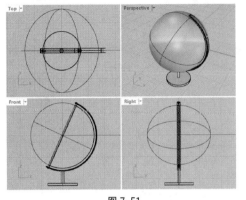

图 7-51

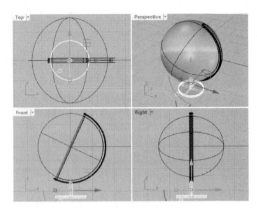

图 7-52

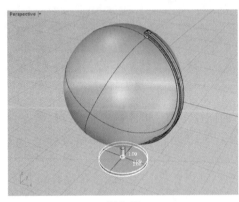

图 7-53

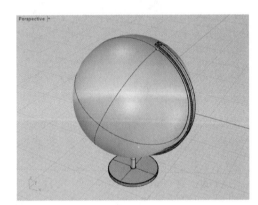

图 7-54

在实际应用中，地球仪模型会贴上标准地图，实物效果如图 7-55、图 7-56 所示。

图 7-55

图 7-56

重点 7.1.6 创建圆柱管

"圆柱管" ▣工具可以绘制带有同心圆柱孔的闭合圆柱体。

单击"建立实体"工具组中的"圆柱管" ▣工具或执行"实体 > 圆柱管"命令，根据命令行中的指令，设置圆柱管底面圆心和半径及同心圆半径，然后设置圆柱管端点，即可创建圆柱管，如图 7-57、图 7-58 所示。

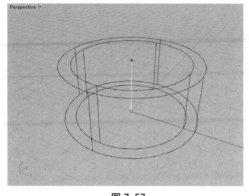

图 7-57

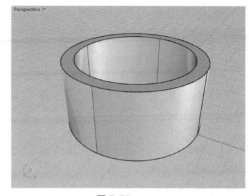

图 7-58

创建圆柱管时，命令行中的指令如下：

指令：_Tube
圆柱管底面 (方向限制 (D) = 垂直　实体 (S) = 是　两点 (P)　三点 (O)　正切 (T)　逼近数个点 (F)): 0
半径 <27.00>(直径 (D)　周长 (C)　面积 (A)　投影物件锁点 (P) = 否)
半径 <26.00>(管壁厚度 (A) =0.2)
圆柱管的端点 <113.00>(两侧 (B) = 否)

该命令行中部分选项的作用如下：
① 直径：选择该选项，将通过设置底面圆直径创建圆柱管。
② 管壁厚度：用于设置圆柱管壁的厚度。

上手实操：制作卷纸模型

通过制作卷纸模型，练习圆柱管的创建，
效果如图 7-59 所示。

图 7-59

扫码看视频

重点 7.1.7　创建环状体

环状体可以绘制类似于甜甜圈形状的实体。

单击"建立实体"工具组中的"环状体" ●工具或执行"实体 > 环状体"命令，根据命令行中的指令，设置环状体中心点、半径及第二半径，即可创建环状体，如图 7-60（a）（b）所示。

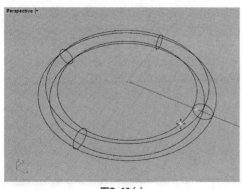

图7-60 (a)

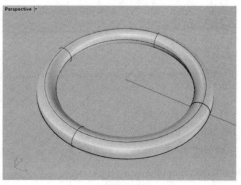

图7-60 (b)

创建圆柱管时，命令行中的指令如下：

指令：_Torus
环状体中心点 (垂直 (V)　两点 (P)　三点 (O)　正切 (T)　环绕曲线 (A)　逼近数个点 (F)): 0
半径 <104.02>(直径 (D)　定位 (O)　周长 (C)　面积 (A)　投影物件锁点 (P) = 否)
第二半径 <43.01>(直径 (D)　固定内圈半径 (F) = 是)

该命令行中部分选项的作用如下：

① 直径：用于切换直径或半径设置圆环横截面圆。

② 固定内圈半径：该选项为"是"时，将固定圆环内圈尺寸，仅调整外圈尺寸，如图 7-61、图 7-62 所示。

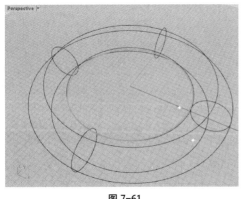

图 7-61

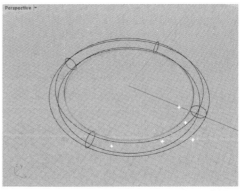

图 7-62

重点 7.1.8　创建圆管

Rhino 中的圆管分为平头盖和圆头盖两种。平头盖是指圆管两端端口为平面；圆头盖是指圆管两端端口为半球形，用户可以根据需要创建合适造型的圆管。

单击"建立实体"工具组中的"圆管（平头盖）" 🌀 工具或执行"实体 > 圆管"命令，根据命令行中的指令，选取路径，并设置起点半径和终点半径即可，如图 7-63、图 7-64 所示。

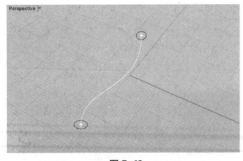

图 7-63

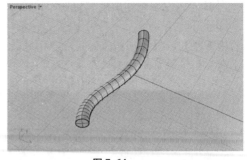

图 7-64

创建圆管时，命令行中的指令如下：

指令：_Pipe
选取路径 (连锁边缘 (C)　数个 (M)): _Pause
选取路径 (连锁边缘 (C)　数个 (M))

起点半径 <54.00>(直径 (D)　输出为 (O) = 曲面　有厚度 (T) = 否　加盖 (C) = 平头　渐变形式 (S) = 局部　正切点不分割 (F) = 否)：_Cap=_Flat

起点半径 <54.00>(直径 (D)　输出为 (O) = 曲面　有厚度 (T) = 否　加盖 (C) = 平头　渐变形式 (S) = 局部　正切点不分割 (F) = 否)：_Thick=_No

起点半径 <54.00>(直径 (D)　输出为 (O) = 曲面　有厚度 (T) = 否　加盖 (C) = 平头　渐变形式 (S) = 局部　正切点不分割 (F) = 否)

终点半径 <41.00>(直径 (D)　输出为 (O) = 曲面　渐变形式 (S) = 局部　正切点不分割 (F) = 否)

设置半径的下一点，按 Enter 不设置

该命令行中部分选项的作用如下：

① 连锁边缘：选择该选项可以选择连续的多段曲线作为路径创建圆管。

② 数个：选择该选项可以选择多个曲线建立圆管。

③ 输出为：用于设置输出圆管类型，包括曲面和细分物件两种。

④ 有厚度：选择该选项将创建空心圆管。

⑤ 加盖：用于设置两端端口，包括无、平头和圆头三种。

⑥ 渐变形式：用于设置两端端口尺寸不一致时渐变的形式。

7.2　挤出实体

除了通过工具创建标准实体外，在 Rhino 中，用户还可以通过挤出曲面或封闭的平面曲线创建实体。本节将对此进行介绍。

重点 7.2.1　挤出曲面

单击"建立实体"工具组中"挤出曲面" 工具右下角的"弹出挤出建立实体" 按钮，

图 7-65

打开"挤出建立实体"工具组，如图 7-65 所示。该工具组中挤出曲面的工具有"挤出曲面" 工具、"挤出曲面至点" 工具、"挤出曲面成锥状" 工具及"沿着曲线挤出曲面 / 沿着副曲线挤出曲面" 工具，本小节将对这 4 种工具进行介绍。

（1）"挤出曲面" 工具

该工具通过沿直线跟踪曲面边的路径创建实体。单击该工具或执行"实体 > 挤出曲面 > 直线"命令，根据命令行中的指令，选择要挤出的曲面，右击确认，设置挤出长度即可，如图 7-66、图 7-67 所示。

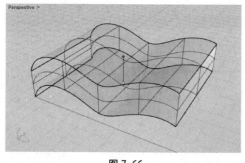
图 7-66

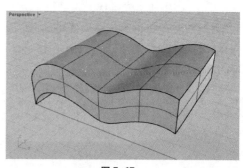
图 7-67

挤出曲面时，命令行中的指令如下：

指令：_ExtrudeSrf

选取要挤出的曲面：_Pause

选取要挤出的曲面

选取要挤出的曲面，按 Enter 完成

挤出长度 < 0.1 > (方向 (D)　两侧 (B) = 否　实体 (S) = 是　删除输入物件 (L) = 否　至边界 (T)　分割正
切点 (P) = 否　设定基准点 (A))：_Solid=_Yes

挤出长度 < 0.1 > (方向 (D)　两侧 (B) = 否　实体 (S) = 是　删除输入物件 (L) = 否　至边界 (T)　分割正
切点 (P) = 否　设定基准点 (A))

该命令行中部分选项的作用如下：

① 方向：用于设置挤出方向。

② 两侧：该选项为"是"时，将向原曲面的两侧挤出实体。

> ### 注意事项
>
> 若选中的是曲面，则挤出时将向活动视口构建平面的 Z 方向挤出；若选中的是平面，则挤出时将向平面的法线方向挤出。

（2）"挤出曲面至点" ▲工具

该工具通过将曲面挤出至一点创建实体。单击该工具或执行"实体 > 挤出曲面 > 至点"命令，根据命令行中的指令，选择要挤出的曲面，右击确认，然后设置挤出的目标点即可，如图 7-68、图 7-69 所示。

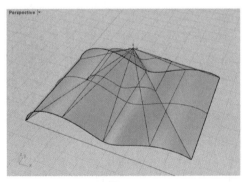

图 7-68

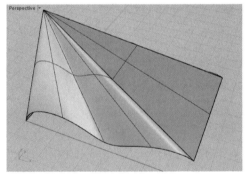

图 7-69

（3）"挤出曲面成锥状" ▲工具

该工具通过在指定拔模斜度的直线上跟踪曲面边的路径创建实体。单击该工具或执行"实体 > 挤出曲面 > 锥状"命令，根据命令行中的指令，选择要挤出的曲面，右击确认，设置挤出长度即可，如图 7-70、图 7-71 所示。

挤出曲面时，命令行中的指令如下：

指令：_ExtrudeSrfTapered

选取要挤出的曲面：_Pause

选取要挤出的曲面

选取要挤出的曲面，按 Enter 完成

挤出长度 <131>(方向 (D) 拔模角度 (R)=-20 实体 (S)=是 角 (C)=锐角 删除输入物件 (L)=否 反转角度 (F) 至边界 (T) 设定基准点 (B)): _Solid=_Yes

挤出长度 <131>(方向 (D) 拔模角度 (R)=-20 实体 (S)=是 角 (C)=锐角 删除输入物件 (L)=否 反转角度 (F) 至边界 (T) 设定基准点 (B))

该命令行中部分选项的作用如下：

① 拔模角度：用于设置锥度的拔模角度。

② 角：用于设置如何处理角连续性，包括锐角、圆角、平滑三种选项。

③ 反转角度：单击该选项将切换拔模角度方向。

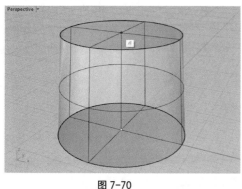

图 7-70

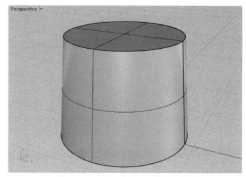

图 7-71

（4）"沿着曲线挤出曲面 / 沿着副曲线挤出曲面" 🖼工具

该工具通过沿一条路径曲线跟踪曲面边的路径创建实体。单击该工具或执行"实体 > 挤出曲面 > 沿着曲线"命令，根据命令行中的指令，选择要挤出的曲面，右击确认，然后在路径曲线靠近起点处单击，即可创建实体，如图 7-72、图 7-73 所示。

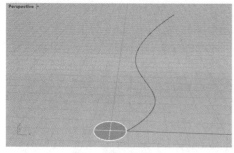

图 7-72

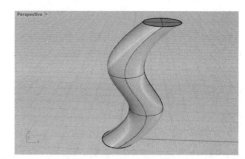

图 7-73

挤出曲面时，命令行中的指令如下：

指令：_ExtrudeSrfAlongCrv

选取要挤出的曲面：_Pause

选取要挤出的曲面

选取要挤出的曲面，按 Enter 完成

选取路径曲线在靠近起点处 (实体 (S)=是 删除输入物件 (D)=否 子曲线 (U)=否 至边界 (T) 分割正切点 (P)=否)：SubCurve=_No

未知的指令：SubCurve=_No

选取路径曲线在靠近起点处 (实体 (S)=是 删除输入物件 (D)=否 子曲线 (U)=否 至边界 (T) 分

(重点) **7.2.2　挤出封闭的平面曲线**

　　除了曲面，用户还可以通过封闭的平面曲线挤出实体。本小节将针对 7 种常用的挤出平面曲线的工具进行介绍。

　　（1）"挤出封闭的平面曲线" 🛢工具

　　该工具可以沿直线挤出封闭的平面曲线。单击"建立实体"工具组中的"挤出封闭的平面曲线" 🛢工具或执行"实体 > 挤出平面曲线 > 直线"命令，根据命令行中的指令，选取要挤出的曲线，然后设置挤出长度，即可创建实体，如图 7-74、图 7-75 所示。

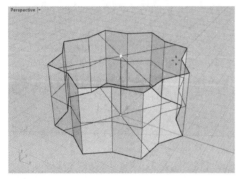

图 7-74

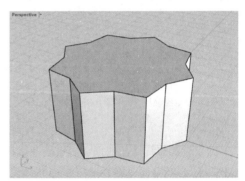

图 7-75

　　（2）"挤出曲线至点" ▲工具

　　该工具可以将封闭的平面曲线挤出至一点。单击"挤出建立实体"工具组中的"挤出曲线至点" ▲工具或执行"实体 > 挤出平面曲线 > 至点"命令，根据命令行中的指令，选取要挤出的曲线，右击确认，然后设置挤出的目标点，即可创建实体，如图 7-76、图 7-77 所示。

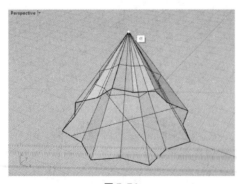

图 7-76

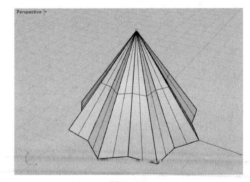

图 7-77

　　（3）"挤出曲线成锥状" 🗼工具

　　该工具通过在一条直线上跟踪曲线的路径来创建实体，该直线以指定的拔模斜度向内或向外逐渐变细。

　　单击"挤出建立实体"工具组中的"挤出曲线成锥状" 🗼工具或执行"实体 > 挤出平面曲线 > 锥状"命令，根据命令行中的指令，选取要挤出的曲线，右击确认，然后设置挤出长度即可，如图 7-78、图 7-79 所示。

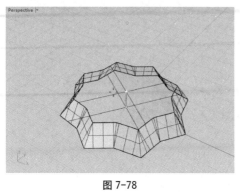
图 7-78

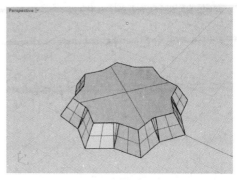
图 7-79

（4）"沿着曲线挤出曲线 / 沿着副曲线挤出曲线" 🔲工具

该工具通过沿着另一条路径曲线跟踪曲线的路径创建实体。单击该工具或执行"实体 > 挤出平面曲线 > 沿着曲线"命令，根据命令行中的指令，选取要挤出的曲线，右击确认，然后在路径曲线靠近起点处单击，即可沿着曲线挤出曲线，如图 7-80、图 7-81 所示。

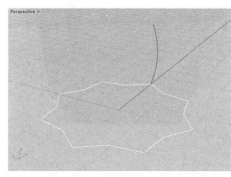
图 7-80

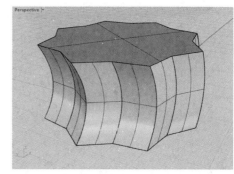
图 7-81

（5）"以多重直线挤出成厚片" 🔲工具

该工具偏移曲线并挤出创建实体。单击该工具或执行"实体 > 厚片"命令，根据命令行中的指令，选取要建立厚片的曲线，并设置偏移侧和距离等，完成后设置挤出高度即可创建厚片，如图 7-82、图 7-83 所示。

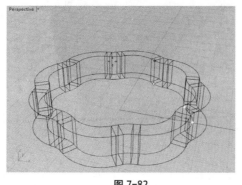
图 7-82

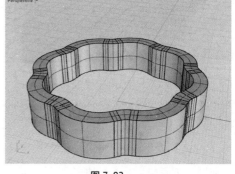
图 7-83

使用该工具时，命令行中的指令如下：

指令：_Slab
选取要建立厚片的曲线 (距离 (D) =50　松弛 (L) = 否　通过点 (T)　两侧 (B)　与工作平面平行 (I) = 否)
偏移侧 (距离 (D) =50　松弛 (L) = 否　通过点 (T)　两侧 (B)　与工作平面平行 (I) = 否)
高度

该命令行中部分选项的作用如下：

① 距离：用于设置曲线偏移的距离。

② 两侧：选择该选项将向选中曲线的两侧偏移。

（6）"凸毂" 工具

"凸毂" 工具可将垂直于边界平面的封闭平面曲线向边界曲面拉伸，在该边界曲面上进行修剪并将其连接到边界曲面上。

单击该工具或执行"实体 > 凸缘"命令，根据命令行中的指令，选取要建立凸缘的平面封闭曲线，右击确认，选取边界曲面即可，如图 7-84、图 7-85 所示。

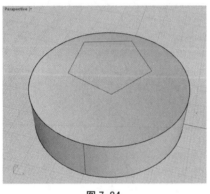

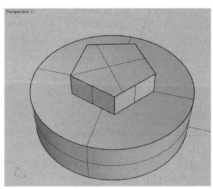

图 7-84　　　　　　　　　　　　　　　　图 7-85

（7）"肋" 工具

"肋" 工具可以沿两个方向将曲线拉伸到边界曲面上。

单击该工具或执行"实体 > 柱肋"命令，根据命令行中的指令，选取要做柱肋的平面曲线，设置偏移距离等，右击确认，选取边界曲面即可，如图 7-86、图 7-87 所示。

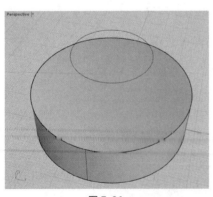

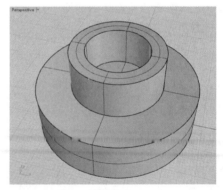

图 7-86　　　　　　　　　　　　　　　　图 7-87

使用该工具时，命令行中的指令如下：

指令：_Rib
选取要做柱肋的平面曲线 <50.00>(偏移 (O) = 曲线平面　距离 (D) =50　模式 (M) = 直线)

选取要做柱肋的平面曲线，按 Enter 完成 <50.00>(偏移 (O) = 曲线平面　距离 (D)=50　模式 (M) = 直线)

选取边界 <50.00>(偏移 (O) = 曲线平面　距离 (D)=50　模式 (M) = 直线)

该命令行中部分选项的作用如下：

① 偏移：用于设置曲线偏移的方向。

② 距离：用于设置偏移的距离。

③ 模式：用于设置挤出的模式。

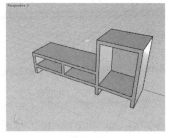

图 7-88

 上手实操：制作桌面收纳架模型

在学习了挤出封闭的平面曲线知识后，下面将练习制作桌面收纳架模型，效果如图 7-88 所示。

综合实战：制作手持迷你小风扇模型

本案例练习制作手持迷你小风扇模型。涉及的知识点包括标准实体的创建、挤出实体、旋转成形、布尔运算等。下面将针对具体的步骤进行介绍。

1. 风扇底部支撑

Step01：调整子格线间隔为 1mm。单击"建立实体"工具组中的"圆柱体" 工具，在命令行中输入 0，右击确认，设置圆柱体底面圆心；继续输入 18，右击确认，设置圆柱体半径为 18mm；输入 15，右击确认，设置圆柱体长度；创建圆柱体，如图 7-89（a）所示。

Step02：使用相同的方法，继续创建一个半径为 8mm，高为 15mm 的圆柱体，在 Front 视图中调整至合适高度，如图 7-89（b）所示。

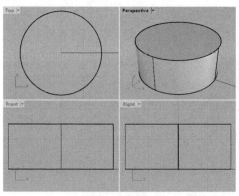

图7-89 (a)

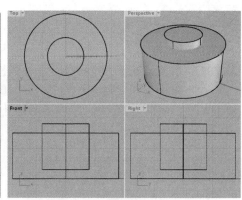

图7-89 (b)

Step03：单击"建立实体"工具组中的"圆柱管" 工具，在命令行中输入 0，右击确认，设置圆柱体底面中心位于坐标原点；输入 16，右击确认，设置圆柱管外侧半径；继续输入 10，右击确认，设置内侧半径；输入 15，右击确认，设置圆柱管高度；创建圆柱管，在 Front 视图中调整至合适高度，如图 7-90 所示。

Step04：选中大圆柱体，执行"实体 > 差集"命令，选中小圆柱体及圆柱管，右击确认，进行布尔运算差集，效果如图 7-91 所示。

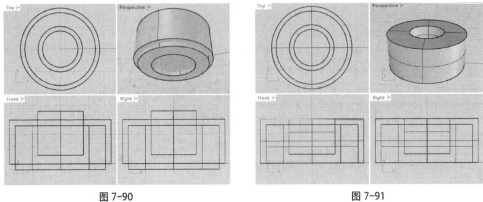

| 图 7-90 | 图 7-91 |

Step05：单击侧边工具栏中"布尔运算联集" ⬚工具右下角的"弹出实体工具" ◢按钮，打开"实体工具"工具组，单击"边缘圆角 / 不等距边缘混接" ⬚工具，单击命令行中的"下一个半径"选项，输入 2，右击确认，选取边缘，如图 7-92 所示。

Step06：继续单击该选项，输入 0.2，右击确认，选取边缘，如图 7-93 所示。右击确认，创建圆角。

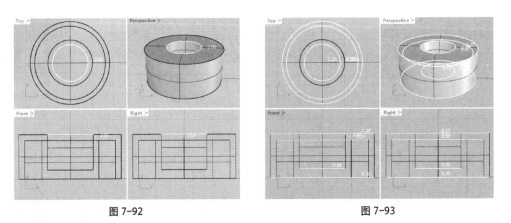

| 图 7-92 | 图 7-93 |

Step07：切换至 Top 视图，使用"圆柱体" ⬚工具创建一个半径为 7.5mm，高为 100mm 的圆柱体，在 Front 视图中调整至合适高度，如图 7-94 所示。

Step08：使用相同的方法，在 Front 视图中绘制一个半径为 3mm，高为 2mm 的圆柱体，在 Right 视图中调整至合适位置，如图 7-95 所示。

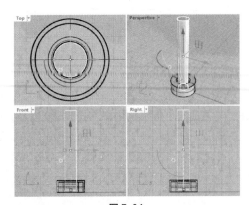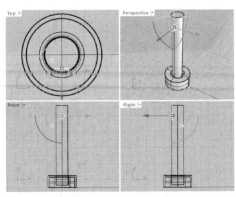

| 图 7-94 | 图 7-95 |

Step09：选中与新绘制圆柱体相交的圆柱体，执行"实体 > 差集"命令，选中新绘制的圆柱体，右击确认，进行布尔运算差集，效果如图 7-96 所示。

Step10：使用"圆柱体"工具在 Front 视图中绘制一个半径为 3mm，高为 2mm 的圆柱体，在 Right 视图中调整至合适位置，如图 7-97 所示。

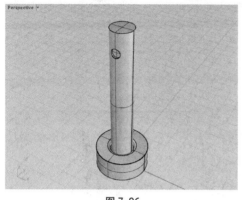

图 7-96

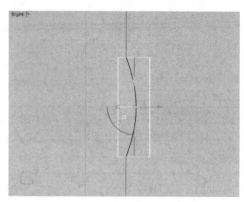

图 7-97

Step11：单击"建立实体"工具组中"球体：中心点、半径"⚫工具，在命令行中单击"三点"选项，在 Right 视图中单击选取三个点创建球体，如图 7-98 所示。

Step12：选中与新绘制球体相交的圆柱体，执行"实体 > 差集"命令，选中球体，右击确认，进行布尔差集运算，制作出按钮效果，如图 7-99 所示。

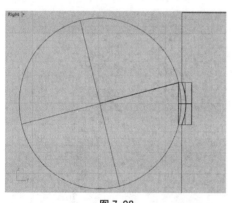

图 7-98

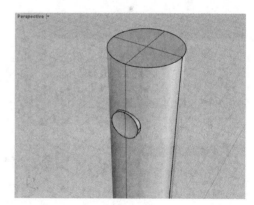

图 7-99

Step13：单击"建立实体"工具组中"球体：中心点、半径"⚫工具，在按钮下方绘制一个半径为 0.5mm 的球体，并调整至合适位置，如图 7-100 所示。

Step14：单击侧边工具栏中的"矩形：角对角"▭工具，单击命令行中的"圆角"选项，在 Front 视图中单击，设置矩形的第一点；在命令行中输入 1，设置矩形长度，右击确认；继续输入 4，设置矩形高度，右击确认；输入 0.5，设置圆角半径，右击确认，创建圆角矩形，如图 7-101 所示。

Step15：选中绘制的圆角矩形，单击"建立实体"工具组中的"挤出封闭的平面曲线"⚫工具，在命令行中输入 10，右击确认，设置挤出长度，创建实体，在 Right 视图中将挤出实体调整至合适位置，如图 7-102 所示。

Step16：选中与挤出实体相交的圆柱体，执行"实体 > 差集"命令，选中挤出实体，右击确认，进行布尔运算差集，效果如图 7-103 所示。

图 7-100

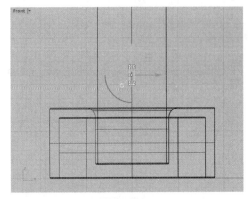

图 7-101

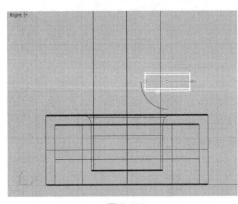

图 7-102

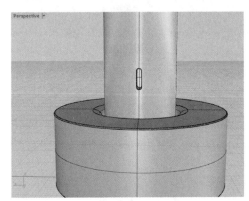

图 7-103

Step17：单击侧边工具栏中的"立方体：角对角、高度" ◼工具，在 Right 视图中绘制一个 3mm×3mm×0.2mm 的立方体，并调整至合适位置，如图 7-104 所示。

2. 风扇头部制作

Step01：切换至 Front 视图，单击"建立实体"工具组中的"圆柱管" ▥工具，在命令行中输入 0，右击确认，设置圆柱体底面中心位于坐标原点；输入 45，右击确认，继续输入 43，右击确认，设置圆柱管外、内侧半径；输入 6，右击确认，设置圆柱管高度，创建圆柱管；在 Right 视图中调整其位置，如图 7-105 所示。

扫码看视频

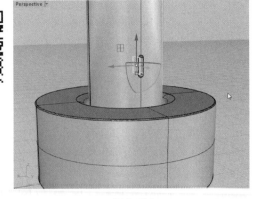

图 7-104

Step02：使用相同的方法，绘制一个外侧半径为 42.9mm，壁厚为 2mm，长为 4mm 的圆柱管，如图 7-106 所示。

Step03：使用"圆柱体" ▥工具，在 Front 视图中绘制一个半径为 6mm，高为 4mm 的圆柱体，在 Right 视图中调整至合适位置，如图 7-107 所示。

Step04：使用相同的方法，继续绘制一个半径为 3mm，高为 14mm 的圆柱体和一个半径为 13mm，高为 14mm 的圆柱体，调整至合适位置，如图 7-108 所示。

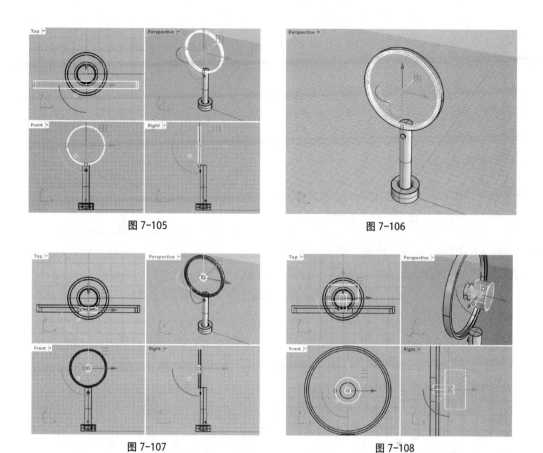

图 7-105

图 7-106

图 7-107

图 7-108

Step05：使用相同的方法，继续绘制一个半径为 14mm，高为 10mm 的圆柱体和一个半径为 13.1mm，高为 14mm 的圆柱体，调整至合适位置，如图 7-109 所示。

Step06：选中半径为 14mm 的圆柱体，执行"实体 > 差集"命令，选中半径为 13.1mm 的圆柱体，右击确认，进行布尔运算差集，效果如图 7-110 所示。

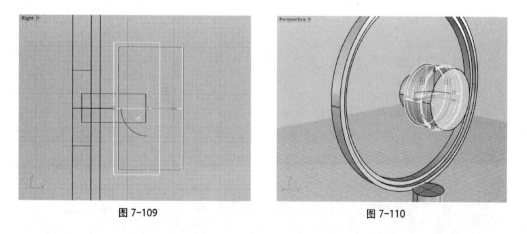

图 7-109

图 7-110

Step07：使用"控制点曲线 / 通过数个点的曲线" 工具，在 Front 视图中绘制曲线，如图 7-111 所示。

Step08：选中绘制的曲线，单击"建立曲面"工具组中的"以平面曲线建立曲面" 工具，创建曲面，如图 7-112 所示。隐藏曲线。

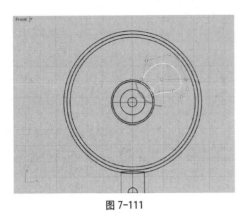

图 7-111

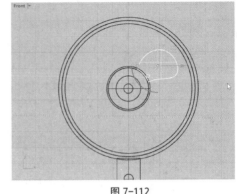

图 7-112

Step09：选中创建的曲面，单击"曲面工具"工具组中的"重建曲面" 工具，打开"重建曲面"对话框设置参数，如图 7-113 所示。

Step10：完成后单击"确定"按钮，重建曲面。选中曲面，按 F10 键显示控制点，如图 7-114 所示。

图 7-113

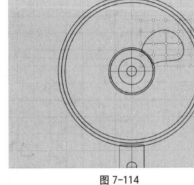

图 7-114

Step11：结合 Front 视图和 Right 视图，选中控制点进行调整，制作扇叶效果，如图 7-115 所示。

Step12：按 F11 键关闭控制点。选中调整后的扇叶，单击"建立实体"工具组中的"挤出曲面" 工具，在命令行中输入 0.1，右击确认，设置挤出长度为 0.1mm，挤出实体，如图 7-116 所示。隐藏曲面。

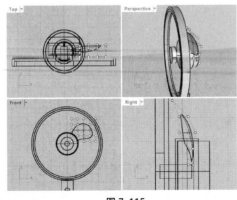

图 7-115

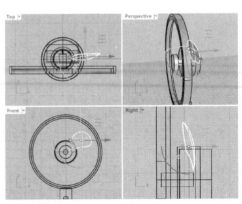

图 7-116

Step13：选中挤出实体，单击"阵列"工具组中的"环形阵列" 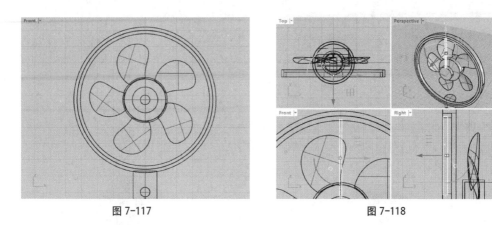工具，设置阵列中心点，在命令行中输入 5，右击确认，设置阵列数量，右击确认两次，阵列选中对象，如图 7-117 所示。

Step14：单击侧边工具栏中的"立方体：角对角、高度" 🔲工具，在 Front 视图中绘制一个 1mm×34mm×2mm 的立方体，调整至合适位置，如图 7-118 所示。

图 7-117   图 7-118

Step15：选中新绘制的立方体，切换至 Front 视图，单击"阵列"工具组中的"环形阵列" 🔆工具，设置阵列中心点，在命令行中输入 40，右击确认，设置阵列数量，右击确认两次，阵列选中对象，如图 7-119 所示。群组阵列对象。

Step16：切换至 Right 视图，使用"多重直线 / 线段"工具绘制闭合曲线，如图 7-120 所示。

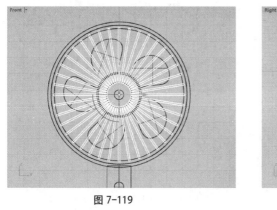 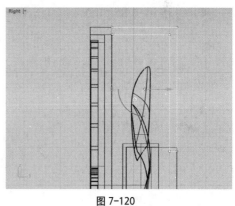

图 7-119   图 7-120

Step17：单击侧边工具栏中的"曲线圆角"工具，单击命令行中的"半径"选项，设置半径为 4mm，单击内侧曲线，创建圆角。使用相同的方法，在外侧曲线添加半径为 6mm 的圆角，如图 7-121 所示。

Step18：选中绘制的曲线，单击"建立实体"工具组中的"挤出封闭的平面曲线" 🔲工具，在命令行中输入 1，右击确认，设置挤出长度，创建实体，在 Front 视图中将挤出实体调整至合适位置，如图 7-122 所示。隐藏曲线。

Step19：选中挤出对象，切换至 Front 视图，单击"阵列"工具组中的"环形阵列" 🔆工具，设置阵列中心点，在命令行中输入 40，右击确认，设置阵列数量，右击确认两次，阵列选中对象，如图 7-123 所示。群组阵列对象。

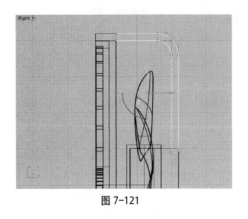
图 7-121

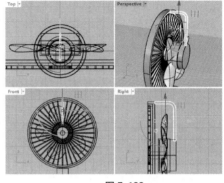
图 7-122

Step20：执行"实体 > 边缘圆角 > 不等距边缘圆角"命令，单击命令行中的"下一个半径"选项，输入 0.2，右击确认，选中要创建圆角的边缘，创建圆角，如图 7-124 所示。

图 7-123

图 7-124

Step21：选中物件，通过"渲染工具"工具栏组中的"设置渲染颜色 / 设置渲染光泽颜色"工具，简单地添加颜色，以便于观察。切换至 Perspective 视图，设置显示模式为"渲染"，效果如图 7-125 所示。

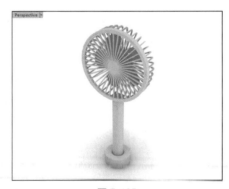
图 7-125

至此，完成手持迷你小风扇模型的制作。

> **注意事项**
>
> 在制作模型时或完成制作后，最好为模型各部件分图层，以便更好地区分与设置。

✏ 自我巩固

完成本章的学习后，可以通过练习本章的相关内容，进一步加深理解。下面将通过制作计算器模型和激光翻页笔模型加深记忆。

1. 制作计算器模型

本案例通过制作计算器模型，对本章内容进行练习，制作完成后的效果如图 7-126、图 7-127 所示。

图 7-126   图 7-127

设计要领：

Step01：新建矩形，制作主体模型，使用布尔运算修剪掉多余部位。

Step02：新建矩形，添加圆角，制作按键与屏幕部位。

Step03：新建圆柱体，制作支撑架。

Step04：添加文字信息。

Step05：添加圆角与斜角，赋予材质与颜色。

2. 制作激光翻页笔模型

本案例通过制作激光翻页笔模型，对本章内容进行练习，制作完成后的效果如图 7-128、图 7-129 所示。

图 7-128   图 7-129

设计要领：

Step01：绘制圆柱体并进行单轴缩放。绘制曲线，挤出实体，进行布尔运算，删除圆柱体多余部分。

Step02：绘制立方体，并制作圆角，使用布尔运算制作出按键、指示灯效果。

Step03：添加文字标识，添加圆角制作细节。

Rhino

第8章
编辑实体详解

📄 **内容导读：**

通过 Rhino 软件中编辑实体工具的应用，可以制作更加丰富的实体效果，如通过布尔运算制作差集、联集等，也可以为实体添加倒角，使实体物件边缘更加自然。本章将针对实体的编辑操作进行介绍。

🎯 **学习目标：**

- 学会布尔运算的应用；
- 学会制作实体倒角；
- 了解封闭的多重曲面薄壳的创建；
- 学会在实体上开洞的操作。

8.1　布尔运算

布尔运算是数学符号化的逻辑推演法，在大部分三维建模软件中都可以找到布尔运算的应用。在 Rhino 软件中，包括联集、差集、相交和分割 4 种布尔运算方式。本节将针对这 4 种布尔运算进行介绍。

重点 8.1.1　布尔运算联集

布尔运算联集可以合并选中的多个实体，也可以合并选中的多个曲面。

单击侧边工具栏中的"布尔运算联集" 🔵工具或执行"实体 > 并集"命令，根据命令行中的指令，选取要并集的曲面或多重曲面，右击确认，即可合并选中的实体，如图 8-1、图 8-2 所示。

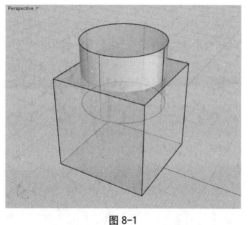

图 8-1　　　　　　　　　　　　　　　　图 8-2

在对曲面与曲面、曲面与实体进行布尔运算时，根据曲面方向的不同，得到的结果也不同。

（1）曲面与曲面

选中视图中的曲面，单击"曲面工具"工具组中的"显示物件方向" ▥▥工具或执行"分析 > 方向"命令，显示曲面方向，如图 8-3 所示。选中显示方向的曲面，单击侧边工具栏中的"布尔运算联集" 🔵工具，即可合并曲面，如图 8-4 所示。

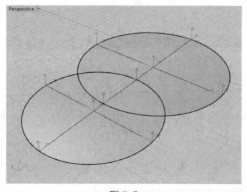
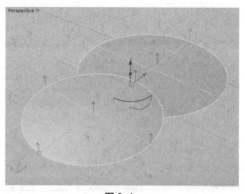

图 8-3　　　　　　　　　　　　　　　　图 8-4

若选中曲面的方向不一致（如图 8-5 所示），单击"布尔运算联集" 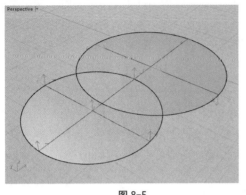工具后，将得到不同的效果，如图 8-6 所示。

图 8-5

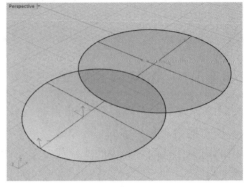
图 8-6

（2）曲面与实体

单击"布尔运算联集" 工具，选中要进行布尔运算联集的曲面和实体，右击确认，即可实现联集运算，如图 8-7 所示。若更改曲面方向，再进行布尔运算联集，可得到不同的效果，如图 8-8 所示。

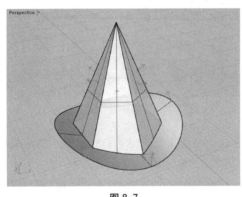
图 8-7

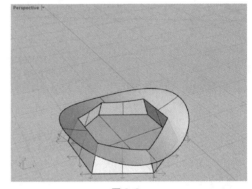
图 8-8

注意事项

曲线与实体之间进行布尔运算联集时，其交线必须是封闭的曲线。

重点 **8.1.2　布尔运算差集**

布尔运算差集是从一组多重曲面或曲面减去与另一组多重曲面或曲面交集的部分。

单击侧边工具栏中"布尔运算联集" 工具右下角的"弹出实体工具" 按钮，打开"实体工具"工具组，单击"布尔运算差集" 工具或执行"实体 > 差集"命令，根据命令行中的指令，选取要减去的曲面或多重曲面，右击确认，选取要减去的其他物件的曲面或多重曲面，右击确认即可，如图 8-9、图 8-10 所示。

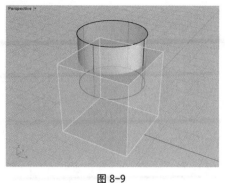

图 8-9

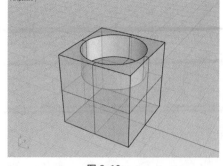

图 8-10

注意事项

选择实体的顺序会影响"差集"命令运算的结果。

8.1.3 布尔运算相交

布尔运算相交将减去两组曲面或多重曲面未交集的部分，保留相交的部分。

单击"实体工具"工具组中的"布尔运算相交" 工具或执行"实体 > 相交"命令，根据命令行中的指令，选择第一组曲面或多重曲面，右击确认，选取第二组曲面或多重曲面，右击确认即可，如图 8-11、图 8-12 所示。

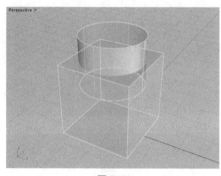

图 8-11

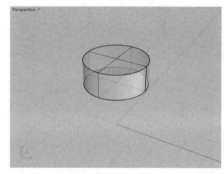

图 8-12

在对曲面与实体进行布尔运算相交时，根据曲面方向的不同，可以得到不同的结果。如图 8-13~图 8-16 所示。

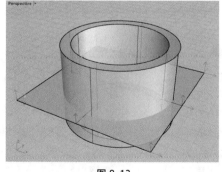

图 8-13

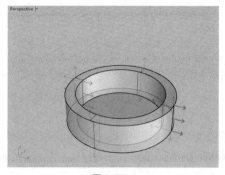

图 8-14

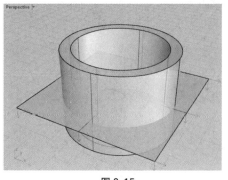
图 8-15

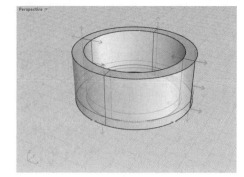
图 8-16

8.1.4 布尔运算分割

布尔运算分割可以分割选定多重曲面或曲面的相交区域，使其成为一个单独的多重曲面。

单击"实体工具"工具组中的"布尔运算分割" 工具或执行"实体 > 布尔运算分割"命令，根据命令行中的指令，选取要分割的曲面或多重曲面，右击确认，然后选取切割用曲面或多重曲面，右击确认即可，如图 8-17、图 8-18 所示。

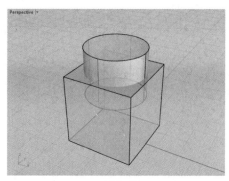
图 8-17

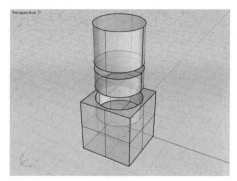
图 8-18

> **注意事项**
>
> 布尔运算是一种比较复杂的运算方式，在使用相关命令处理复杂实体时，最好先保存文件，以避免死机而造成数据丢失。

👑 进阶案例：制作手机充电头模型

本案例练习制作手机充电头模型。涉及的知识点包括实体的创建、布尔运算的应用等。下面将针对具体的操作步骤进行介绍。

Step01：调整子格线间隔为 1mm。切换至 Top 视图，单击侧边工具栏中的"矩形：角对角" □工具，单击命令行中的"圆角"选项，创建圆角矩形。在命令行中输入 0，右击确认，设置矩形第一角位于坐标原点。继续输入 40，右击确认，设置圆角矩形长度；输入 24，右击确认，设置圆角矩形宽度；输入 4，右击确认，设置圆角半径，创建圆角矩形，如图 8-19 所示。

Step02：选中绘制的圆角矩形，单击"建立实体"工具组中的"挤出封闭的平面曲线"

工具，在命令行中输入 52，右击确认，设置挤出长度，创建实体，如图 8-20 所示。隐藏
曲线。

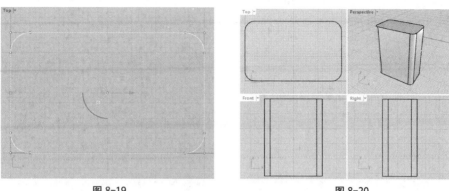

图 8-19   图 8-20

Step03：使用相同的方法，继续绘制一个 38.2mm×22.2mm，圆角为 3.1mm 的圆角矩形
并挤出 2mm，创建实体，如图 8-21 所示。

Step04：选中第一个挤出实体，在"实体工具"工具组中单击"布尔运算差集" ⬤工
具，选择第二个挤出实体，进行布尔运算差集，效果如图 8-22 所示。

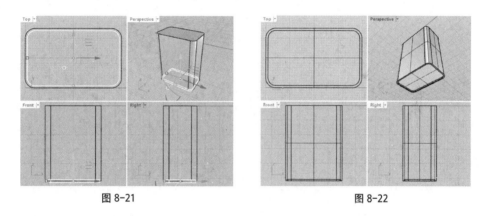

图 8-21   图 8-22

Step05：继续绘制一个 38mm×22mm，圆角为 3mm 的圆角矩形并挤出 1mm，创建实体，
如图 8-23 所示。隐藏曲线。

Step06：继续绘制一个 13mm×5mm，圆角为 0.5mm 的圆角矩形并挤出 13mm，创建实
体，如图 8-24 所示。隐藏曲线。

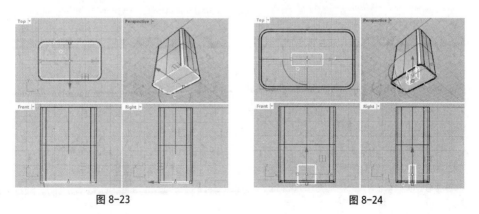

图 8-23   图 8-24

Step07：选中除新创建实体外的实体，在"实体工具"工具组中单击"布尔运算差集" ⬤工具，选择新创建的实体，进行布尔运算差集，效果如图 8-25 所示。

Step08：切换至 Front 视图，单击侧边工具栏中的"立方体：角对角、高度" ⬛工具，创建一个 10mm×10mm×2mm 的立方体，在 Right 视图中调整其位置，如图 8-26 所示。

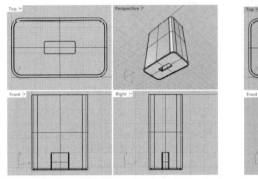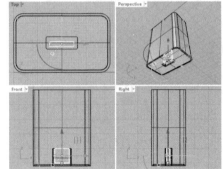

图 8-25   图 8-26

Step09：使用相同的方法，创建 4 个 1mm×10mm×0.1mm 的立方体，效果如图 8-27 所示。

Step10：切换至 Right 视图，使用"多重直线 / 线段" ⬡工具绘制曲线，并挤出 3mm，如图 8-28 所示。隐藏曲线。

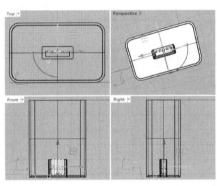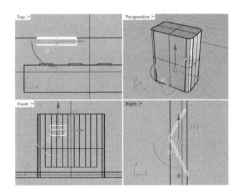

图 8-27   图 8-28

Step11：在 Top 视图中镜像该挤出对象，如图 8-29 所示。

Step12：切换至 Right 视图，使用"多重直线 / 线段" ⬡工具和"圆弧：中心点、起点、角度" ⬭工具绘制曲线，并进行组合，如图 8-30 所示。

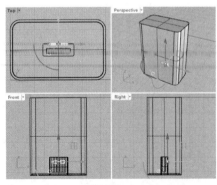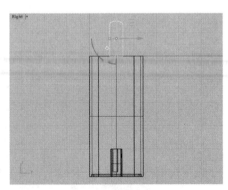

图 8-29   图 8-30

Step13：选中绘制的圆角矩形，单击"建立实体"工具组中的"挤出封闭的平面曲线" ▣工具，在命令行中输入 1，右击确认，设置挤出长度，创建实体，如图 8-31 所示。隐藏曲线。

Step14：在 Top 视图中镜像该挤出对象，如图 8-32 所示。至此，完成手机充电头模型的制作。

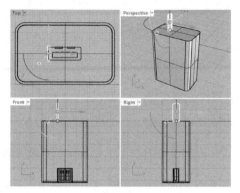

图 8-31

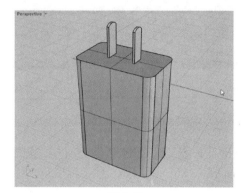

图 8-32

实际应用中，还可以见到其他造型的充电头，如图 8-33、图 8-34 所示。

图 8-33

图 8-34

8.2 实体倒角

与曲面倒角、曲线倒角类似，实体倒角可以使实体边缘更加平滑。Rhino 中的实体倒角分为边缘圆角、不等距边缘混接和边缘斜角三种，本节将对此进行介绍。

重点 8.2.1 边缘圆角

边缘圆角可以修剪原始曲面并将其连接到与之相切的圆角曲面，从而圆滑地过渡实体边缘，使实体造型更加圆润。

单击"实体工具"工具组中的"边缘圆角 / 不等距边缘混接" ▣工具或执行"实体 > 边缘圆角 > 不等距边缘圆角"命令，根据命令行中的指令，选取要建立圆角的边缘，右击确认，然后调整圆角控制杆，调整后右击确认即可，如图 8-35、图 8-36 所示为圆角处理前、后的效果。

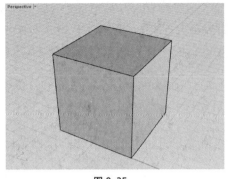

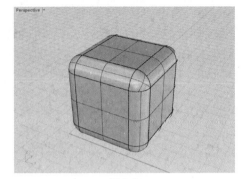

图 8-35 图 8-36

 注意事项

在选取要建立圆角的边缘之前，需要先单击命令行中的"下一个半径"选项，设置半径，才可以保证选中的边缘按照设置的参数创建圆角。

创建圆角时，命令行中的指令如下：

指令：_FilletEdge
选取要建立圆角的边缘 (显示半径 (S) = 是　下一个半径 (N) =1　连锁边缘 (C)　面的边缘 (F)　预览 (P) = 否　编辑 (E))
选取要建立圆角的边缘，按 Enter 完成 (显示半径 (S) = 是　下一个半径 (N) =1　连锁边缘 (C)　面的边缘 (F)　预览 (P) = 否　编辑 (E))
选取要编辑的圆角控制杆，按 Enter 完成 (显示半径 (S) = 是　新增控制杆 (A)　复制控制杆 (C)　设置全部 (T)　连结控制杆 (L) = 否　路径造型 (R) = 滚球　选取边缘 (D)　修剪并组合 (I) = 是　预览 (P) = 否)

该命令行中部分选项的作用如下：

① 显示半径：该选项为"是"时将在视图中显示当前设置的半径，如图 8-37 所示。

② 下一个半径：用于设置下一个边缘的半径。

③ 连锁边缘：选择该选项后，将仅能选择相邻的边缘。

④ 面的边缘：选择该选项后，将通过选择面选择对应的边缘，如图 8-38 所示。

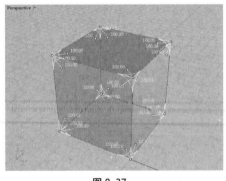

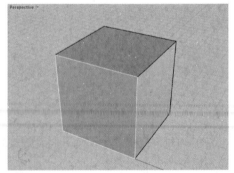

图 8-37 图 8-38

⑤ 上次选取的边缘：选择该选项将选择上次选取的边缘进行圆角（初次执行边缘圆角命令时无该选项）。

⑥编辑：单击该选项，可以对现有的圆角进行编辑。

> **知识链接** ✍
>
> 在创建倒角时，要遵循先倒大角再倒小角的原则，以免产生破面或其他情况。

♚ 进阶案例：制作化妆品收纳盒模型

本案例练习制作化妆品收纳盒模型。涉及的知识点包括实体的创建、布尔运算及边缘圆角的创建。接下来将对具体的操作步骤进行介绍。

Step01：切换至 Top 视图，单击侧边工具栏中的"立方体：角对角、高度"■工具，创建一个 220mm×150mm×100mm 的立方体，如图 8-39 所示。

Step02：单击"实体工具"工具组中的"边缘圆角/不等距边缘混接"■工具，单击命令行中的"下一个半径"选项，在命令行中输入 20，设置下一个半径，选中要创建圆角的边缘，如图 8-40 所示。

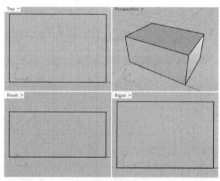

图 8-39

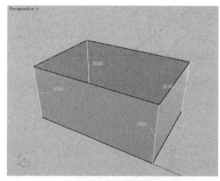

图 8-40

Step03：右击确认两次，创建圆角，如图 8-41 所示。

Step04：使用"立方体：角对角、高度"■工具在 Top 视图中创建一个 216mm×146mm×100mm 的立方体和一个 216mm×146mm×5mm 的立方体，在 Front 视图中调整至合适位置，如图 8-42 所示。

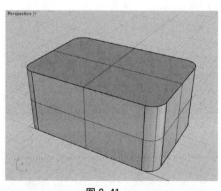

图 8-41

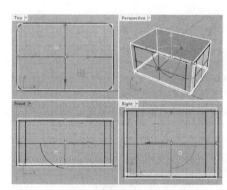

图 8-42

Step05：单击"实体工具"工具组中的"边缘圆角/不等距边缘混接"■工具，单击命令行中的"下一个半径"选项，在命令行中输入 18，设置下一个半径，选中要创建圆角的边缘，如图 8-43 所示。

Step06：右击确认两次，创建圆角，如图 8-44 所示。

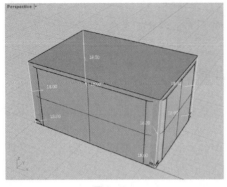

图 8-43

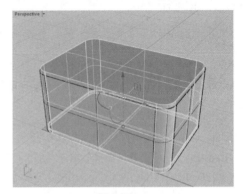

图 8-44

Step07：选中绘制的第一个立方体，在"实体工具"工具组中单击"布尔运算差集"
工具，选择新绘制的立方体，进行布尔运算差集，效果如图 8-45 所示。

Step08：单击"实体工具"工具组中的"边缘圆角 / 不等距边缘混接" 工具，单击命令行中的"下一个半径"选项，在命令行中输入 0.2，设置下一个半径，选中要创建圆角的边缘，如图 8-46 所示。

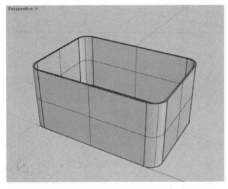

图 8-45

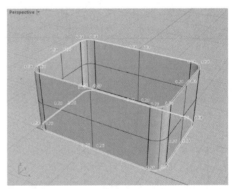

图 8-46

Step09：右击确认两次，创建圆角，如图 8-47 所示。

Step10：切换至 Right 视图，使用"立方体：角对角、高度" 工具绘制一个
900mm×30mm×300mm 的立方体，如图 8-48 所示。

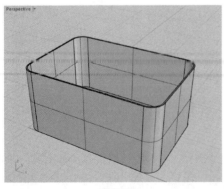

图 8-47

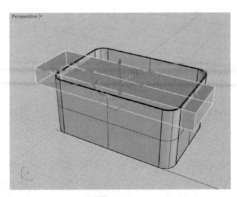

图 8-48

Step11：单击"实体工具"工具组中的"边缘圆角 / 不等距边缘混接" 🔲 工具，单击命令行中的"下一个半径"选项，在命令行中输入 10，设置下一个半径，选中要创建圆角的边缘，如图 8-49 所示。

Step12：右击确认两次，创建圆角，如图 8-50 所示。

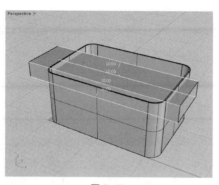

图 8-49

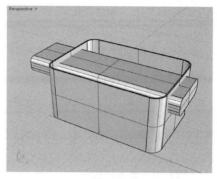

图 8-50

Step13：选中盒子主体，在"实体工具"工具组中单击"布尔运算差集" 🔲 工具，选择新绘制的立方体，进行布尔运算差集，效果如图 8-51 所示。

Step14：单击"实体工具"工具组中的"边缘圆角 / 不等距边缘混接" 🔲 工具，单击命令行中的"下一个半径"选项，在命令行中输入 0.2，设置下一个半径，选中要创建圆角的边缘，如图 8-52 所示。

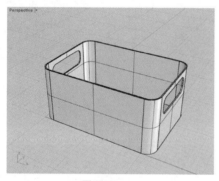

图 8-51

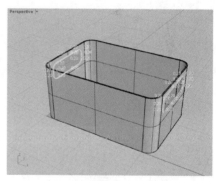

图 8-52

Step15：右击确认两次，创建圆角。调整视图显示模式为渲染模式，效果如图 8-53 所示。日常生活中，还可以见到更多款式的收纳盒，如图 8-54 所示。

图 8-53

图 8-54

至此，完成化妆品收纳盒模型的制作。

8.2.2　不等距边缘混接

不等距边缘混接可以修剪原始曲面并将其连接到曲率连续的混合曲面。

右击"实体工具"工具组中的"边缘圆角／不等距边缘混接"⬡工具或执行"实体 > 边缘圆角 > 不等距边缘混接"命令，根据命令行中的指令，选取要建立混接的边缘，右击确认，然后调整混接控制杆，右击确认即可，如图 8-55、图 8-56 所示。

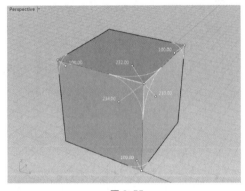

图 8-55

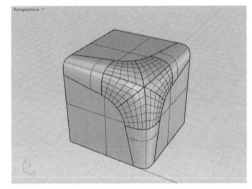

图 8-56

> ⚡ **注意事项**
>
> 　　与设置边缘圆角类似，在创建不等距边缘混接时，同样需要先设置半径，再选取边缘。

8.2.3　边缘斜角

边缘斜角可以修剪原始曲面并将其连接到对应的直纹曲面。

单击"实体工具"工具组中的"边缘斜角"⬡工具或执行"实体 > 边缘圆角 > 不等距边缘斜角"命令，根据命令行中的指令，选取要建立斜角的边缘，右击确认，选取要编辑的斜角控制杆并进行编辑，完成后右击确认即可，如图 8-57、图 8-58 所示。

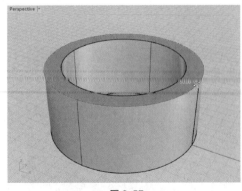

图 8-57

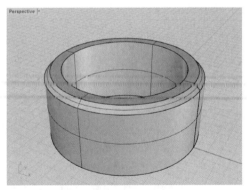

图 8-58

创建斜角时，命令行中的指令如下所示。

指令：_ChamferEdge

选取要建立斜角的边缘 (显示斜角距离 (S) = 是　下一个斜角距离 (N) =1　连锁边缘 (C)　面的边缘 (F)　预览 (P) = 否　编辑 (E))

选取要建立斜角的边缘，按 Enter 完成 (显示斜角距离 (S) = 是　下一个斜角距离 (N) =1　连锁边缘 (C)　面的边缘 (F)　预览 (P) = 否　编辑 (E))

选取要编辑的斜角控制杆，按 Enter 完成 (显示斜角距离 (S) = 是　新增控制杆 (A)　复制控制杆 (C)　设置全部 (T)　连结控制杆 (L) = 否　路径造型 (R) = 滚球　选取边缘（D)　修剪并组合 (I) = 是　预览 (P) = 否)

该命令行中部分选项的作用如下：

① 显示斜角距离：该选项为"是"时，将在视图中显示当前设置的斜角距离。

② 下一个斜角距离：用于设置下一个边缘的斜角距离。

上手实操：制作托盘模型

学习了前面的知识后，通过边缘斜角知识练习制作托盘模型，如图 8-59 所示。

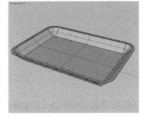

扫码看视频

8.3　封闭的多重曲面薄壳

图 8-59

"封闭的多重曲面薄壳" 工具可以从实体创建一个空的薄壳。

单击"实体工具"工具组中的"封闭的多重曲面薄壳" 工具，根据命令行中的指令，单击"厚度"选项，设置厚度，然后选取封闭的多重曲面要移除的面，右击确认即可，如图 8-60、图 8-61 所示。

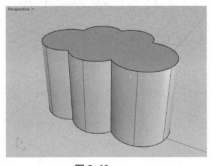

图 8-60

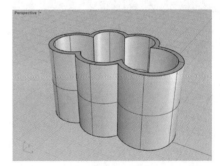

图 8-61

8.4　洞

若想在实体上添加孔洞，除了使用布尔运算差集外，用户还可以选择"洞"命令或相关的洞工具。如图 8-62 所示为相关的"洞"命令。本节将针对比较常见的几种命令进行介绍。

8.4.1　将平面洞加盖

"将平面洞加盖"命令可以使用平面填充曲面或多曲面中的洞口，使其形成封闭的整

建立洞 (H)
放置洞 (P)
旋转成洞 (R)
建立圆洞 (O)

将洞复制 (C)
将洞移动 (M)
将洞旋转 (T)
将洞删除 (D)

以洞做阵列 (A)
以洞做环形阵列 (L)
将洞镜像 (M)

图 8-62

体。要注意的是，洞口必须具有闭合的平面边缘。

单击"实体工具"工具组中的"将平面洞加盖" 工具或执行"实体 > 将平面洞加盖"命令，根据命令行中的指令，选取要加盖的物件，右击确认即可，如图 8-63、图 8-64 所示。

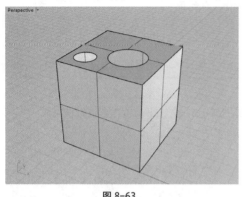 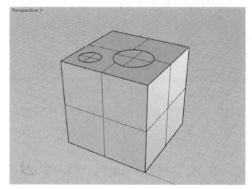

图 8-63   图 8-64

8.4.2 建立圆洞

"建立圆洞"命令可以在曲面或多重曲面上创建圆洞。

单击"实体工具"工具组中的"建立圆洞" 工具或执行"实体 > 实体编辑工具 > 洞 > 建立圆洞"命令，根据命令行中的指令，选取目标曲面，然后设置中心点，完成后右击确认，即可在选中的曲面上创建圆洞，如图 8-65、图 8-66 所示。

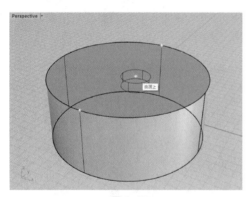 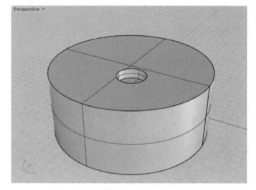

图 8-65   图 8-66

建立圆洞时，命令行中的指令如下：

指令：_RoundHole

选取目标曲面

中心点（深度(D)=1.5　半径(R)=4　钻头尖端角度(I)=120　贯穿(T)=否　方向(C)=工作平面法线）：深度

深度的第一点 <1.50>

第二点

中心点（深度(D)=48　半径(R)=4　钻头尖端角度(I)=120　贯穿(T)=否　方向(C)=工作平面法线）

中心点（深度(D)=48　半径(R)=4　钻头尖端角度(I)=120　贯穿(T)=否　复原(U)　方向(C)=工作平面法线）

该命令行中部分选项的作用如下：

①深度：用于设置洞的深度。

②半径：用于设置洞的半径或直径。

③钻头尖端角度：用于设置洞底部的角度，当角度为180°时，洞底是平的。

④贯穿：选择该选项时，将忽略深度设置，将洞完全切穿实体。

⑤方向：用于设置洞的方向，包括"曲线法线""工作平面法线"和"指定"3种类型。

 上手实操：制作电池模型

通过建立圆洞命令制作电池模型，如图8-67所示。

8.4.3 建立洞及放置洞

"建立洞"命令可以将选定的闭合曲线投影到曲面或多重曲面，再根据投影曲线的形状建立洞。

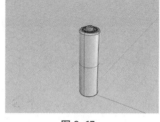

扫码看视频

图 8-67

单击"实体工具"工具组中的"建立洞/放置洞" 工具或执行"实体 > 实体编辑工具 > 洞 > 建立洞"命令，根据命令行中的指令，选取封闭的平面曲线，右击确认，然后选取曲面或多重曲面，右击确认，设置深度点即可，如图8-68、图8-69所示。

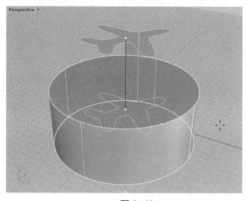

图 8-68

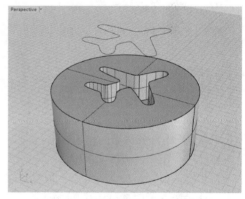

图 8-69

建立洞时，命令行中的指令如下：

```
指令：_MakeHole
选取封闭的平面曲线
选取封闭的平面曲线，按 Enter 完成
选取曲面或多重曲面
选取曲面或多重曲面，按 Enter 完成
深度点，按 Enter 切穿物件 ( 方向 (D) = 与曲线垂直    删除输入物件 (L) = 是    两侧 (B) = 是 )
```

该命令行中部分选项的作用如下：

①方向：用丁设置洞拉伸的方向。

② 删除输入物件：该选项为"是"时，将删除原始的曲线。

知识链接 🔗

"放置洞"命令可以将闭合曲线投影到曲面或多重曲面，以定义具有指定深度和旋转角度的洞。

右击"建立洞／放置洞" 🔲 工具或执行"实体 > 实体编辑工具 > 洞 > 放置洞"命令，根据命令行中的指令，选取封闭的平面曲线，设置洞的基准点和洞朝上的方向，选择目标曲面后设置深度和旋转角度，右击确认即可，如图 8-70、图 8-71 所示。

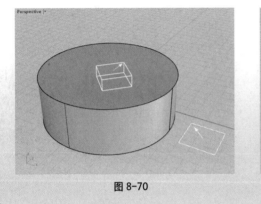 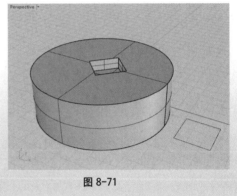

图 8-70　　　　　　　　　　　　　　　图 8-71

放置洞时，命令行中的指令如下：

指令：_PlaceHole
选取封闭的平面曲线
洞的基准点 <-4.08，99.64，263.00>
洞朝上的方向 <53.21，28.54，263.00>
目标曲面
曲面上的点 (方向 (D) = 曲面法线)
目标点 (深度 (D) =100　贯穿 (T) = 否　旋转角度 (R) =0)

该命令行中部分选项的作用如下：
① 深度：用于设置洞的深度。
② 贯穿：该选项为"是"时，将忽略深度设置，将洞贯穿实体。
③ 旋转角度：用于设置洞的角度。

8.4.4　旋转成洞

"旋转成洞"命令通过围绕轴旋转定义曲面形状的轮廓曲线并从多重曲面中减去洞体积，从而在多重曲面中创建洞。

单击"实体工具"工具组中的"旋转成洞" 🔲 工具或执行"实体 > 实体编辑工具 > 洞 > 旋转成洞"命令，根据命令行中的指令，选取轮廓曲线、曲线基准点，然后选取目标面，设置洞的中心点，右击确认即可，如图 8-72、图 8-73 所示。

旋转成洞时，命令行中的指令如下：

指令：_RevolvedHole
选取轮廓曲线

曲线基准点

选取目标面

洞的中心点 (反转 (F))

洞的中心点 (反转 (F) 复原 (U))

该命令行中部分选项的作用如下：

① 反转：选择该选项，将反转方向。

② 复原：选择该选项，将撤销上一个操作。

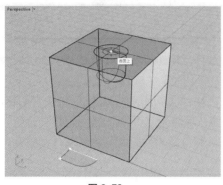

图 8-72

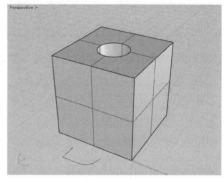

图 8-73

8.4.5 编辑洞

创建完成洞后，若想对其做出复制、移动、镜像、阵列等操作，可以通过"洞"中的子命令或相应的工具实现。本小节将对此进行介绍。

（1）移动洞

"将洞移动"命令可以移动实体上洞的位置。单击"实体工具"工具组中的"将洞移动 / 复制一个平面上的洞" 工具或执行"实体 > 实体编辑工具 > 洞 > 将洞移动"命令，根据命令行中的指令，选取一个平面上的洞，右击确认，设置移动的起点和终点，即可移动洞，如图 8-74、图 8-75 所示。

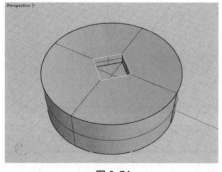

图 8-74

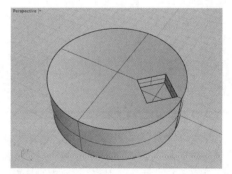

图 8-75

（2）复制洞

"将洞复制"命令可以复制洞。右击"将洞移动 / 复制一个平面上的洞" 工具或执行"实体 > 实体编辑工具 > 洞 > 将洞复制"命令，根据命令行中的指令，选取一个平面上的洞，右击确认，设置复制的起点和终点，右击确认即可复制洞，如图 8-76、图 8-77 所示。

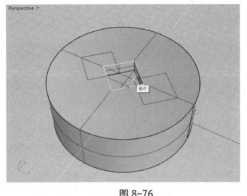

图 8-76

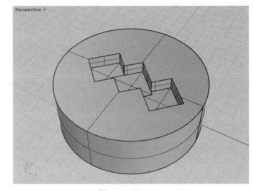

图 8-77

复制洞时，用户可以设置多个终点，复制多个洞。

（3）旋转洞

"将洞旋转"命令可以将洞旋转一定的角度，从而得到不同的效果。单击"实体工具"工具组中的"将洞旋转" 工具或执行"实体 > 实体编辑工具 > 洞 > 将洞旋转"命令，根据命令行中的指令，选取一个平面上的洞，设置旋转中心点，然后设置角度或第一参考点，再设置第二参考点即可，如图 8-78、图 8-79 所示。

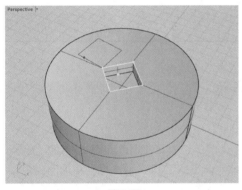

图 8-78

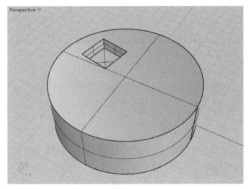

图 8-79

旋转洞时，命令行中的指令如下：

指令：_RotateHole

选取一个平面上的洞

旋转中心点 (复制 (C) = 是)

角度或第一参考点 <5156.62>(复制 (C) = 是)

第二参考点 (复原 (U))

当命令行中的"复制"选项为"是"时，将复制并旋转洞。

（4）镜像洞

"将洞镜像"命令可以将同一曲面中的洞以指定的镜像轴镜像。执行"实体 > 实体编辑工具 > 洞 > 将洞镜像"命令，根据命令行中的指令，选取同一个平面上的洞，右击确认，设置镜像轴起点和终点，即可镜像洞，如图 8-80、图 8-81 所示。

镜像洞时，若命令行中的"复制"选项为"是"，将复制并镜像洞。

（5）阵列洞

"以洞做阵列"命令可以按指定的行数和列数复制曲面中的洞。

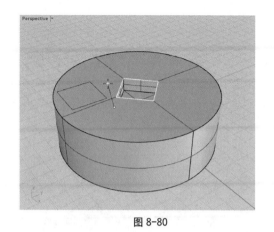

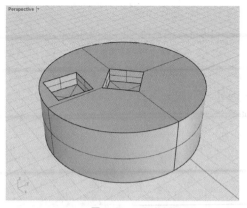

图 8-80   图 8-81

单击"实体工具"工具组中的"以洞做阵列" 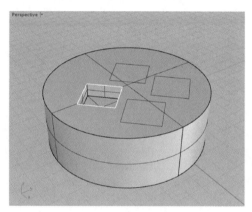工具或执行"实体 > 实体编辑工具 > 洞 > 以洞做阵列"命令，根据命令行中的指令，选取一个平面上要做阵列的洞，设置 A 方向和 B 方向洞的数目，然后设置基准点、A 的方向和距离、B 的方向和距离，右击确认即可，如图 8-82、图 8-83 所示。

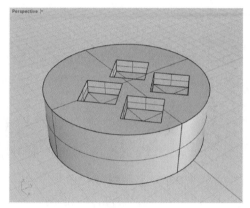

图 8-82   图 8-83

阵列洞时，命令行中的指令如下：

> 指令：_ArrayHole
> 选取一个平面上要做阵列的洞
> A 方向洞的数目 <2>(矩形 (R)= 是)：2
> B 方向洞的数目 <1>(矩形 (R)= 是)：2
> 基准点 (矩形 (R)= 是)
> A 的方向和距离 (矩形 (R)= 是)
> B 的方向和距离 (矩形 (R)= 是   使用 A 间距 (U)= 否)
> 按 Enter 接受 (A 数目 (A)=2   A 间距 (S)=70.3051   A 方向 (D)   B 数目 (B)=2   B 间距 (P)=47   矩形 (R)= 是)

命令行中部分选项的作用如下：

① 矩形：该选项为"是"时，A 方向与 B 方向垂直。

② A 方向：阵列的第一个方向。

③ B 方向：阵列的第二个方向（"矩形"选项为否时可设置 B 方向）。

（6）环形阵列洞

"以洞做环形阵列"命令可以环形复制洞。

单击"实体工具"工具组中的"以洞做环形阵列" ▦工具或执行"实体 > 实体编辑工具 > 洞 > 以洞做环形阵列"命令，根据命令行中的指令，选取一个平面上要做阵列的洞，设置环形阵列中心点，然后设置洞的数目及旋转角度总和，右击确认即可，如图8-84、图8-85所示。

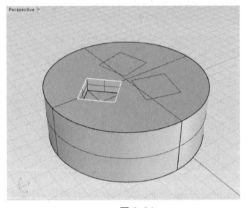

图 8-84

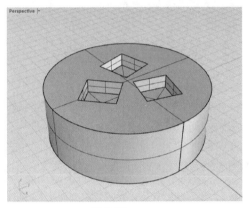

图 8-85

环形阵列洞时，命令行中的指令如下：

指令：_ArrayHolePolar
选取一个平面上要做阵列的洞
环形阵列中心点
按 Enter 接受 (数目 (N) =3 　角度 (A) =360)

命令行中部分选项的作用如下：

① 数目：用于设置环形阵列的洞的数目。

② 角度：用于设置旋转角度的总和。

注意事项

若阵列的洞发生碰撞，将会导致部分洞无法阵列出来。

（7）删除洞

若想删除多余的洞，单击"实体工具"工具组中的"将洞删除 / 删除所有洞" ▧工具或执行"实体 > 实体编辑工具 > 洞 > 将洞删除"命令，然后选取要删除的洞即可。

右击"将洞删除 / 删除所有洞" ▧工具，选择要删除的所有洞的面，即可删除该面上所有的洞。

综合实战：制作蓝牙音箱模型

本案例练习制作蓝牙音箱模型。涉及的知识点包括实体的创建、曲面的创建以及实体的编辑等。下面将介绍具体的操作步骤。

1. 主体创建

Step01：调整子格线间隔为 1mm。单击"建立实体"工具组中的"圆柱体" 工具，在命令行中输入 0，右击确认，设置圆柱体底面圆心位于坐标原点；输入 46，右击确认，设置圆柱体半径；输入 90，右击确认，设置圆柱体高度，创建圆柱体，如图 8-86 所示。

Step02：单击"建立实体"工具组中的"球体：中心点、半径" 工具，在命令行中输入 0，右击确认，设置球体中心点为坐标原点；输入 46，右击确认，设置球体半径，创建球体，如图 8-87 所示。

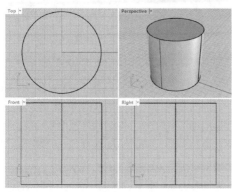

图 8-86

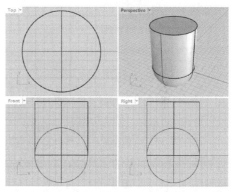

图 8-87

Step03：选中圆柱体，按 Ctrl+C 组合键复制，按 Ctrl+V 组合键粘贴。选中新绘制的球体，单击"实体工具"工具组中的"布尔运算差集" 工具，选中复制的圆柱体，右击确认，进行布尔运算差集，效果如图 8-88 所示。

Step04：切换至 Front 视图，选中布尔运算差集后的球体，执行"变动 > 镜像"命令，设置径向平面起点位于圆柱体中点，再设置镜像平面终点，镜像选中物件，如图 8-89 所示。

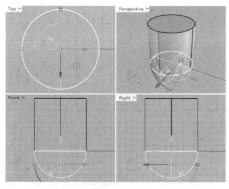

图 8-88

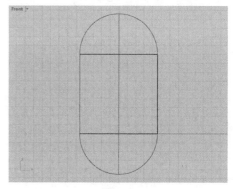

图 8-89

Step05：继续创建 2 个半径为 350mm 的球体，调整至合适位置，如图 8-90 所示。

Step06：选中底部半球体，单击"实体工具"工具组中的"布尔运算差集" 工具，选中底部新绘制的球体，右击确认，进行布尔运算差集，效果如图 8-91 所示。

Step07：使用相同的方法，为顶部的半球体进行布尔运算差集，效果如图 8-92 所示。

Step08：单击"实体工具"工具组中的"边缘圆角 / 不等距边缘混接" 工具，单击命令行中的"下一个半径"选项，输入 0.1，设置下一个半径为 0.1mm，选中要建立圆角的边缘，如图 8-93 所示。

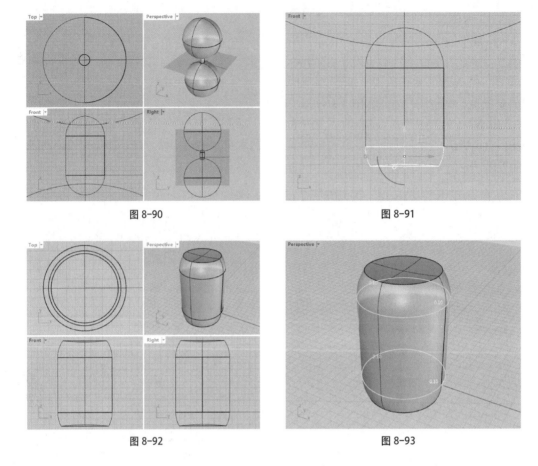

图 8-90

图 8-91

图 8-92

图 8-93

Step09：右击确认两次，创建圆角，如图 8-94 所示。

Step10：使用相同的方法，为顶部边缘添加半径为 2mm 的圆角，为底部添加半径为 10mm 的圆角，效果如图 8-95 所示。

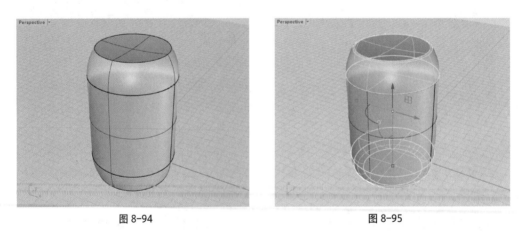

图 8-94

图 8-95

Step11：使用"球体：中心点、半径" 工具创建一个半径为 120mm 的球体，在 Front 视图中调整其位置，如图 8-96 所示。

Step12：选中顶部布尔运算后的多重曲面，按 Ctrl+C 组合键复制，按 Ctrl+V 组合键粘贴。选中球体，单击"实体工具"工具组中的"布尔运算差集" 工具，选中复制的物件，右击确认，进行布尔运算差集，删除球体多余部分，效果如图 8-97 所示。

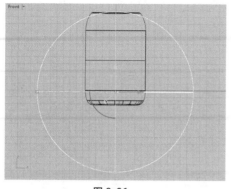

图 8-96

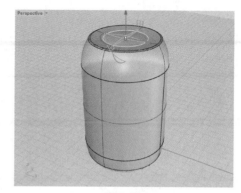

图 8-97

Step13：单击"实体工具"工具组中的"边缘圆角 / 不等距边缘混接" 工具，单击命令行中的"下一个半径"选项，输入 0.1，设置下一个半径为 0.1mm，选中要建立圆角的边缘，如图 8-98 所示。

Step14：右击确认两次，创建圆角，如图 8-99 所示。

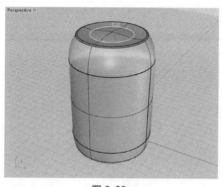

图 8-98

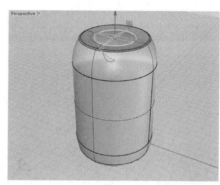

图 8-99

2. 细节制作

Step01：单击侧边工具栏中的"圆：中心点、半径" 工具，在 Top 视图中绘制一个半径为 0.8mm 的圆，在 Front 视图中调整至合适高度（比主体物件略高即可），如图 8-100 所示。

扫码看视频

Step02：选中绘制的正圆，单击"阵列"工具组中的"环形阵列" 工具，在命令行中输入 0，右击确认，设置阵列中心点为坐标原点，输入 36，设置阵列数量，保持默认设置，右击确认两次，创建环形阵列，如图 8-101 所示。群组阵列对象。

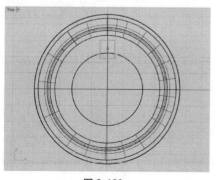

图 8-100

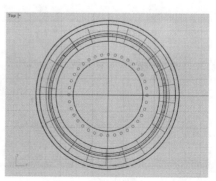

图 8-101

Step03：选中群组对象，单击"实体工具"工具组中的"建立洞 / 放置洞" ⬛工具，选取顶部多重曲面，右击确认，在 Front 视图中设置深度点，如图 8-102 所示。

Step04：单击确认，建立洞，效果如图 8-103 所示。

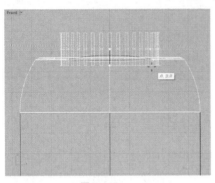

图 8-102

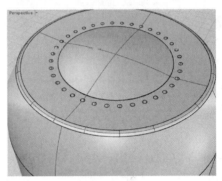

图 8-103

Step05：使用"圆：中心点、半径" ⬛工具在 Top 视图中继续绘制一个半径为 0.5mm 的圆，并进行环形阵列，阵列数设置为 8，如图 8-104 所示。群组阵列对象。

Step06：使用相同的方法，建立洞，如图 8-105 所示。

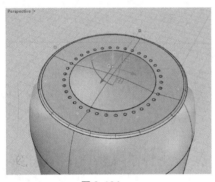

图 8-104

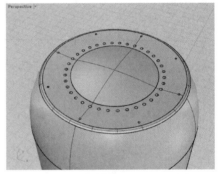

图 8-105

Step07：单击"建立实体"工具组中的"圆柱体" ⬛工具，在 Top 视图中创建一个半径为 4mm，高为 10mm 的圆柱体，在 Front 视图中调整其至合适位置，如图 8-106 所示。

Step08：选中新创建的圆柱体和与其相交的物件，按 Ctrl+C 组合键复制，按 Ctrl+V 组合键粘贴。选中复制的多重曲面，单击"实体工具"工具组中的"布尔运算相交" ⬛工具，选择复制的圆柱体，右击确认，进行布尔运算相交，制作出按钮效果，如图 8-107 所示。

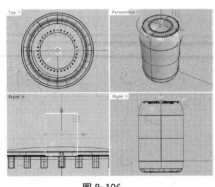

图 8-106

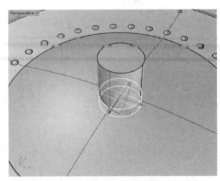

图 8-107

Step09：选中原多重曲面，单击"实体工具"工具组中的"布尔运算差集" 🔵 工具，选中原圆柱体，右击确认，进行布尔运算差集，效果如图8-108所示。

Step10：单击"建立实体"工具组中的"球体：中心点、半径" 🔵 工具，在命令行中单击"三点"选项，设置其中两点位于按钮直径两端，再设置第三点，创建球体，如图8-109所示。

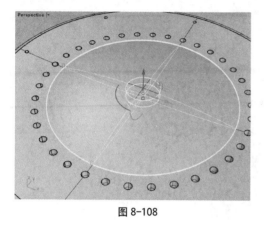

图 8-108

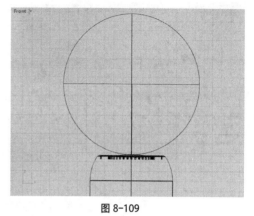

图 8-109

Step11：选中按钮，单击"实体工具"工具组中的"布尔运算差集" 🔵 工具，选中新创建的球体，右击确认，进行布尔运算差集，制作出凹陷效果，如图8-110所示。

Step12：单击"实体工具"工具组中的"边缘圆角/不等距边缘混接" 🔵 工具，单击命令行中的"下一个半径"选项，输入0.1，设置下一个半径为0.1mm，选中要建立圆角的边缘，如图8-111所示。

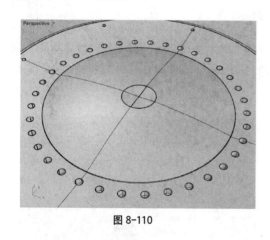

图 8-110

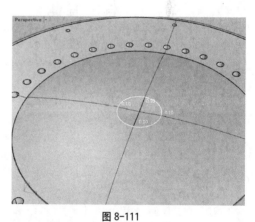

图 8-111

Step13：右击确认两次，创建圆角，如图8-112所示。

Step14：使用"多重直线/线段" 🔺 工具、"矩形：角对角" ▷ 工具、"圆弧：中心点、起点、角度" ▷ 工具，在Top视图中绘制曲线，如图8-113所示。

Step15：选中按钮上方的曲线，单击"从物件建立曲线"工具组中的"拉回曲线或控制点/拉回曲线-松弛" 🔵 工具，选取按钮顶部曲面，右击确认，拉回曲线，如图8-114所示。隐藏原曲线。

Step16：组合拉回的曲线，选中其中一条封闭曲线，单击"建立曲面"工具组中的"嵌面" 🔵 工具，打开"嵌面曲面选项"对话框，设置参数，如图8-115所示。

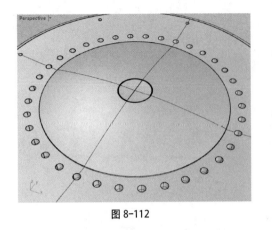

图 8-112

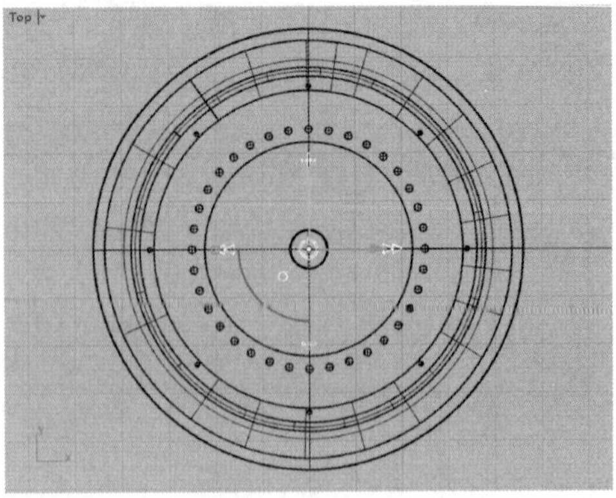

图 8-113

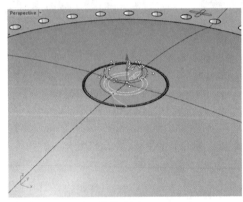

图 8-114

图 8-115

Step17：完成后单击"确定"按钮，创建曲面，如图 8-116 所示。

Step18：选中曲面，单击"曲面工具"工具组中的"偏移曲面" 🔲 工具，设置偏移方向朝上，单击命令行中的"距离"选项，设置距离为 0.1mm，右击确认，再次右击确认，创建实体，如图 8-117 所示。

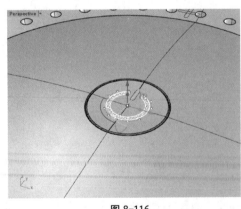

图 8-116

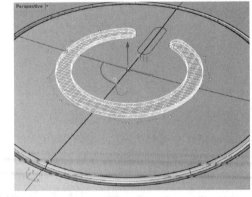

图 8-117

Step19：使用相同的方法处理绘制的其他曲线，如图 8-118 所示。群组选中的物件。

Step20：切换至 Front 视图，使用"矩形：角对角" ▷ 工具创建一个 1mm×10mm，圆角半径为 0.5mm 的圆角矩形，如图 8-119 所示。

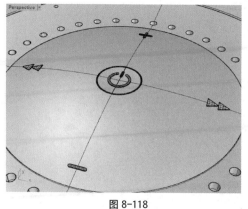

图 8-118

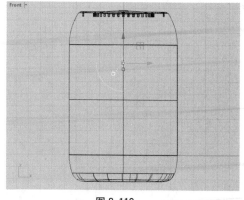

图 8-119

Step21：选中该圆角矩形，单击"建立实体"工具组中的"挤出封闭的平面曲线" ⬛ 工具，在命令行中输入 10，设置挤出长度，调整至合适位置，如图 8-120 所示。隐藏曲线。

Step22：选中挤出物件，切换至 Top 视图。单击"阵列"工具组中的"环形阵列" ✿ 工具，在命令行中输入 0，右击确认，设置阵列中心点为坐标原点；输入 48，设置阵列数量；保持默认设置，右击确认两次，创建环形阵列，如图 8-121 所示。群组阵列对象。

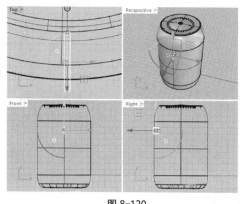

图 8-120

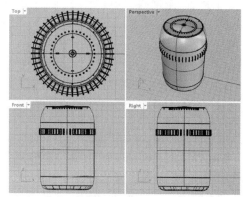

图 8-121

Step23：使用相同的方法，创建圆柱体并复制、阵列，删除多余的圆柱体，如图 8-122 所示。

😐 **注意事项**

　　删除多余的圆柱体是为了制作出音波的动态效果，用户可根据自己的喜好进行删除。其中比较特殊的部分是主体背面设置插头的部分，不留圆柱体。

Step24：使用"多重直线 / 线段" ⋀ 工具和"圆弧：中心点、起点、角度" ▷ 工具，在 Front 视图中绘制曲线，组合曲线后将其挤出 4mm，如图 8-123 所示。隐藏曲线。

Step25：选中主体圆柱体，单击"实体工具"工具组中的"布尔运算差集" ⬤ 工具，选中挤出物件与新创建的圆柱体，右击确认，进行布尔运算差集，效果如图 8-124 所示。

Step26：在 Front 视图中使用"圆柱体"工具创建 2 个半径为 2mm，长为 12mm 的圆柱体，在 Top 视图中调整其至合适位置，如图 8-125 所示。

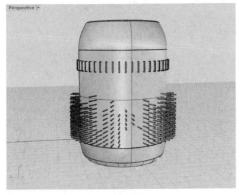

图 8-122

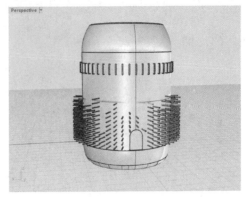

图 8-123

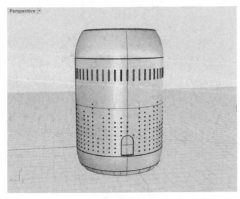

图 8-124

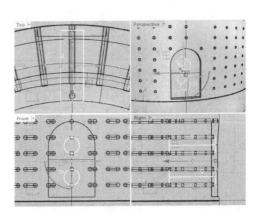

图 8-125

Step27：选中主体圆柱体，单击"实体工具"工具组中的"布尔运算差集" ⬤工具，选中新创建的圆柱体，右击确认，进行布尔运算差集，效果如图 8-126 所示。

Step28：在 Front 视图中使用"圆柱体"工具创建 1 个半径为 0.8mm，长为 10mm 的圆柱体，使用"圆柱管" ⬤工具创建一个半径（外侧半径）为 1.6mm，管壁厚度为 0.2mm，长为 10mm 的圆柱管，在 Top 视图中调整其至合适位置，如图 8-127 所示。

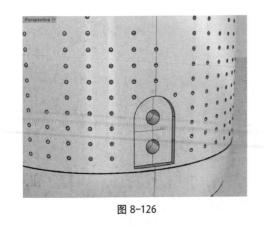

图 8-126

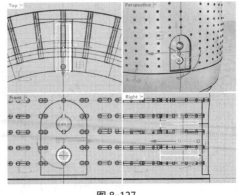

图 8-127

Step29：单击"实体工具"工具组中的"边缘圆角 / 不等距边缘混接" ⬡工具，单击命令行中的"下一个半径"选项，输入 0.7，设置下一个半径为 0.7mm，选中要建立圆角的边缘，如图 8-128 所示。

Step30：右击确认两次，创建圆角，如图 8-129 所示。

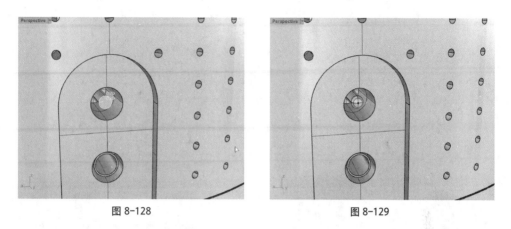

图 8-128　　　　　　　　　　　　　　　　图 8-129

Step31：使用相同的方法，继续添加圆角，如图 8-130、图 8-131 所示。

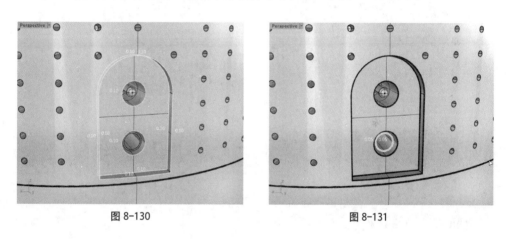

图 8-130　　　　　　　　　　　　　　　　图 8-131

Step32：选中物件，单击"渲染工具"工具栏组中的"设置渲染颜色 / 设置渲染光泽颜色" ◎工具，简单地为物件添加颜色，以便于观察。调整 Perspective 视图显示模式为"渲染"，效果如图 8-132~图 8-134 所示。

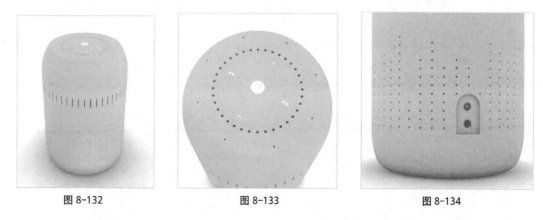

图 8-132　　　　　　　　　　图 8-133　　　　　　　　　　图 8-134

至此，完成蓝牙音箱模型的制作。

✎ 自我巩固

完成本章的学习后，可以通过练习本章的相关内容，进一步加深理解。下面将通过练习制作无限魔方模型和插排模型加深记忆。

1. 制作无限魔方模型

本案例通过制作无限魔方模型，对本章内容进行练习，制作完成后的效果如图 8-135、图 8-136 所示。

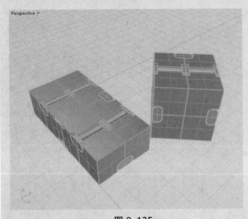

图 8-135

图 8-136

设计要领：

Step01：创建立方体，并进行阵列复制，制作魔方主体。

Step02：创建立方体，添加圆角，制作铰链模型。多次复制，将其放置于合适位置。

Step03：选中主体，分别进行布尔运算，去除多余部分。

Step04：调整位置，赋予材质与颜色。

2. 制作插排模型

本案例通过制作插排模型，对布尔运算及圆角的相关知识进行练习，制作完成后的效果如图 8-137、图 8-138 所示。

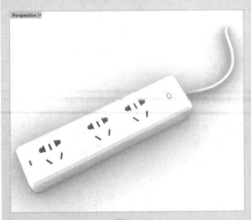

图 8-137

图 8-138

设计要领：

Step01：创建立方体，添加圆角与斜角效果。

Step02：新建立方体与圆柱体，制作插孔，复制两次，进行布尔差集运算。

Step03：新建圆柱体，进行布尔分割运算，删除多余部分，制作按钮。

Step04：绘制圆弧和直线，偏移曲线，从封闭的平面曲线创建曲面，制作开关样式。

Step05：创建圆柱体，制作线效果。

Rhino

第 9 章
网格工具详解

📄 **内容导读:**

网格模型是使用三角面或四边面组合而成的模型。与 NURBS 模型相比, 网格模型没有那么光滑, 但在网格模型中可以对单个网格面进行编辑, 从而制作出多种多样的效果。本章将针对网格模型的创建及编辑进行介绍。

🎯 **学习目标:**

• 学会创建网格模型;
• 学会编辑网格。

9.1 创建网格模型

网格是定义多面体对象形状的顶点和多边形的集合，网格模型是指使用一系列大小和形状接近的多边形近似表示三维物体的模型。在 Rhino 中，用户可以将曲面转换为网格模型，也可以使用工具直接绘制网格模型。本节将针对网格模型的创建进行介绍。

重点 9.1.1 转换曲面 / 多重曲面为网格

"转换曲面 / 多重曲面为网格 / 转换到 Nurbs" 🔲 工具可以将曲面或多重曲面转换为多边形网格，从而导出各种文件格式。

单击侧边工具栏中的 "转换曲面 / 多重曲面为网格 / 转换到 Nurbs" 🔲 工具或执行 "网格 > 从 NURBS 物件" 命令，根据命令行中的指令，选取要转换为网格的物件，右击确认，弹出 "网格选项" 对话框，设置网格面数量，如图 9-1 所示。完成后单击 "确定" 按钮即可，效果如图 9-2 所示。

图 9-1

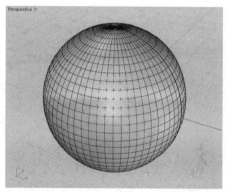

图 9-2

注意事项

通过该方式创建的网格与原曲面是分开的。

单击 "网格选项" 对话框中的 "高级设置" 按钮，将打开 "网格详细设置" 对话框，如图 9-3 所示。

该对话框中部分选项的作用如下：

① 密度：用于控制多边形边缘与原始曲面的接近程度。取值范围为 0~1，较大的数值会产生具有较多多边形的网格。

② 最大角度：用于设置相邻网格顶点处输入曲面法线之间的最大允许角度。该选项可以使高曲率区域的网格更密集，平坦区域的网格密度更低。

③ 最小边缘长度：用于设置网格中的最小边长。值越大，网格划分速度越快，网格精度越低，多边形数量越少。

④ 最大边缘长度：用于设置网格中的最大边长，任意小于该数值的边都将被分割。

图 9-3

⑤ 边缘至曲面的最大距离：用于计算从网格边缘中点到曲面的距离。数值越小，网格划分越慢，网格面数越多，网格面越精确。该选项一般用于设置多边形网格的容差。

⑥ 精细网格：选择该复选框，Rhino 将使用递归过程来细化网格。

⑦ 平面最简化：选择该复选框，将忽略除"不对齐接缝顶点"之外的平面表面的设置，使用尽可能少的多边形进行网格划分。

> **知识链接** ⌘
>
> 右击"转换曲面／多重曲面为网格／转换到 Nurbs" 🔲工具，可将网格转换为多重曲面。

9.1.2 创建单一网格面

单击工具栏中的"网格工具"工具组，在其相应的侧边工具栏中，单击"单一网格面／单一细分面" 🔲工具或执行"网格 > 网格基本物件 > 单一网格面"命令，根据命令行中的指令，指定点，至少指定 3 个点后，右击确认，即可创建单一网格面，如图 9-4、图 9-5 所示。

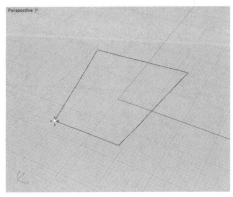

图 9-4

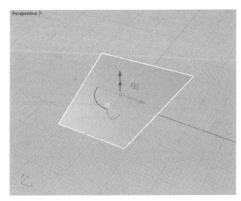

图 9-5

重点 9.1.3 创建网格平面

单击"网格工具"工具组对应的侧边工具栏中的"网格平面" 🔲工具或执行"网格 > 网格基本物件 > 平面"命令，根据命令行中的指令，设置矩形的第一角，然后设置另一角或长度，即可创建网格平面，如图 9-6、图 9-7 所示。

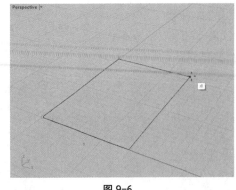

图 9-6

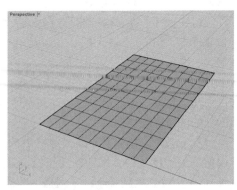

图 9-7

创建网格平面时，命令行中的指令如下：

指令：_MeshPlane
矩形的第一角 (三点 (P)　垂直 (V)　中心点 (C)　环绕曲线 (A)　X 数量 (X) =5　Y 数量 (Y) =5)
另一角或长度 (三点 (P))

该命令行中部分选项的作用如下：
① 三点：选择该选项，将通过设置网格平面一条边的两个端点及对边的一个点创建网格平面。
② 中心点：选择该选项，将通过设置网格平面的中心点及另一点或长度创建网格平面。
③ X 数量：用于设置 X 方向上的网格数。
④ Y 数量：用于设置 Y 方向上的网格数。

重点 9.1.4　创建网格标准体

除了单一曲面，用户还可以创建立方体网格，以满足不同的制作需要。网格标准体的创建与实体类似，下面将对此进行介绍。

（1）立方体

单击"网格工具"工具组对应的侧边工具栏中的"网格立方体" 🧊工具或执行"网格 > 网格基本物件 > 立方体"命令，根据命令行中的指令，依次设置底面的第一角、底面的另一角或长度及高度，即可创建网格立方体，如图 9-8、图 9-9 所示。

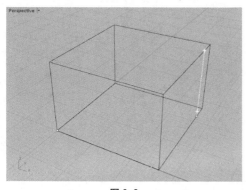

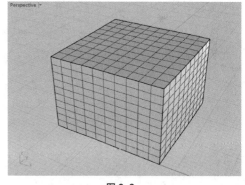

图 9-8　　　　　　　　　　　　　　　　图 9-9

创建立方体时，命令行中的指令如下：

指令：_MeshBox
底面的第一角 (对角线 (D)　三点 (P)　垂直 (V)　中心点 (C)　X 数量 (X) =10　Y 数量 (Y) =4　Z 数量 (Z) =4)
底面的另一角或长度 (三点 (P))
高度，按 Enter 套用宽度

该命令行中部分选项的作用如下：
① 对角线：选择该选项将通过立方体的对角线创建网格。
② Z 数量：用于设置 Z 方向上的网格数。

（2）球体

单击"网格工具"工具组对应的侧边工具栏中的"网格球体" ⚫工具或执行"网格 > 网

格基本物件 > 球体"命令，根据命令行中的指令，设置球体中心点，然后设置半径即可创建球体，如图 9-10、图 9-11 所示。

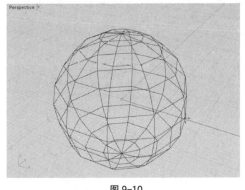

图 9-10

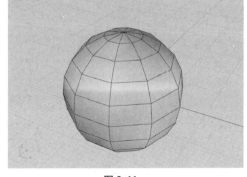

图 9-11

（3）椭圆体

单击"网格工具"工具组对应的侧边工具栏中的"椭圆体：从中心点" 工具或执行"网格 > 网格基本物件 > 椭圆体"命令，根据命令行中的指令，设置椭圆体中心点，然后设置第一轴终点、第二轴终点和第三轴终点，即可创建椭圆体，如图 9-12、图 9-13 所示。

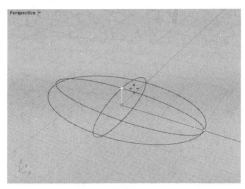

图 9-12

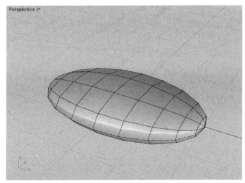

图 9-13

（4）圆锥体

单击"网格工具"工具组对应的侧边工具栏中的"网格圆锥体" 工具或执行"网格 > 网格基本物件 > 圆锥体"命令，根据命令行中的指令，设置圆锥体底面（圆心）及半径，然后设置圆锥体顶点，即可创建网格圆锥体，如图 9-14、图 9-15 所示。

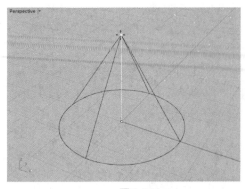

图 9-14

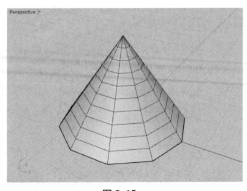

图 9-15

创建圆锥体时，命令行中的指令如下：

> 指令：_MeshCone
>
> 圆锥体底面 (方向限制 (D) = 垂直　实体 (S) = 是　两点 (P)　三点 (O)　正切 (T)　逼近数个点 (F)　垂直面数 (V) =10　环绕面数 (A) =10　顶面类型 (C) = 三角面)：0
>
> 半径 <80.81>(直径 (D)　周长 (C)　面积 (A)　投影物件锁点 (P) = 是)
>
> 圆锥体顶点 <142.00>(方向限制 (D) = 垂直)

该命令行中部分选项的作用如下：

① 实体：该选项为"是"时，将创建网格实体。

② 顶面类型：用于设置底面网格类型，包括"四分点"和"三角面"两种。

（5）平顶锥体

单击"网格工具"工具组对应的侧边工具栏中的"网格平顶锥体" 🔘 工具或执行"网格 > 网格基本物件 > 平顶锥体"命令，根据命令行中的指令，设置平顶锥体底面中心点、底面半径，然后设置平顶锥体顶面中心点及顶面半径，即可创建平顶锥体，如图 9-16、图 9-17 所示。

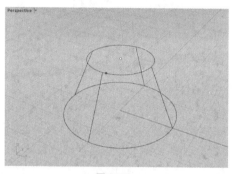

图 9-16

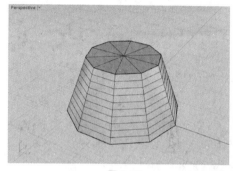

图 9-17

创建平顶锥体时，命令行中的指令如下：

> 指令：_MeshTruncatedCone
>
> 平顶锥体底面中心点 (方向限制 (D) = 垂直　实体 (S) = 是　两点 (P)　三点 (O)　正切 (T)　逼近数个点 (F)　垂直面数 (V) =10　环绕面数 (A) =10　顶面类型 (C) = 三角面)：0
>
> 底面半径 <61.07>(直径 (D)　周长 (C)　面积 (A)　投影物件锁点 (P) = 是)
>
> 平顶锥体顶面中心点 <143.00>
>
> 顶面半径 <91.55>(直径 (D))

用户可以设置该命令行中的选项，以不同的方式创建平顶锥体。

（6）圆柱体

单击"网格工具"工具组对应的侧边工具栏中的"网格圆柱体" 🔘 工具或执行"网格 > 网格基本物件 > 圆柱体"命令，根据命令行中的指令，设置圆柱体底面圆心及半径，然后设置圆柱体端点即可创建网格圆柱体，如图 9-18、图 9-19 所示。

（7）环状体

单击"网格工具"工具组对应的侧边工具栏中的"网格环状体" 🔘 工具或执行"网格 > 网格基本物件 > 环状体"命令，根据命令行中的指令，设置环状体中心点，然后设置"半径"（环状体中线半径）和"第二直径"（环状体直径），即可创建环状体，如图 9-20、图 9-21 所示。

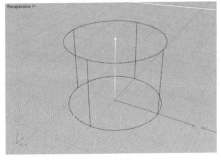

图 9-18

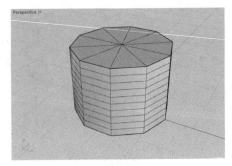

图 9-19

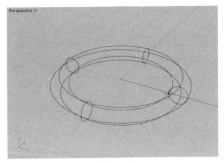

图 9-20

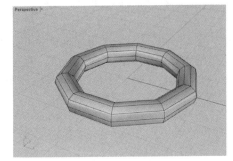

图 9-21

知识链接 ◎

除了以上几种创建网格面的方式，在 Rhino 中，用户还可以通过"网格嵌面" 🖫
工具、"以封闭的多重直线建立网格" 🖳工具、"以图片灰阶高度" 🖫工具、"以控制点
连线建立网格" 🖉工具及"从 3 条或以上直线建立网格" 🔳工具创建网格。这 5 种工
具的作用分别如下：

① "网格嵌面" 🖫工具：该工具可以从曲线和点创建多边形网格。

② "以封闭的多重直线建立网格" 🖳工具：该工具可创建边界与输入多段线匹配
的三角形多边形网格。

③ "以图片灰阶高度" 🖫工具：该工具可以基于图像文件中颜色的灰度值创建
NURBS 曲面或网格。

④ "以控制点连线建立网格" 🖉工具：该工具可通过曲线的控制点拟合多段线，
或通过曲面的控制点拟合多边形网格。

⑤ "从 3 条或以上直线建立网格" 🔳工具：该工具可从相交线创建网格。

上手实操：制作脸盆模型

学习上述知识后，练习通过网格工具创
建脸盆模型，效果如图 9-22 所示。

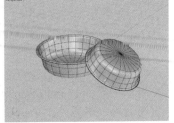

扫码看视频

图 9-22

9.2 编辑网格

与曲面对象类似，创建完成网格后，用
户还可以对其进行编辑，以得到需要的效果。本节将对此进行介绍。

9.2.1　网格布尔运算

网格布尔运算同样分为联集、差集、相交和分割 4 种类型。用户可以选择相应的工具或执行相应的命令对网格进行布尔运算。下面将对此进行介绍。

（1）联集

网格布尔运算联集可以修剪掉选定网格、曲面或多重曲面的相交区域，并将未相交区域连接在一起创建单个网格。

单击"网格工具"工具组中的"网格布尔运算联集" 🌑工具或执行"网格 > 网格布尔运算 > 并集"命令，根据命令行中的指令，选取要并集的网格、曲面或多重曲面，右击确认，即可创建联集，如图 9-23、图 9-24 所示。

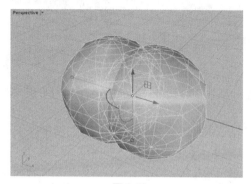
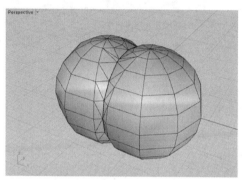

图 9-23　　　　　　　　　　　　　　　图 9-24

（2）差集

网格布尔运算差集可以用一组网格、曲面或多重曲面修剪掉选定网格、曲面或多重曲面的相交区域。

单击"网格工具"工具组中"网格布尔运算联集" 🌑工具右下角的"弹出网格布尔运算" ◢按钮，在弹出的"网格布尔运算"工具组中单击"网格布尔运算差集" 🌑工具，或执行"网格 > 网格布尔运算 > 差集"命令，根据命令行中的指令，选取第一组网格、曲面或多重曲面，右击确认，然后选择第二组网格、曲面或多重曲面，右击确认，即可创建差集，如图 9-25、图 9-26 所示。

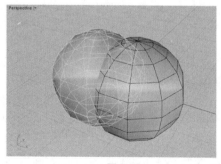
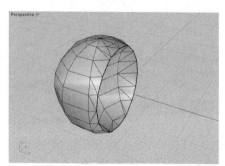

图 9-25　　　　　　　　　　　　　　　图 9-26

（3）相交

网格布尔运算相交可以修剪掉选定网格、曲面或多重曲面的未相交区域，保留其相交区域。

单击"网格布尔运算"工具组中的"网格布尔运算相交" 🌑工具或执行"网格 > 网格

布尔运算 > 相交"命令，根据命令行中的指令，选取第一组网格、曲面或多重曲面，右击确认，然后选择第二组网格、曲面或多重曲面，右击确认，即可创建相交，如图 9-27、图 9-28所示。

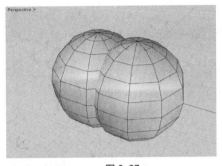

图 9-27

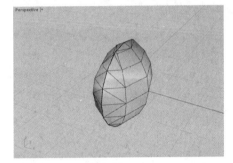

图 9-28

（4）分割

网格布尔运算分割将修剪选定网格、多重曲面或曲面的相交区域，并从相交和非相交区域创建单独的网格。

单击"网格布尔运算"工具组中的"网格布尔运算分割" 🔵 工具或执行"网格 > 网格布尔运算 > 分割"命令，根据命令行中的指令，选取要分割的网格、曲面或多重曲面（如图 9-29 所示），右击确认，然后选择切割用网格、曲面或多重曲面，右击确认，即可创建分割，移动后的效果如图 9-30 所示。

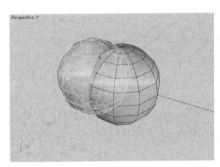

图 9-29

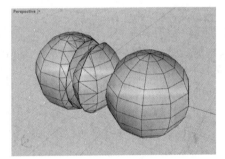

图 9-30

9.2.2　重建网格

"重建网格"命令可以从网格中去除纹理坐标、顶点颜色、表面曲率和表面参数，从而修复网格以进行快速原型打印。

单击"网格工具"工具组中的"重建网格" 🐾 工具或执行"网格 > 修复工具 > 重建网格"命令，根据命令行中的指令，选取要重建的网格，右击确认即可。重建网格时，命令行中的指令如下：

```
指令：_RebuildMesh
选取要重建的网格 ( 保留贴图坐标 (P) = 否　保留顶点颜色 (R) = 否 )
选取要重建的网格，按 Enter 完成 ( 保留贴图坐标 (P) = 否　保留顶点颜色 (R) = 否 )
```

该命令行中各选项的作用如下：

① 保留贴图坐标：该选项为“是”时，将保留网格纹理坐标。

② 保留顶点颜色：该选项为“是”时，将保留网格定点颜色。

9.2.3 其他网格工具

在编辑网格时，有 2 个比较特殊的工具（命令），即“网格斜角”工具和“桥接”命令。“网格斜角”工具可以为网格添加边缘斜角；“桥接”命令可以连接网格面。下面将对此进行介绍。

（1）“网格斜角”工具

与“曲面圆角”工具和“边缘圆角”工具不同的是，“网格斜角”工具可以仅针对网格的一段边缘进行斜角。

单击“网格工具”工具组中的“网格斜角”工具或执行“网格 > 斜角”命令，根据命令行中的指令，选取要建立斜角的网格或细分边缘（如图 9-31 所示），右击确认，然后进行斜角定位，选取点或给一个数值，完成后的效果如图 9-32 所示。

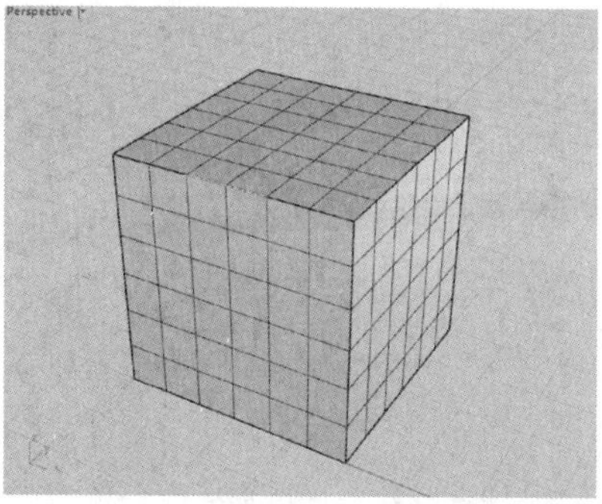

图 9-31

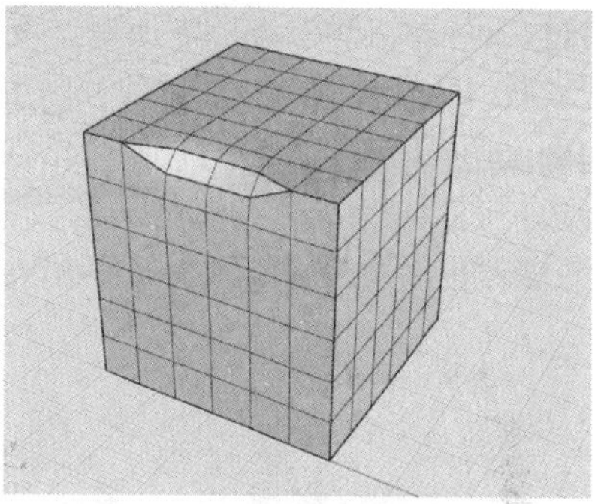

图 9-32

制作网格斜角时，命令行中的指令如下：

指令：_Bevel

选取要建立斜角的网格或细分边缘 (边缘回路 (E))

选取要建立斜角的网格或细分边缘，按 Enter 完成 (边缘回路 (E))

斜角定位，选取点或给一个数值 (分段数 (S) =3　偏移模式 (O) = 绝对　平直 (T) =0　熔接角度 (W) =45　维持形状 (R) = 否)

该命令行中部分选项的作用如下：

① 边缘回路：选择该选项，可以选取连续的网格边缘。

② 分段数：用于设置斜角分段数，分段数越多，斜角越平滑。

③ 平直：用于设置斜角的倾斜角度，取值范围为 0~1，数值越大，斜角越平直。

知识链接

在选取网格边缘时，双击也可以很快速地选择边缘回路。

（2）“桥接”命令

“桥接”命令是 Rhino7 新增的功能，通过该命令，可以很方便地连接网格。

执行“网格 > 桥接”命令，根据命令行中的指令，选取要桥接的第一组边缘或面，右击确认，然后选取要桥接的第二组面，右击确认，打开“桥接选项”对话框，设置参数后单击“确定”按钮，即可创建桥接，如图 9-33、图 9-34 所示。

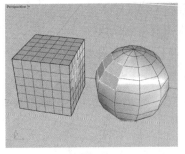

图 9-33

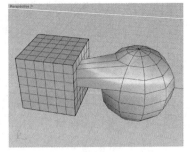

图 9-34

> **注意事项**
>
> 桥接终点数量必须和边缘数量相匹配，即必须 4 个面对应 4 个面，4 段边缘对应 4 段边缘。

"桥接选项"对话框如图 9-35 所示。该对话框中部分选项的作用如下：

① 分段数：用于设置桥接部分的分段数量。

② 组合：选择该复选框，可以组合桥接对象。

③ 锐边：选择该选项，将创建锐边。锐边即一种比较锐利的边缘。在 Rhino 中，锐边表现为一种较深颜色的线条，如图 9-36 所示。

图 9-35

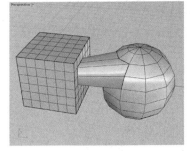

图 9-36

知识链接 ⌭

在同一网格上，同样可以创建桥接。执行"网格 > 桥接"命令，根据命令行中的指令，选取要桥接的第一组边缘或面，右击确认，然后选取要桥接的第二组面，右击确认，打开"桥接选项"对话框，设置参数后单击"确定"按钮，即可创建桥接，如图 9-37、图 9-38 所示。

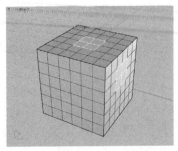

图 9-37

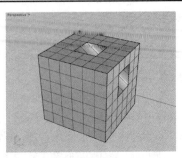

图 9-38

上手实操：制作哑铃模型

在学习了编辑网格的相关知识后，下面将练习制作哑铃模型，效果如图 9-39 所示。

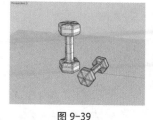

扫码看视频

图 9-39

👑 **进阶案例：制作积木桌模型**

本案例练习制作积木桌模型。涉及的知识点包括网格模型的创建等。下面将针对具体的操作步骤进行介绍。

Step01：单击"网格工具"工具组对应的侧边工具栏中的"网格立方体" 🧊工具，单击命令行中的"X 数量"选项，输入 12，右击确认，设置 X 方向网格数量。使用相同的方法，设置 Y 数量为 24，Z 数量为 3。在命令行中输入 0，右击确认，设置底面的第一角位于坐标原点；输入 800，右击确认，设置底面的长度为 1600mm；输入 800，右击确认，设置底面的宽度为 800mm；输入 40，右击确认，设置高度为 40mm，创建网格立方体，如图 9-40 所示。

Step02：选择"细分工具"工具栏组，单击"选取过滤器：网格面" 🔘工具，选择网格面，如图 9-41 所示。

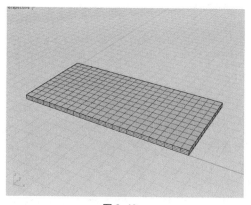

图 9-40

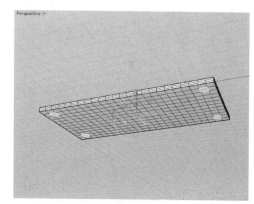

图 9-41

🔗 **知识链接** 🔗

按住 Shift 键可以加选对象。

Step03：向下拖拽选中的网格面，拖拽至合适位置后，按住 Ctrl 键挤出网格面，如图 9-42 所示。

Step04：选择"细分工具"工具栏组，单击"选取过滤器：网格边缘" 🔘工具，选择网格边缘，如图 9-43 所示。

Step05：通过操作轴调整网格边缘，如图 9-44 所示。

Step06：使用相同的方法继续调整，如图 9-45 所示。

Step07：选择"细分工具"工具栏组，单击"选取过滤器：网格面" 🔘工具，选择网格面，如图 9-46 所示。

Step08：向上拖拽选中的网格面，拖拽至合适位置后按住 Ctrl 键挤出网格面，如图 9-47 所示。

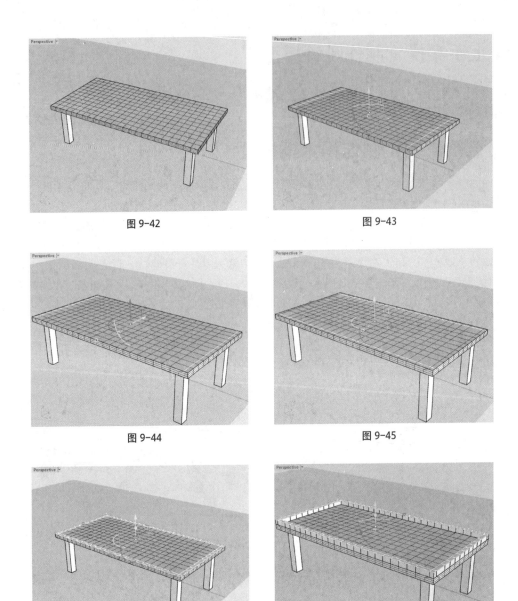

图 9-42

图 9-43

图 9-44

图 9-45

图 9-46

图 9-47

Step09：单击"网格工具"工具组对应的侧边工具栏中的"网格圆柱体" ⬜工具，在命令行中输入 0，右击确认，设置圆柱体底面中心点位于坐标原点；输入 10，右击确认，设置网格圆柱体半径为 10mm；输入 10，右击确认，设置圆柱体高度为 10mm；移动网格圆柱体至合适位置，如图 9-48 所示。

Step10：选中网格圆柱体，执行"变动 > 阵列 > 矩形"命令；在命令行中输入 51，设置 X 方向阵列数量，右击确认；输入 24，设置 Y 方向阵列数量，右击确认；输入 1，设置 Z 方向阵列数量，右击确认；输入 30，设置 X 方向间距，右击确认；输入 30，设置 Y 方向间距，右击确认。右击确认，完成阵列，如图 9-49 所示。

Step11：单击"网格工具"工具组中的"网格斜角" ⬜工具，依次双击选中网格边缘回路，如图 9-50 所示。

Step12：右击确认，单击"熔接角度"选项，输入 45，右击确认，继续在命令行中输入

20，定位斜角，右击确认，创建网格斜角，如图 9-51 所示。

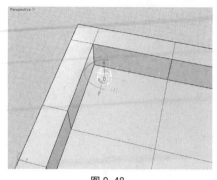

图 9-48

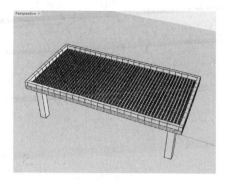

图 9-49

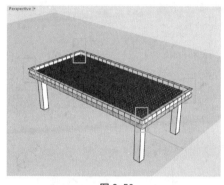

图 9-50

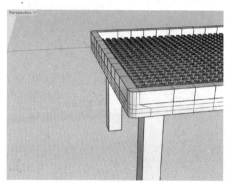

图 9-51

Step13：使用相同的方法，继续添加网格斜角，定位设置为 5，效果如图 9-52 所示。

Step14：选中物件，单击"渲染工具"工具栏组中的"设置渲染颜色 / 设置渲染光泽颜色" 🔵 工具，简单地为物件添加颜色，以便于观察。调整 Perspective 视图显示模式为"渲染"，效果如图 9-53 所示。至此，完成积木桌模型的制作。

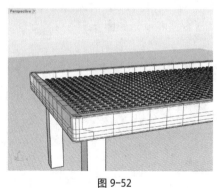

图 9-52

图 9-53

综合实战：制作温莎椅模型

扫码看视频

本案例练习制作温莎椅。涉及的知识点包括网格立方体的创建、网格模型的编辑等。下面将针对具体的操作步骤进行介绍。

Step01：调整子格线间距为 1mm，总格数为 1000。在"图层"面板中双击图层名称并进行修改，如图 9-54 所示。此时，默认选择"参考线"图层。

Step02：切换至 Top 视图，选择"标准"工具栏组侧边工具栏中的"矩形：角对角" □ 工具，在 Top 视图中绘制一个 420mm×480mm 的矩形，如图 9-55 所示。

图 9-54

图 9-55

Step03：使用相同的方法，在 Front 视图中绘制一个 420mm×860mm 的矩形，在 Right 视图中绘制一个 480mm×860mm 的矩形，如图 9-56 所示。在"图层"面板中锁定"参考线"图层。

> **注意事项**
>
> 当前选中的图层无法锁定与隐藏，用户可以在"图层"面板中选中"默认"图层，再锁定"参考线"图层，以避免误操作。

Step04：切换至"网格工具"工具组，单击侧边工具栏中的"网格立方体"工具，单击命令行中的"Y 数量"选项，设置 Y 数量为 10，使用相同的方法，设置 Z 数量为 4。在命令行中输入 0，右击确认，设置底面的第一角位于坐标原点；输入 420，右击确认，设置网格立方体长度；输入 400，右击确认，设置网格立方体宽度；输入 30，右击确认，设置网格立方体高度，创建网格立方体；在 Front 视图中调整至合适高度，如图 9-57 所示。

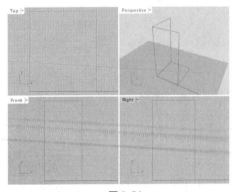

图 9-56

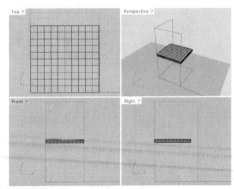

图 9-57

Step05：切换至"细分工具"工具栏组，单击"选取过滤器：网格面" 工具，选取部分网格面，在 Front 视图中将之稍微下移，如图 9-58 所示。

Step06：切换至"网格工具"工具组，单击"网格斜角" ◉工具，选择要建立斜角的网格边缘，如图 9-59 所示。

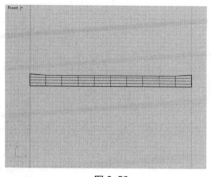
图 9-58

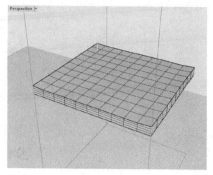
图 9-59

Step07：右击确认，在视图中选定点，创建斜角，如图 9-60 所示。

Step08：切换至"细分工具"工具栏组，单击"选取过滤器：无" ![icon] 工具，选择网格物件，在"属性"面板中调整其图层为"椅面"，如图 9-61 所示。在"图层"面板中锁定"椅面"图层。

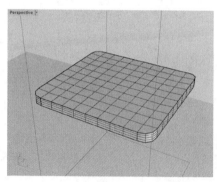
图 9-60

图 9-61

Step09：单击"网格工具"工具组对应的侧边工具栏中的"网格圆柱体" ![icon] 工具，切换至 Top 视图。在命令行中设置"垂直面数"为 3，"环绕面数"为 8；在 Top 视图中单击，设置圆柱体底面中心点；输入 30，设置圆柱体半径；输入 420，设置圆柱体高度；如图 9-62 所示。

Step10：切换至"细分工具"工具栏组，单击"选取过滤器：网格边缘" ![icon] 工具，选取新绘制的网格圆柱体底面边缘，在 Front 视图中按住 Shift 键通过操作轴将其缩小，如图 9-63 所示。

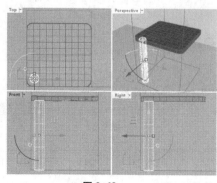
图 9-62

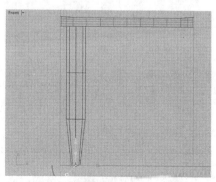
图 9-63

Step11：切换至"标准"工具栏组，使用"多重直线/线段"绘制直线，调整新绘制直线的图层为"参考线"。选中网格其他边缘，等比例缩小，如图9-64所示。

Step12：在Front视图和Right视图中继续绘制参考线，并对网格圆柱体进行调整，效果如图9-65所示。

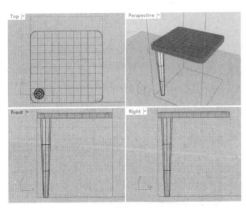

图 9-64

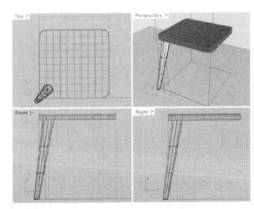

图 9-65

Step13：切换至"细分工具"工具栏组，单击"选取过滤器：无" 🔘 工具，选择网格物件，在"属性"面板中调整其图层为"椅腿"。选择该物件，执行"变动>镜像"命令，设置镜像平面起点和终点为椅面中点处，镜像椅腿，重复一次，效果如图9-66所示。在"图层"面板中锁定"椅面"图层。

Step14：切换至Front视图，选择"网格工具"工具组相应侧边栏中的"网格立方体"工具，设置"X数量"为4，"Y数量"为10，"Z数量"为2，创建一个20mm×80mm×30mm的网格立方体，在Top视图中调整至合适位置，如图9-67所示。调整其图层为"椅背"。

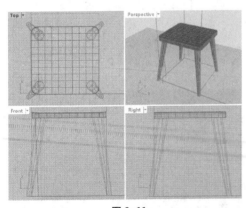

图 9-66

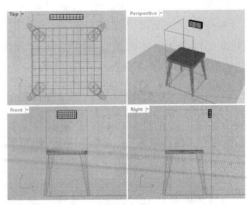

图 9-67

Step15：切换至"细分工具"工具栏组，单击"选取过滤器：网格面" 🔘 工具，在Top视图中选取新绘制网格立方体的一半网格面，按Delete键删除，如图9-68所示。

Step16：切换至 Right 视图，创建参考线。单击"选取过滤器：网格边缘" 工具，选择网格边缘拖拽调整，如图 9-69 所示。

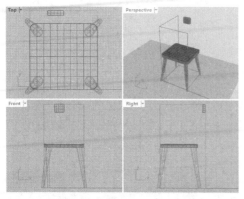

图 9-68　　　　　　　　　　　　　　　　　图 9-69

Step17：切换至 Top 视图，选中边缘进行调整，如图 9-70 所示。

Step18：重复操作，完成后的效果如图 9-71 所示。

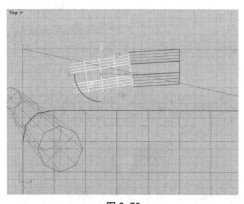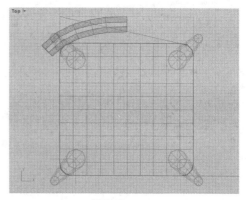

图 9-70　　　　　　　　　　　　　　　　　图 9-71

Step19：切换至"细分工具"工具栏组，单击"选取过滤器：无" 工具，选择网格物件，执行"变动 > 镜像"命令，设置镜像平面起点和终点为椅面中点处，镜像椅背，效果如图 9-72 所示。选中网格物件，在"标准"工具栏组中单击侧边工具栏中的"组合" 工具，组合选中的网格物件。锁定组合后的物件。

Step20：单击"网格工具"工具组对应的侧边工具栏中的"网格圆柱体" 工具，切换至 Top 视图。在命令行中设置"垂直面数"为 3，"环绕面数"为 8；在 Top 视图中单击，设置圆柱体底面中心点；输入 10，设置圆柱体半径；输入 360，设置圆柱体高度；如图 9-73 所示。

Step21：切换至"细分工具"工具栏组，单击"选取过滤器：网格边缘" 工具，选中新创建的网格圆柱体的顶面边缘，按住 Shift 键通过操作轴等比例缩小，如图 9-74 所示。

Step22：使用相同的方法，缩小底面边缘，如图 9-75 所示。

Step23：单击"选取过滤器：无" 工具，选中网格圆柱体，切换至 Right 视图，通过操作轴旋转选中物件，如图 9-76 所示。调整网格圆柱体图层为"椅背"。

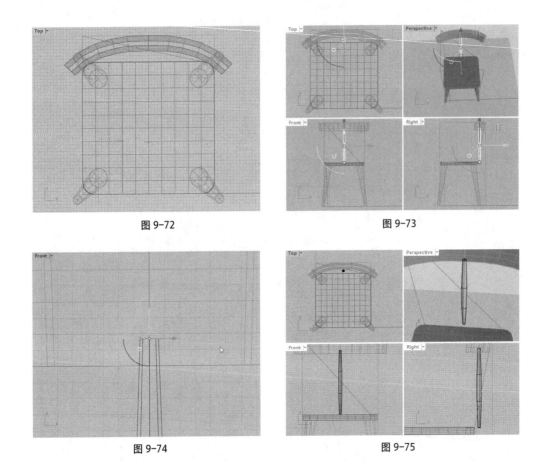

图 9-72　　　　　　　　　　　　　　图 9-73

图 9-74　　　　　　　　　　　　　　图 9-75

Step24：切换至 Front 视图，按住 Alt 键拖拽复制。重复两次，效果如图 9-77 所示。

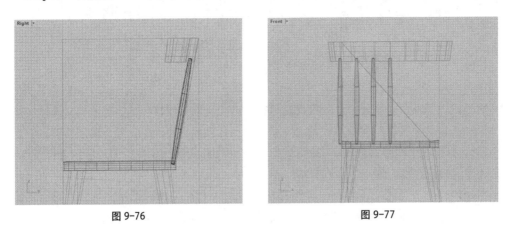

图 9-76　　　　　　　　　　　　　　图 9-77

Step25：切换至 Top 视图，调整复制物件的位置，并旋转，效果如图 9-78 所示。

Step26：选中复制物件，执行"变动 > 镜像"命令，设置镜像平面起点和终点为椅面中点处，镜像椅背，效果如图 9-79 所示。

Step27：隐藏"参考线"图层，解锁所有图层与物件。选中所有物件，切换至"细分工具"工具栏组，单击"转换为细分物件" 🔧 工具，保持默认设置，右击确认，创建细分物件，隐藏网格。调整 Perspective 显示模式为"渲染"，效果如图 9-80 所示。实际应用中，还可以在椅子上添加雕花，使造型更加好看，如图 9-81 所示。`

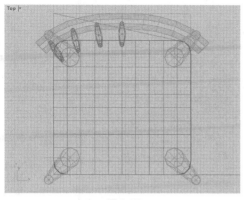

图 9-78

图 9-79

图 9-80

图 9-81

至此，完成温莎椅模型的制作。

✏️ 自我巩固

完成本章的学习后，可以通过练习本章的相关内容，进一步加深理解。下面将通过制作相框模型和书立模型加深记忆。

1. 制作相框模型

本案例通过制作相框模型，练习网格工具的相关应用，制作完成后，效果如图 9-82、图 9-83 所示。

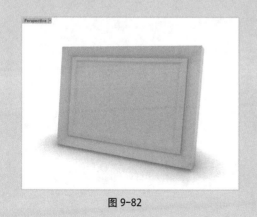

图 9-82

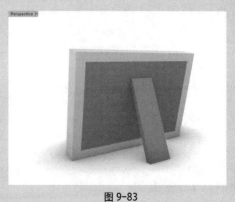

图 9-83

设计要领：

Step01： 创建网格立方体，选中部分曲面挤出。

Step02： 创建网格立方体，继续挤出曲面。

Step03： 赋予材质与颜色，便于观察。

2. 制作书立模型

本案例通过制作书立模型，练习网格模型的创建与编辑，制作完成后的效果如图 9-84、图 9-85 所示。

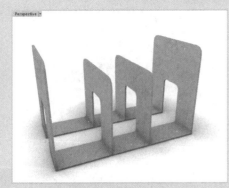

图 9-84

图 9-85

设计要领：

Step01： 创建网格立方体，并调整网格边缘，挤出网格面。

Step02： 复制网格立方体，移动至合适位置，桥接相应的网格面。

Step03： 添加斜角，赋予材质与颜色。

Rhino

第 10 章
细分工具详解

📑 **内容导读：**

细分工具是 Rhino7.0 中新增加的工具，类似于 T-Splines 插件，但细分工具与 Rhino 软件更加契合，使用时也更加方便。通过细分工具，用户可以制作出形态各异的模型效果。本章将针对细分模型的创建及编辑进行介绍。

🎯 **学习目标：**

• 学会创建细分模型；
• 学会编辑细分模型。

10.1 创建细分模型

细分工具是 Rhino7 中新增的工具，该工具与 T-Splines 插件的功能非常相似，但作为 Rhino 自带的工具，用户体验感更佳。通过细分工具，用户可以轻易地构建具有细节的模型。本节将针对细分物件的创建进行介绍。

10.1.1 创建单一细分面

单击"细分工具"工具组，在其相应的工具组中，单击"单一细分面" ![icon] 按钮或执行"细分物件 > 基础元素 >3D 面"命令，根据命令行中的指令，指定点，重复操作，绘制完成后右击确认，即可完成单一细分面的绘制，如图 10-1、图 10-2 所示。再次右击，结束绘制。

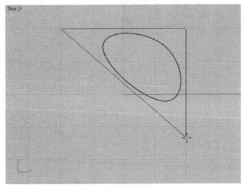

图 10-1

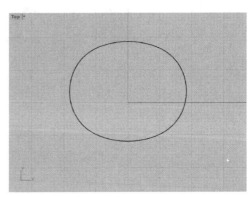

图 10-2

与曲面或网格面不同的是，绘制完成的细分物件的显示模式可以进行更改，按 Tab 键即可更改细分物件的显示模式为平滑或平坦。如图 10-3、图 10-4 所示分别为平滑和平坦时的效果。

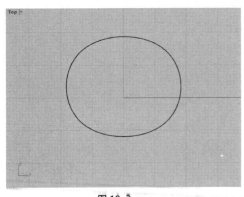

图 10-3

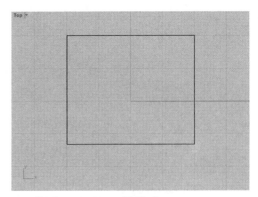

图 10-4

创建单一细分面时，命令行中的指令如下：

指令：_3DFace
指定点 (输出为 (O) = 细分物件　内插点 (I) = 是　增加物件 (A)　多边形类型 (P) =Ngon　从边缘 (F) = 否　共面 (N) = 否　模式 (M) = 单面)：_Output = _SubD
指定点 (输出为 (O) = 细分物件　内插点 (I) = 是　增加物件 (A)　多边形类型 (P) =Ngon　从边缘 (F) =

否　共面 (N) = 否　模式 (M) = 单面)

指定点 (输出为 (O) = 细分物件　内插点 (I) = 是　增加物件 (A)　多边形类型 (P) =Ngon　从边缘 (F) = 否　共面 (N) = 否　模式 (M) = 单面　复原 (U))

指定点 (输出为 (O) = 细分物件　内插点 (I) = 是　增加物件 (A)　多边形类型 (P) =Ngon　从边缘 (F) = 否　共面 (N) = 否　模式 (M) = 单面　复原 (U))

指定点 (输出为 (O) = 细分物件　内插点 (I) = 是　增加物件 (A)　多边形类型 (P) =Ngon　从边缘 (F) = 否　共面 (N) = 否　模式 (M) = 单面　复原 (U))

该命令行中部分选项的作用如下：

① 输出为：用于设置输出类型，包括细分物件和网格两种。

② 内插点：用于设置是否使用内插点绘制细分面，默认为"否"。如图 10-5、图 10-6 所示分别为该选项为"是"和"否"时的效果。

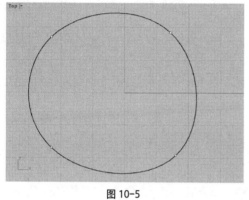

图 10-5

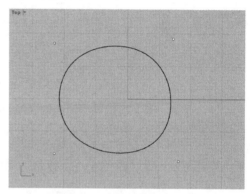

图 10-6

③ 多边形类型：用于设置绘制细分面的类型，包括"三角""四分点"和"Ngon"三种。选择"三角"将通过 3 点创建细分面；选择"四分点"将通过 4 点创建细分面；选择"Ngon"将通过多点创建细分面。

④ 模式：用于设置是否连续绘制，包括"多面"和"单面"两种。选择"多面"将连续绘制单一细分面；选择"单面"仅可绘制一个单一细分面。

⑤ 复原：单击该选项将撤销上一步操作。

> **注意事项**
>
> 细分物件的创建与网格比较类似，在创建细分模型时，可以参照网格的创建方法进行设置。然后通过 Tab 键切换细分模型的显示形式。

10.1.2　创建细分平面

单击"细分工具"工具组中的"创建细分平面" 按钮或执行"细分物件 > 基础元素 > 平面"命令，根据命令行中的指令，创建矩形的第一角，然后设置另一角或长度，即可创建细分平面，如图 10-7、图 10-8 所示。创建的细分平面默认以平滑模式显示。

创建细分平面时，命令行中的指令如下：

指令：_SubDPlane

矩形的第一角 (三点 (P)　垂直 (V)　中心点 (C)　环绕曲线 (A)　X 数量 (X)=4　Y 数量 (Y)=4)

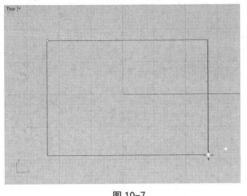

图 10-7

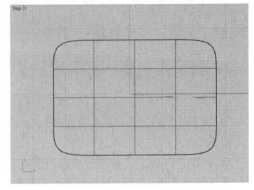

图 10-8

该命令行中部分选项的作用如下：

① 三点：选择该选项，将通过设置细分平面一条边的两个端点及对边的一个点创建细分平面。

② 中心点：选择该选项，将通过细分网格平面的中心点及另一点或长度创建细分平面。

③ X 数量：用于设置 X 方向上的细分数。

④ Y 数量：用于设置 Y 方向上的细分数。

重点 10.1.3 创建细分标准体

除了单一细分面和细分平面外，在 Rhino 软件中，用户还可以创建多种类型的细分标准体，如细分立方体、细分圆柱体等。下面将对此进行介绍。

（1）细分立方体

单击"细分工具"工具组中的"创建细分立方体" ● 按钮或执行"细分物件 > 基础元素 > 立方体"命令，根据命令行中的指令，设置立方体底面的第一点，然后设置底面的另一角或长度，再设置高度，即可创建细分标准体，如图 10-9、图 10-10 所示。

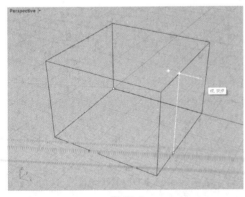

图 10-9

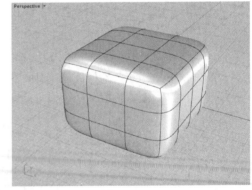

图 10-10

创建细分立方体时，命令行中的指令如下：

指令：_SubDBox
底面的第一角 (对角线 (D)   三点 (P)   垂直 (V)   中心点 (C)   X 数量 (X)=80   Y 数量 (Y) =4   Z 数量

（Z）=3)

底面的另一角或长度 (三点 (P))

高度，按 Enter 套用宽度

该命令行中部分选项的作用如下：

① 对角线：选择该选项将通过立方体的对角线创建细分立方体。

② Z 数量：用于设置 Z 方向上的细分数量。

（2）细分球体

单击"细分工具"工具组中的"创建细分球体" ⬤按钮或执行"细分物件 > 基础元素 > 球体"命令，根据命令行中的指令，设置细分球体的中心点，然后设置细分球体的半径，即可创建细分球体，如图 10-11、图 10-12 所示。

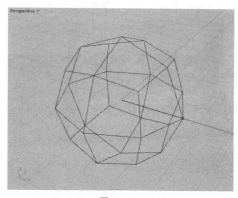

图 10-11

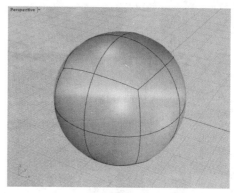

图 10-12

创建细分球体时，命令行中的指令如下：

指令：_SubDSphere

细分球体的中心点 (样式 (S) = 四边面　细分值 (A) =1)

细分球体的半径 <1.00> (样式 (S) = 四边面　细分值 (A) =1)

该命令行中部分选项的作用如下：

① 样式：用于设置细分面的形状，包括 UV、三角面和四边面三种，默认为四边面。

② 细分值：用于设置细分数量，值越高，细分数量越多。如图 10-13、图 10-14 所示分别为细分值为 1 和细分值为 2 时的效果。

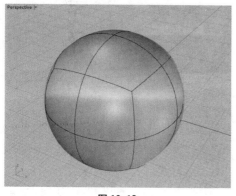

图 10-13

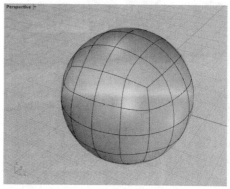

图 10-14

（3）细分椭圆体

单击"细分工具"工具组中的"创建细分椭圆体" ◎按钮或执行"细分物件 > 基础元素 > 椭圆体"命令，根据命令行中的指令，设置椭圆体中心点，然后依次设置第一轴、第二轴和第三轴终点，即可创建细分椭圆体，如图 10-15、图 10-16 所示。

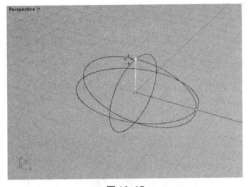
图 10-15

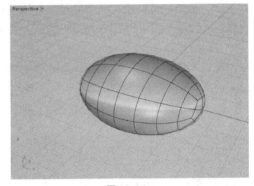
图 10-16

创建细分椭圆体时，命令行中的指令如下：

指令：_SubDEllipsoid
椭圆体中心点 (角 (C)　直径 (D)　从焦点 (F)　环绕曲线 (A)　垂直面数 (V) =10　环绕面数 (R) =10
顶面类型 (P)= 四分点)：0
第一轴终点 (角 (C))
第二轴终点
第三轴终点

该命令行中部分选项的作用如下：

① 垂直面数：用于设置垂直面细分数量。

② 环绕面数：用于设置环绕面细分数量。

③ 顶面类型：用于设置顶面类型，包括四分点和三角面两种。

（4）细分圆锥体

单击"细分工具"工具组中的"创建细分圆锥体" ◌按钮或执行"细分物件 > 基础元素 > 圆锥体"命令，根据命令行中的指令，设置圆锥体底面（圆心）及半径，然后设置圆锥体顶点即可，如图 10-17、图 10-18 所示。

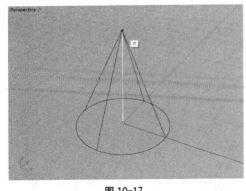
图 10-17

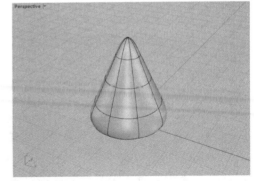
图 10-18

创建细分圆锥体时，命令行中的指令如下：

指令：_SubDCone

圆锥体底面 (方向限制 (D) = 垂直　实体（S）= 是　两点 (P)　三点 (O)　正切 (T)　逼近数个点 (F)

垂直面数 (V)=4　环绕面数 (A)=8　顶面类型 (C) = 三角面): 0

半径 <158.00> (直径 (D)　周长 (C)　面积 (A)　投影物件锁点 (P) = 是)

圆锥体顶点 <366.00> (方向限制 (D)= 垂直)

该命令行中部分选项的作用如下：

① 方向限制：用于设置细分圆锥体方向，包括无、垂直和环绕曲线三种。

② 实体：用于设置是否创建实体。

（5）细分平顶锥体

单击"细分工具"工具组中的"创建细分平顶锥体" 🔘 按钮或执行"细分物件 > 基础元素 > 平顶锥体"命令，根据命令行中的指令，设置平顶锥体底面中心点及底面半径，然后设置平顶锥体顶面中心点及顶面半径，即可创建细分平顶锥体，如图 10-19、图 10-20 所示。

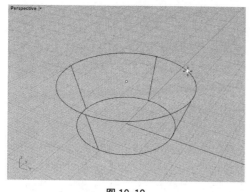

图 10-19

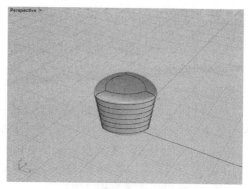

图 10-20

（6）细分圆柱体

单击"细分工具"工具组中的"创建细分圆柱体" 🔲 按钮或执行"细分物件 > 基础元素 > 圆柱体"命令，根据命令行中的指令，设置圆柱体底面（圆心）及半径，然后设置圆柱体端点即可，如图 10-21、图 10-22 所示。

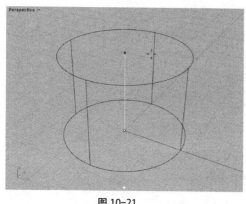

图 10-21

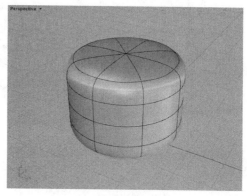

图 10-22

（7）细分环状体

单击"细分工具"工具组中的"创建细分环状体" 🔲 按钮或执行"细分物件 > 基础元素 > 圆环"命令，根据命令行中的指令，设置环状体中心点，然后设置半径及第二半径即可，如图 10-23、图 10-24 所示。

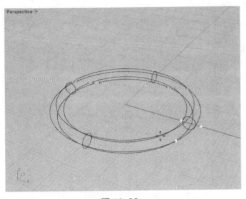

图 10-23

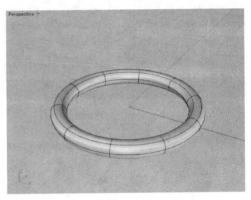

图 10-24

10.1.4　细分扫掠

除了以上几种比较标准的细分面的创建，在 Rhino 软件中，用户还可以通过扫掠、放样等方式制作更加复杂的细分模型。本小节将针对细分单轨扫掠和细分双轨扫掠进行介绍。

（1）细分单轨扫掠

与使用单轨扫掠创建 NURBS 曲面类似，使用细分单轨扫掠创建细分面同样需要一个路径及至少一个断面曲线。下面将针对具体方法进行介绍。

单击"细分工具"工具组中的"细分单轨扫掠" 按钮或执行"细分物件 > 单轨扫掠（1）"命令，根据命令行中的指令，选取路径，然后选取断面曲线，右击确认，打开"细分单轨扫掠"对话框，并进行设置，如图 10-25 所示。完成后单击"确定"按钮，即可创建细分面，如图 10-26 所示。

图 10-25

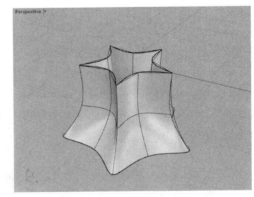

图 10-26

"细分单轨扫掠"对话框中部分选项的作用如下：

① 自由扭转：选择该选项后，断面曲线将旋转以在整个扫掠过程中保持与其轨道的角度。

② 走向：选择该选项后，将启用"设置轴向"按钮，单击该按钮即可设置轴的方向，以计算横截面的三维旋转。

③ 角：当路径不是封闭曲线时，选择该复选框，可以保证边缘为不平滑的角。如图 10-27、图 10-28 所示分别为选择该复选框和取消选择该复选框的效果。

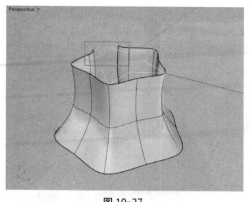

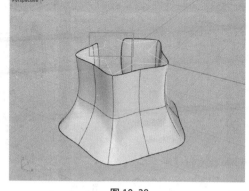

| 图 10-27 | 图 10-28 |

④ 封闭：选择该复选框后，当路径不是封闭曲线时，将自动封闭曲面。

⑤ 可调断面的分段数：用于调整断面的分段数量。

⑥ 可调路径的分段数：用于调整路径的分段数量。

（2）细分双轨扫掠

细分双轨扫掠与细分单轨扫掠类似，只是路径变为了 2 条。下面将对该种方法进行介绍。

单击"细分工具"工具组中的"细分双轨扫掠" 按钮或执行"细分物件 > 双轨扫掠（2）"命令，根据命令行中的指令，依次选取第一条路径和第二条路径，然后选取断面曲面，右击确认，打开"细分双轨扫掠"对话框，并进行设置，如图 10-29 所示。完成后单击"确定"按钮，即可创建细分面，如图 10-30 所示。

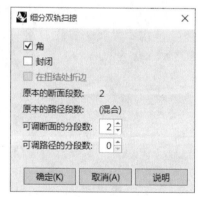

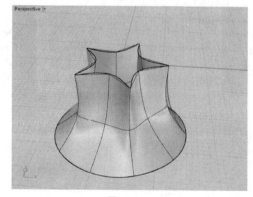

| 图 10-29 | 图 10-30 |

该对话框中的选项设置基本与"细分单轨扫掠"对话框中的一致，用户可以结合前面的内容进行设置。

10.1.5　细分放样

放样是曲面创建过程中比较常用的一种方法，通过该方法，可以制作出较为复杂的三维模型。

单击"细分工具"工具组中的"细分放样" 按钮或执行"细分物件 > 放样"命令，根据命令行中的指令，按放样顺序选取曲线及边界边缘，右击确认，然后调整边缘回路位置，右击确认，打开"细分放样"对话框，如图 10-31 所示。在该对话框中设置参数后单击"确定"按钮，即可创建细分面，如图 10-32 所示。

图 10-31

图 10-32

10.1.6 多管细分物件

"多管细分物件" 🧍工具可以快速便捷地创建管状细分物件。

单击"细分工具"工具组中的"多管细分物件" 🧍按钮或执行"细分物件 > 多管"命令，根据命令行中的指令，选取要进行圆管操作的曲线，右击确认；设置圆管半径并确定是否端点加盖，右击确认；然后设置沿路径方向的分段，即可创建多管，如图 10-33、图 10-34 所示。

图 10-33

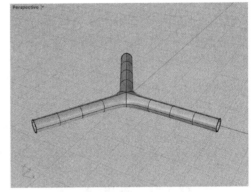

图 10-34

10.2　编辑细分模型

创建细分模型后，用户可以根据需要对细分模型进行编辑，以制作出各种特殊的效果。下面对此进行介绍。

10.2.1 选取细分物件

编辑细分模型前，需要先选取细分模型。在 Rhino 软件中，用户可以通过"细分工具"工具组中的工具方便地选择细分物件的点、线、面或整体，如图 10-35 所示为相关的工具。选择选取过滤器相关工具时，将打开"选取过滤器"面板，如图 10-36 所示。

图 10-35

图 10-36

（1）"选取细分物件" 工具

单击该工具，将选取文档中的所有细分物件。

（2）"选取循环边缘" 工具

单击该工具，根据命令行中的指令，可以选取边缘回路，如图 10-37 所示。

（3）"选取环形边缘" 工具

单击该工具，根据命令行中的指令，可以从环状线选取边缘，如图 10-38 所示。

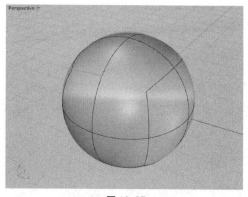

图 10-37

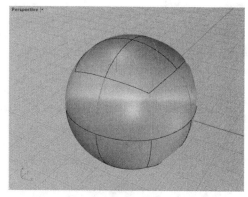

图 10-38

（4）"选取面循环" 工具

单击该工具，可以从回路中选取边缘，从而选取循环的面，如图 10-39、图 10-40 所示。

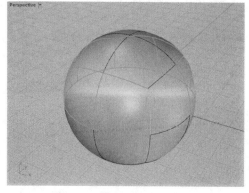

图 10-39

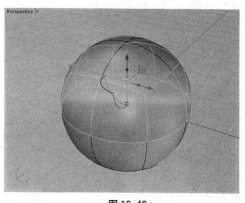

图 10-40

（5）"选取过滤器：网格边缘" 工具

使用该工具，将仅选择"选取过滤器"面板中的"曲线/边缘"选项，此时可以便捷地选取细分模型的边缘线。

> **知识链接** ◎
>
> 双击要选取的线，可以选择整个回路的线。

（6）"选取过滤器：网格面" 工具

使用该工具，将仅选择"选取过滤器"面板中的"曲面/面"选项，此时可以便捷地选取细分模型的面。

（7）"选取过滤器：无" 工具

选择该工具，"选取过滤器"面板中的所有选项都将被选中。用户可以选择细分物件整体。

（8）"选取过滤器：顶点" 工具

使用该工具，将仅选择"选取过滤器"面板中的"点/顶点"选项，此时可以便捷地选取细分模型中的点。

10.2.2 锐边

锐边是一种较锐利的边，在模型中以一种较粗较黑的线显示。为细分模型添加锐边可以使其在平滑显示模式下也具有锐利的边缘。

（1）添加锐边

单击"细分工具"工具组中的"添加锐边" 工具，根据命令行中的指令，选取要添加锐边的网格或细分物件的边缘和顶点，右击确认，即可添加锐边，如图10-41、图10-42所示。

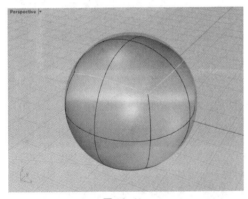

图 10-41

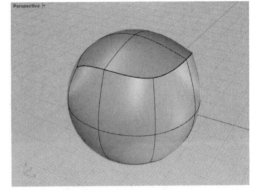

图 10-42

通过添加锐边，用户可以轻松地制作一些棱角分明的细分模型。

（2）移除锐边

若想移除细分模型中的锐边，使其更加平滑，单击"细分工具"工具组中的"移除锐边" 工具，然后在需要移除的锐边上单击即可。

10.2.3 桥接

与网格中的桥接类似，细分工具中的桥接同样可以方便地连接细分物件。在进行桥接时，要注意桥接终点数量与边缘数量必须匹配。

单击"细分工具"工具组中的"桥接网格或细分" 📖工具，或执行"细分物件 > 桥接"命令，根据命令行中的指令，选取要桥接的第一组边缘或面，右击确认，然后选取要桥接的第二组边缘和面，右击确认，即可打开"桥接选项"对话框，在该对话框中设置参数，如图 10-43 所示。完成后单击"确定"按钮，即可创建桥接效果，如图 10-44 所示。

图 10-43

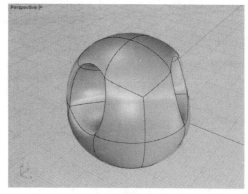

图 10-44

 上手实操：制作洒水壶模型

练习制作洒水壶模型，从而练习桥接的相关知识。模型效果如图 10-45 所示。

10.2.4　插入细分边缘

"插入细分边缘（循环）/ 插入细分边缘（环形）" 🖊工具可以在细分模型中添加边缘，以便更轻松地控制模型效果。

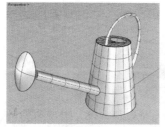

图 10-45

扫码看视频

单击"细分工具"工具组中的"插入细分边缘（循环）/ 插入细分边缘（环形）" 🖊工具或执行"细分物件 > 插入边缘"命令，根据命令行中的指令，从回路中选取边缘，右击确认，然后进行边缘定位，即可添加细分边缘，如图 10-46、图 10-47 所示。

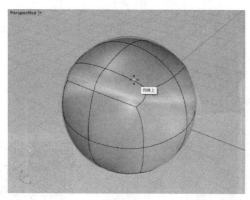

图 10-46

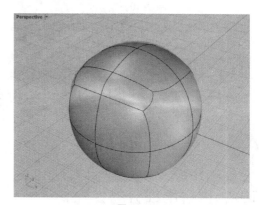

图 10-47

除了细分边缘外，用户还可以通过单击"在网格或细分上插入点" 🔲工具或执行"细分物件 > 插入点"命令在细分边缘上插入点，改变细分模型效果。

10.2.5　对称

在制作对称细分模型时,"对称细分物件/从细分中移除对称" ⚍工具可以起到至关重要的作用。与 NURBS 曲面或网格的"镜像" ⚍工具不同的是,不需其他操作,在修改原细分物件时,使用"对称细分物件/从细分中移除对称" ⚍工具得到的对称物件也会随之变化。

单击"细分工具"工具组中的"对称细分物件/从细分中移除对称" ⚍工具或执行"细分物件＞对称"命令,根据命令行中的指令,设置对称平面起点与终点,然后点击要保留的一侧,设置锁点到对称平面即可,如图 10-48、图 10-49 所示。

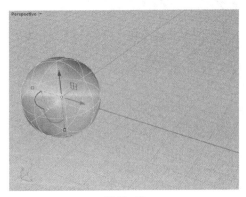

图 10-48

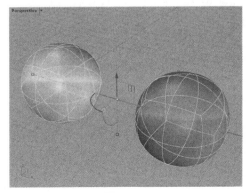

图 10-49

当修改原物件时,对称细分物件也会变化,如图 10-50、图 10-51 所示。

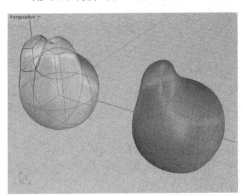

图 10-50

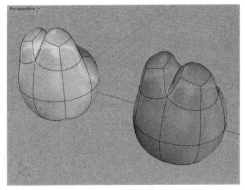

图 10-51

若想取消对称效果,选中对称物件后,右击"对称细分物件/从细分中移除对称" ⚍工具即可。

上手实操:制作水龙头模型

通过对称的相关知识制作水龙头模型,效果如图 10-52 所示。

10.2.6　挤出细分物件

"挤出细分物件" ⚍工具可以帮助用户挤出细分面或边缘,制作多种多样的模型效果。

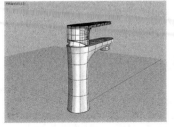

图 10-52

扫码看视频

单击"细分工具"工具组中的"挤出细分物件" 工具或执行"细分物件 > 编辑工具 > 挤出面与边界边缘"命令,根据命令行中的指令,选取要挤出的细分面或边缘,右击确认,然后设置挤出距离,即可挤出选中对象,如图 10-53、图 10-54 所示。

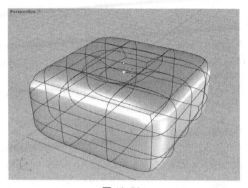

图 10-53

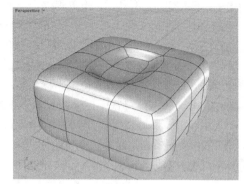

图 10-54

挤出细分物件时,命令行中的指令如下:

指令:_ExtrudeSubD
选取要挤出的细分面及边缘 (边缘回路 (E))
选取要挤出的细分面及边缘,按 Enter 完成 (边缘回路 (E))
挤出距离 (基准 (B) =WCS 方向 (D) = 不设限 设定基准点 (S))

其中,部分选项的作用如下:

① 基准:用于设置挤出的基准,包括 WCS 和 UVN 两种。其中,WCS 是工作坐标系,默认选中该选项。

② 方向:用于设置挤出的方向。

知识链接 ⊘

除了使用"挤出细分物件" 工具外,用户还可以使用"过滤选取器"选中曲面或边缘,使用操作轴进行移动,再按 Ctrl 键,即可挤出选中对象。

10.2.7 偏移细分

"偏移细分" 工具可以使细分对象向指定的方向进行偏移复制。

单击"细分工具"工具组中的"偏移细分" 工具或执行"细分物件 > 偏移细分物件"命令,根据命令行中的指令,选取要偏移的细分物件,右击确认,然后设置偏移方向、距离等,右击确认即可,如图 10-55、图 10-56 所示。

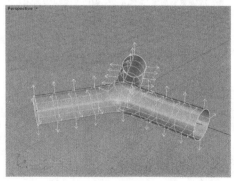

图 10-55

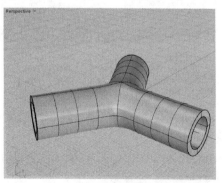

图 10-56

进阶案例：制作智能手环模型

本案例练习制作智能手环模型。涉及的知识点包括细分模型的创建、添加锐边、桥接的应用等。下面将针对具体的操作步骤进行介绍。

Step01：设置子格线间距为1mm。切换至"细分工具"工具组，单击"创建细分立方体"⬤工具，单击命令行中的"X数量"选项，设置X数量为4，使用相同的方法设置Y数量为4，Z数量为4。单击命令行中的"中心点"选项，从中心点创建立方体。在命令行中输入0，右击确认，设置中心点位于坐标原点；在命令行中输入36，右击确认，设置长度；输入20，右击确认，设置宽度；输入6，右击确认，设置高度，创建细分立方体，如图10-57所示。

Step02：按Tab键切换物件显示模式。单击"选取过滤器：网格面"⬤工具，选取顶面细分面，通过操作轴缩小，按住Ctrl键挤出，如图10-58所示。

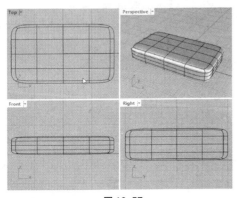

图10-57　　　　　　　　　　　图10-58

Step03：按Tab键切换物件显示模式。保持当前选中对象，向上拖拽，按住Ctrl键挤出，如图10-59所示。

Step04：按Tab键切换物件显示模式。单击"网格或细分斜角"⬛工具，选中要建立斜角的边缘，如图10-60所示。

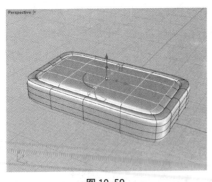
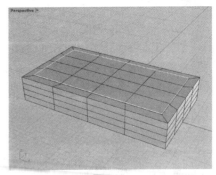

图10-59　　　　　　　　　　　图10-60

Step05：右击确认，保持默认设置后在视图中拖拽定位斜角，创建斜角，如图10-61所示。

Step06：使用相同的方法继续创建斜角，如图10-62所示。

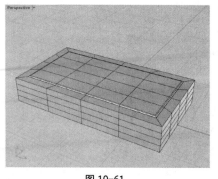

图 10-61

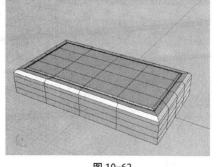

图 10-62

注意事项

该步骤中，内圈斜角分段数为 2，外圈斜角分段数为 1。

Step07：单击"添加锐边" 工具，选取边缘创建锐边，按 Tab 键切换物件显示模式，效果如图 10-63 所示。

Step08：按 Tab 键切换物件显示模式。单击"插入细分边缘" 工具，选中某一侧边面，右击确认，在命令行中输入 0.2，右击确认，设置插入距离，插入细分边缘，如图 10-64 所示。

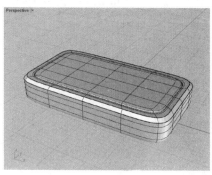

图 10-63

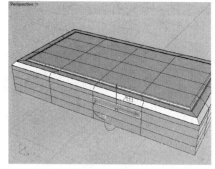

图 10-64

Step09：单击"选取过滤器：网格面" 工具，选中新创建的细分面，使用操作轴拖拽，按 Ctrl 键挤出，效果如图 10-65 所示。

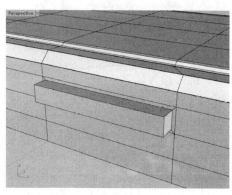

图 10-65

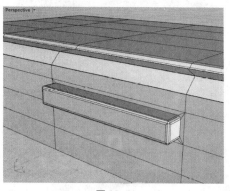

图 10-66

Step10：单击"网格或细分斜角" ◎工具，选中挤出边缘，右击确认，单击命令行中的"分段数"选项，设置分段数为3，在视图中拖拽定位斜角，创建斜角，如图10-66所示。

Step11：单击"添加锐边" ◇工具，选取边缘创建锐边，按Tab键切换物件显示模式，效果如图10-67所示。

Step12：切换至Top视图。单击"创建细分立方体" ◎工具，单击命令行中的"X数量"选项，设置X数量为2，使用相同的方法设置Y数量为2，Z数量为2。在视图中合适位置单击，设置立方体第一角；在命令行中输入10，右击确认，设置长度；输入10，右击确认，设置宽度；输入2，右击确认，设置高度，创建细分立方体，如图10-68所示。

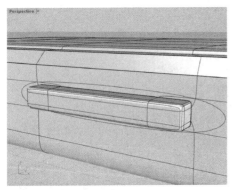

图 10-67

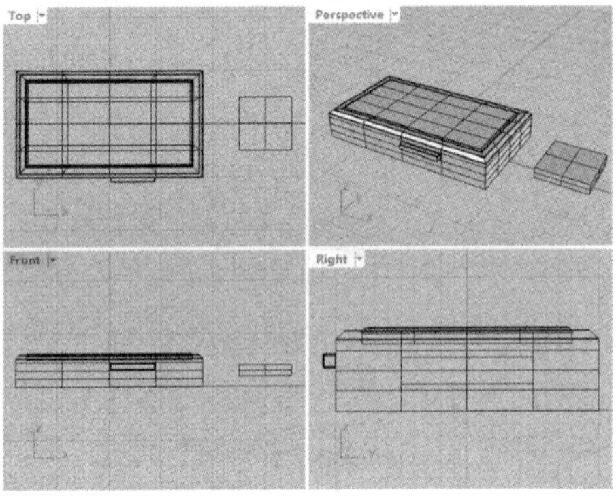

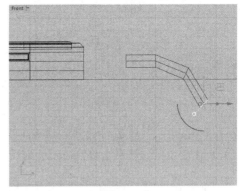

图 10-68

Step13：单击"选取过滤器：网格面" ◎工具，切换至Front视图，选取新绘制立方体右侧细分面，使用操作轴进行调整，如图10-69所示。

Step14：选中细分面，使用操作轴向右下方拖拽，并对其角度、大小等进行调整，如图10-70所示。

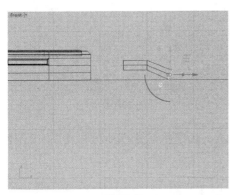

图 10-69

图 10-70

Step15：重复操作，最终效果如图10-71所示。

Step16：单击"对称细分物件／从细分中移除对称" ◧工具，选择要对称的细分物件，单击命令行中的"Y轴"选项，设置对称平面轴为Y轴，在细分物件一侧单击，保持默认设置，右击确认，对称细分物件，按Tab键切换物件显示模式，如图10-72所示。

Step17：右击"对称细分物件／从细分中移除对称" ◧工具，在对称物件上单击，移除对称效果，如图10-73所示。

Step18：切换至Top视图。单击"对称细分物件／从细分中移除对称" ◧工具，选择腕带部分单击命令行中的"X轴"选项，设置对称平面轴为X轴，在细分物件一侧单击，保持默认设置，右击确认，对称细分物件，如图 10-74 所示。

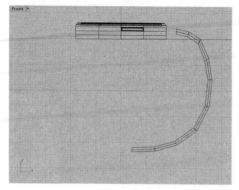

图 10-71

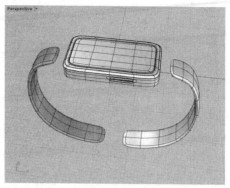

图 10-72

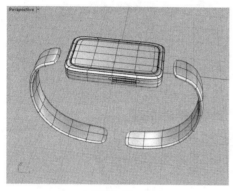

图 10-73

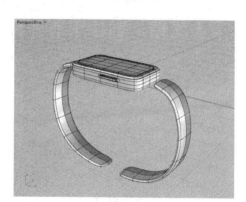

图 10-74

Step19：单击"选取过滤器：网格面" 工具，选中细分面，使用操作轴移动，按住 Ctrl 键挤出，如图 10-75 所示。

Step20：使用相同的方法挤出侧面细分面，并进行调整，如图 10-76 所示。

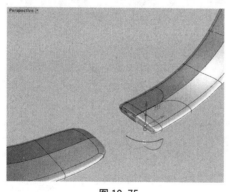

图 10-75

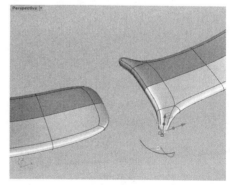

图 10-76

Step21：重复操作，并进行调整，效果如图 10-77 所示。

Step22：单击"细分工具"工具组中的"桥接网格或细分" 工具，选取要桥接的第一组细分面，右击确认，如图 10-78 所示。

Step23：选中要桥接的第二组细分面，右击确认，打开"桥接选项"对话框，设置参数，如图 10-79 所示。

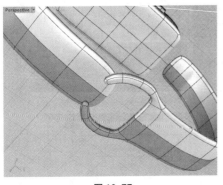

图 10-77

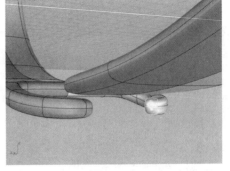

图 10-78

Step24：完成后单击"确认"按钮，桥接物件，如图 10-80 所示。

图 10-79

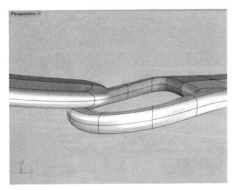

图 10-80

Step25：选中左侧部分细分面，通过操作轴向右侧拖拽，按住 Ctrl 键挤出，调整其位置，如图 10-81 所示。

Step26：使用相同的方法继续挤出，效果如图 10-82 所示。

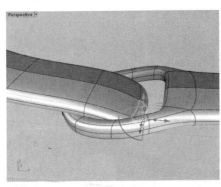

图 10-81

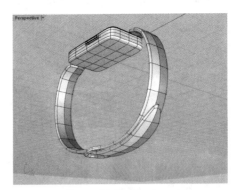

图 10-82

Step27：右击"对称细分物件/从细分中移除对称" ⚏工具，在腕带处单击，移除对称效果，如图 10-83 所示。

Step28：单击"选取过滤器：网格边缘" ◉工具，选取细分边缘进行调整，完成后的效果如图 10-84 所示。

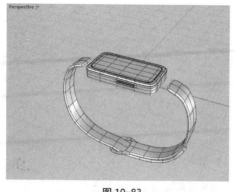

图 10-83

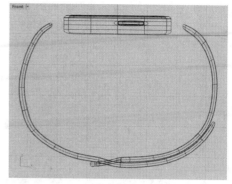

图 10-84

Step29：右击"插入细分边缘（循环）/ 插入细分边缘（环形）"工具，选取边缘，定位边缘，插入边缘，重复一次，效果如图 10-85 所示。

Step30：使用相同的方法，插入边缘，如图 10-86 所示。

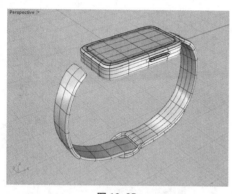

图 10-85

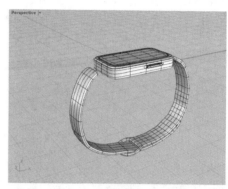

图 10-86

Step31：在 Front 视图中选中边缘进行调整，完成后的效果如图 10-87 所示。

Step32：单击"细分工具"工具组中的"桥接网格或细分" 工具，选中第一组细分面右击确认，然后选中第二组细分面右击确认，打开"桥接选项"对话框，保持默认设置后单击"确定"按钮，创建桥接，如图 10-88 所示。

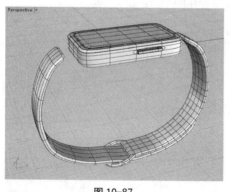

图 10-87

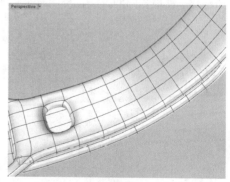

图 10-88

Step33：使用相同的方法，继续创建桥接，如图 10-89 所示。

Step34：选中另一侧手柄的部分面，使用操作轴向左上方拖拽，按住 Ctrl 键挤出，如

图 10-90 所示。

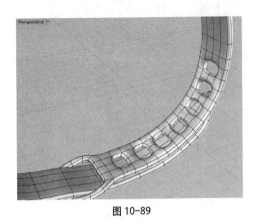

图 10-89

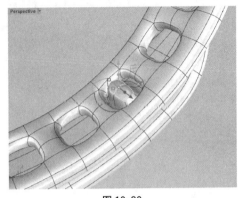

图 10-90

Step35：使用相同的方法继续挤出，并缩放至合适大小，如图 10-91 所示。

Step36：单击"细分工具"工具组中的"桥接网格或细分" 工具，选中表带靠近表盘的面右击，选中表盘靠近表带的面，如图 10-92 所示。

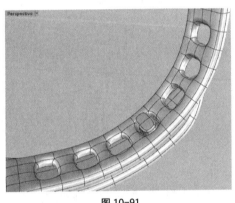

图 10-91

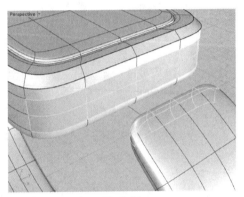

图 10-92

Step37：右击确认，打开"桥接选项"对话框，设置分段数为 2，单击"确定"按钮，创建桥接，如图 10-93 所示。

Step38：使用相同的方法，桥接另一侧细分面，如图 10-94 所示。

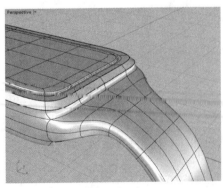

图 10-93

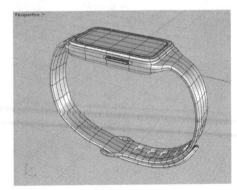

图 10-94

Step39：选中物件，在"渲染工具"工具栏组中单击"设置渲染颜色/设置渲染光泽颜色"工具，为物件简单地添加颜色，以便于观察，设置 Perspective 视图显示模式为"渲染"，效果如图 10-95、图 10-96 所示。至此，完成智能手环模型的制作。

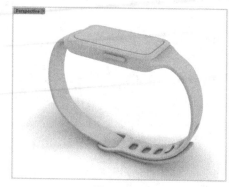

图 10-95

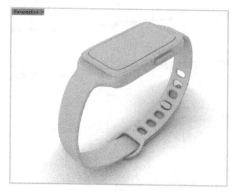

图 10-96

在实际生活中，常见到的智能手环造型如图 10-97、图 10-98 所示。

图 10-97

图 10-98

综合实战：制作头戴式耳机

扫码看视频

本案例练习制作头戴式耳机。涉及的知识点包括细分模型的创建、细分模型的编辑等。下面将针对具体的操作步骤进行介绍。

Step01：调整子格线间距为 1mm。切换至 Right 视图，单击"创建细分圆柱体"工具，单击命令行中的"顶面类型"选项，设置顶面为三角面，单击"垂直面数"选项，输入 3，设置垂直面数为 3，使用相同的方法，设置环绕面数为 8。在命令行中输入 0，右击确认，设置圆柱体底面中心点为坐标原点；输入 36，右击确认，设置半径为 36；输入 8，右击确认，设置圆柱体端点高度，创建细分圆柱体，如图 10-99 所示。

Step02：按 Tab 键切换细分物件显示模式。单击"选取过滤器：网格边缘"工具，在 Front 视图中选取边缘并调整，如图 10-100 所示。

Step03：单击"选取过滤器：网格面"工具，选取调整边缘之间的细分面，在 Right 视图中通过操作轴将其缩小，按住 Ctrl 键挤出，效果如图 10-101 所示。

Step04：选中右侧细分面，按住 Shift 键，通过操作轴将其缩小，如图 10-102 所示。

Step05：选中左侧细分面，使用相同的方法缩小，如图 10-103 所示。

Step06：单击"网格或细分斜角"工具，选中要建立斜角的边缘，如图 10-104 所示。

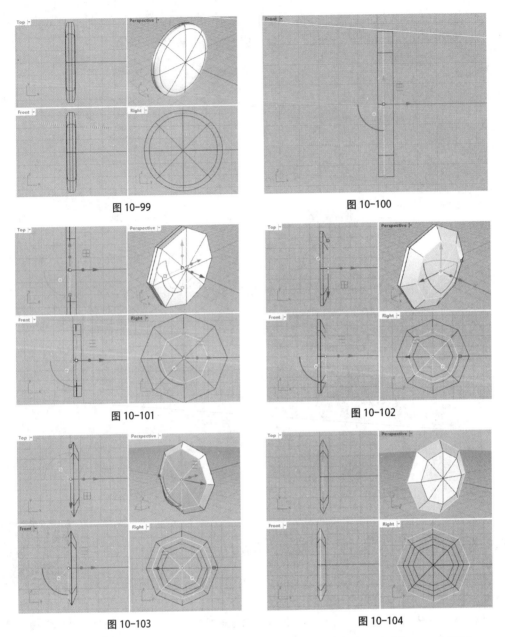

图 10-99

图 10-100

图 10-101

图 10-102

图 10-103

图 10-104

Step07：右击确认，在命令行中输入 1，右击确认，创建斜角，如图 10-105 所示。

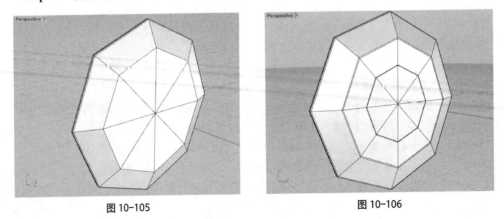

图 10-105

图 10-106

Step08：选中最右侧细分面，按住 Shift 键通过操作轴将其等比例缩小，按 Ctrl 键挤出，重复两次，效果如图 10-106 所示。

Step09：选中部分挤出细分面，在 Front 视图中通过操作轴向左拖拽，按住 Ctrl 键挤出，如图 10-107 所示。

Step10：单击"网格或细分斜角" ⬛工具，选中要建立斜角的边缘，如图 10-108 所示。

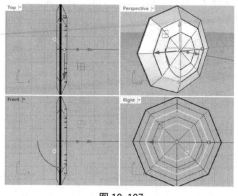

图 10-107　　　　　　　　　　图 10-108

Step11：右击确认，在命令行中输入 0.2，右击确认，创建斜角，如图 10-109 所示。

Step12：单击"插入细分边缘（循环）/ 插入细分边缘（环形）" ✎工具，选择左侧环状边缘，右击确认，在视图中合适位置单击定位边缘，插入细分边缘，在 Front 视图中对其位置与大小进行调整，如图 10-110 所示。

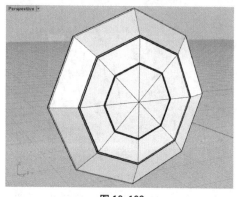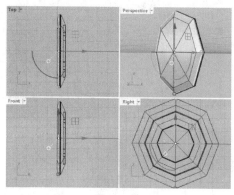

图 10-109　　　　　　　　　　图 10-110

Step13：选中左侧细分面，在 Front 视图中通过操作轴向左拖拽，按住 Ctrl 键挤出，如图 10-111 所示。

Step14：使用相同的方法，继续挤出，如图 10-112 所示。

Step15：选中新挤出细分面的侧边面，按住 Shift 键拖拽操作轴将其放大，按住 Ctrl 键挤出，如图 10-113 所示。

Step16：单击"选取过滤器：顶点" ⬤工具，选中新挤出面的顶点，单击侧边工具栏中"对齐与分布"工具组中的"垂直置中" ▥工具调整对齐，如图 10-114 所示。

Step17：单击"选取过滤器：网格边缘" ⬤工具，选取细分面边缘并向右拖拽，效果如图 10-115 所示。

Step18：使用"网格或细分斜角" ⬛工具创建斜角，如图 10-116 所示。

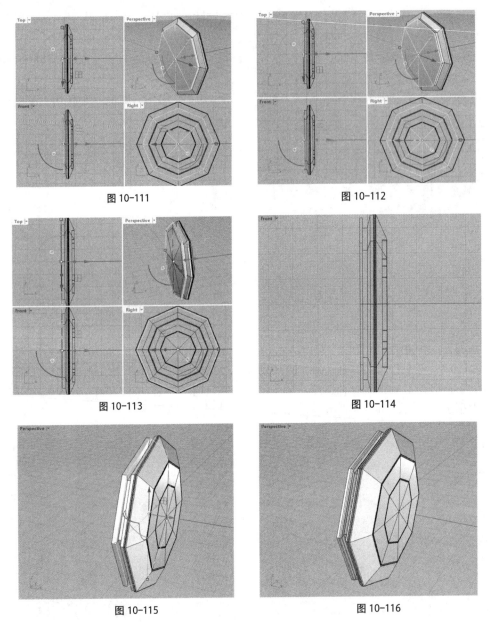

图 10-111

图 10-112

图 10-113

图 10-114

图 10-115

图 10-116

Step19：选中最左侧网格边缘，按住 Shift 键通过操作轴拖拽放大，并移动其位置，如图 10-117 所示。

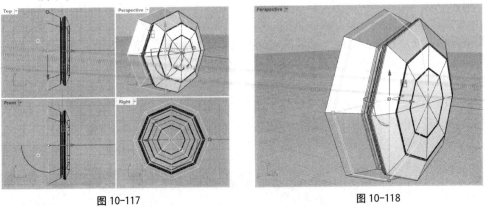

图 10-117

图 10-118

Step20：使用"插入细分边缘（循环）/ 插入细分边缘（环形）"工具插入细分边缘，如图 10-118 所示。

Step21：单击"选取过滤器：网格面"工具，选中细分面，按住 Shift 键通过操作轴缩小，按住 Ctrl 键挤出，如图 10-119 所示。

Step22：在新挤出细分面的边缘添加斜角，如图 10-120 所示。

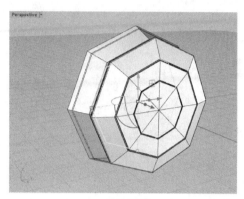
图 10-119

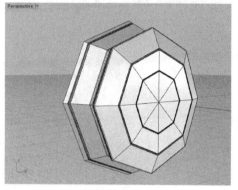
图 10-120

Step23：选中左侧部分细分面，按住 Shift 键等比例放大，如图 10-121 所示。

Step24：通过操作轴向左拖拽放大的细分面，按 Ctrl 键挤出，如图 10-122 所示。

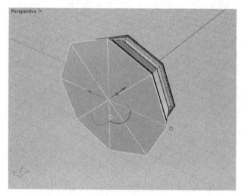
图 10-121

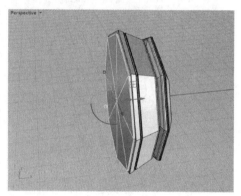
图 10-122

Step25：按住 Shift 键等比例放大，如图 10-123 所示。

Step26：继续挤出细分面，并进行调整，重复操作，最终效果如图 10-124 所示。

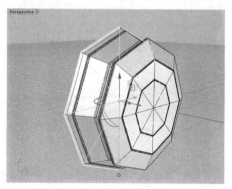
图 10-123

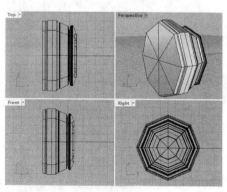
图 10-124

Step27：使用"网格或细分斜角" 工具创建斜角，如图 10-125 所示。

Step28：选中最左侧网格面，按住 Shift 键等比例缩小，按 Ctrl 键挤出，如图 10-126 所示。

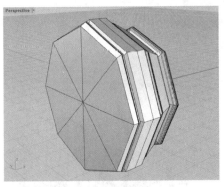

图 10-125

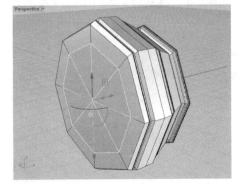

图 10-126

Step29：向右拖拽选中的网格面，按住 Ctrl 键挤出，如图 10-127 所示。

Step30：按住 Shift 键等比例放大，按 Ctrl 键挤出，如图 10-128 所示。

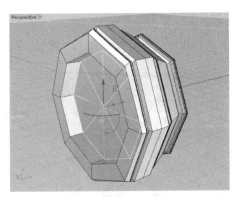

图 10-127

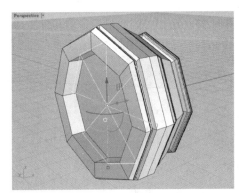

图 10-128

Step31：向右拖拽选中的网格面，按住 Ctrl 键挤出，如图 10-129 所示。

Step32：单击"选取过滤器：无" 工具，选取整个物件，在 Right 视图中将其旋转 22.5°，如图 10-130 所示。

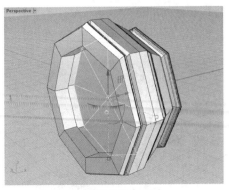

图 10-129

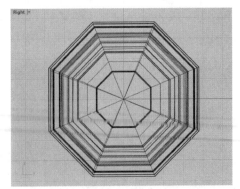

图 10-130

Step33：选中细分物件，切换至 Front 视图中，调整其位置，单击"选取过滤器：网格面" 工具，选中细分面，通过操作轴单向放大并调整其位置，旋转细分物件约 20°，效果如图 10-131 所示。

Step34：单击"对称细分物件 / 从细分中移除对称" 工具，单击命令行中的"Y 轴"选项，在耳机模型所在一侧单击，确定要保留的一侧，保持默认设置，右击确认，对称物件，如图 10-132 所示。

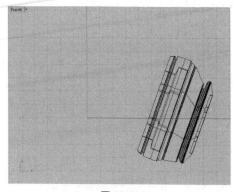

图 10-131

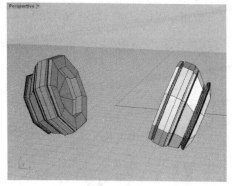

图 10-132

Step35：单击"选取过滤器：网格面" 工具，选中部分细分面，向右上方拖拽，按 Ctrl 键挤出，如图 10-133 所示。

Step36：单击"选取过滤器：顶点" 工具，调整挤出的顶点，完成后的效果如图 10-134 所示。

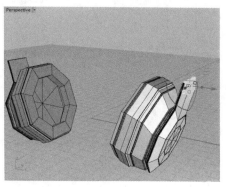

图 10-133

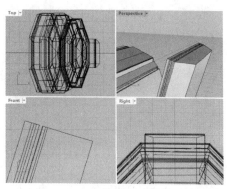

图 10-134

Step37：单击"选取过滤器：网格面" 工具，选中挤出的细分面顶面，继续挤出，重复操作，效果如图 10-135 所示。

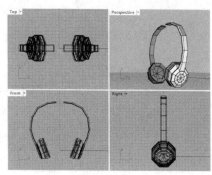

图 10-135

图 10-136

Step38：右击"对称细分物件 / 从细分中移除对称" 工具，在细分物件上单击，移除对称效果，如图 10-136 所示。

Step39：单击"桥接网格或细分" 工具，选中第一组细分面，右击确认，选中第二组细分面，如图 10-137 所示。

Step40：右击确认，打开"桥接选项"对话框，设置分段数为 2，保持默认设置，单击"确定"按钮，创建桥接，如图 10-138 所示。

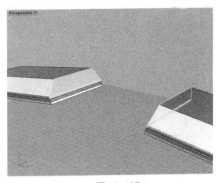

图 10-137

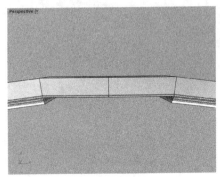

图 10-138

Step41：使用相同的方法，继续创建桥接，如图 10-139 所示。

Step42：单击"选取过滤器：网格边缘" 工具，选取边缘进行调整，如图 10-140 所示。

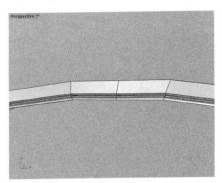

图 10-139

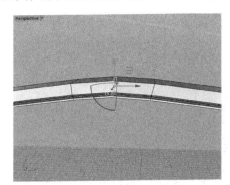

图 10-140

Step43：按 Tab 键切换细分物件显示模式，效果如图 10-141 所示。

Step44：选中细分物件，单击"将物件转换为 Nurbs" 工具，保持默认设置，右击确认，将细分物件转换为 NURBS 曲面，隐藏细分物件，如图 10-142 所示。

图 10-141

图 10-142

Step45：切换至"标准"工具栏组，单击"建立实体"工具组中的"圆柱体" ◉工具，在 Top 视图中绘制一个半径为 2mm，高为 2mm 的圆柱体，在 Front 视图中将其调整至合适的位置，并调整其角度，如图 10-143 所示。

Step46：选中新绘制的圆柱体与多重曲面，按 Ctrl+C 组合键复制，按 Ctrl+V 组合键粘贴。通过布尔运算联集和布尔运算差集分别处理原物件与复制物件，效果如图 10-144 所示。

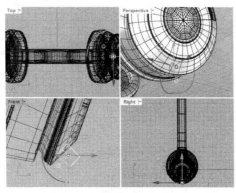

图 10-143

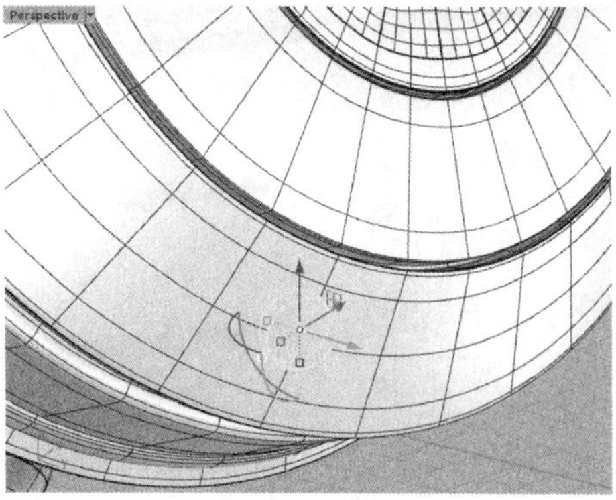

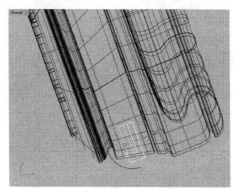

图 10-144

Step47：为布尔运算后的物件添加 0.2mm 的圆角，效果如图 10-145 所示。

Step48：继续创建一个半径为 2mm，高为 10mm 的圆柱体和一个半径为 0.5mm，高为 8mm 的圆柱体，移动至合适位置，如图 10-146 所示。

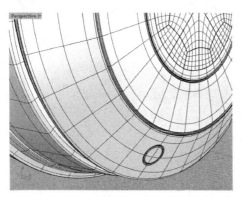

图 10-145

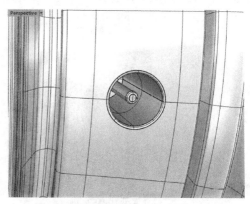

图 10-146

Step49：选中耳机主体，通过布尔运算差集，创建孔，效果如图 10-147 所示。

Step50：添加 0.2mm 的圆角，效果如图 10-148 所示。

图 10-147

图 10-148

Step51：切换至 Perspective 视图，设置视图显示模式为"渲染"，效果如图 10-149、图 10-150 所示。至此，完成头戴式耳机模型的制作。

图 10-149

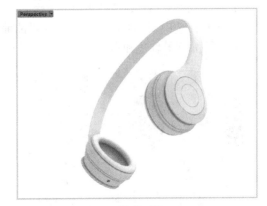

图 10-150

在实际生活中，常见的耳机造型如图 10-151、图 10-152 所示。

图 10-151

图 10-152

✏️ 自我巩固

完成本章的学习后，可以通过练习本章的相关内容，进一步加深理解。下面将通过制作筋膜枪模型和无线鼠标模型加深记忆。

1. 制作筋膜枪模型

本案例通过制作筋膜枪模型，练习细分模型的创建及编辑，制作完成后，效果如图 10-153、图 10-154 所示。

图 10-153

图 10-154

设计要领：

Step01： 新建细分圆柱体，调整细分面。

Step02： 新建细分球体，桥接细分面。

Step03： 新建细分圆柱体，删除部分细分面，桥接边缘。

Step04： 赋予颜色以便于观察。

2. 制作无线鼠标模型

本案例通过制作无线鼠标模型，练习细分模型的创建及编辑，制作完成后，效果如图 10-155、图 10-156 所示。

图 10-155

图 10-156

设计要领：

Step01： 新建细分立方体，并进行调整，制作出鼠标外壳效果。

Step02： 新建细分立方体，调整网格面与网格边缘，制作鼠标底面效果。

Step03： 添加细节，赋予材质与颜色以便于观察。

Rhino

第 3 篇
渲 染 篇

Rhino
第 11 章
渲染操作详解

📄 **内容导读:**

制作完成模型后,可以通过 Rhino 软件中内置的渲染工具为模型添加材质、贴图、纹理,调整环境与光源效果等,使模型效果更加真实。本章将针对 Rhino 中的渲染操作进行介绍,包括材质的添加、颜色的调整、贴图的编辑、环境的设置、光源的创建、渲染出图等。

🎯 **学习目标:**

• 学会为模型赋予材质、添加颜色;
• 学会添加贴图;
• 学会设置环境;
• 学会创建光源并进行编辑;
• 学会渲染出图。

11.1　材质和颜色

制作 3D 模型后，可以在 Rhino 软件中进行渲染操作，从而使模型效果更加真实。本节将针对 Rhino 中材质和颜色的设置进行介绍。

11.1.1　材质面板

"材质"面板可以赋予物件材质，并对材质进行编辑，使其更加贴合物件。选择工具组中的"渲染工具"工具组，单击"切换材质面板" 🖉 按钮或执行"渲染 > 材质编辑器"命令，也可以执行"面板 > 材质"命令，即可打开"材质"面板，如图 11-1 所示。单击该面板中的"菜单" ☰ 按钮，在弹出的菜单中执行"建立新材质"命令，在其相应的子菜单中选择材质，即可在"材质"面板中添加材质，如图 11-2 所示。

图 11-1　　　　　　　　　　图 11-2

重点 11.1.2　颜色面板

"颜色"面板可以为物件添加漫反射颜色。单击"渲染工具"工具组中的"设置渲染颜色 / 设置渲染光泽颜色" ◎ 按钮，根据命令行中的指令，选取要编辑属性的物件，右击确认，弹出"材质颜色"面板，如图 11-3 所示。在该面板中可选择颜色并赋予至选中的物件上，如图 11-4 所示。

图 11-3　　　　　　　　　　图 11-4

"颜色"面板中默认显示"HSV 色环"，用户可以根据需要，选择不同的颜色显示模式，如图 11-5、图 11-6 所示。

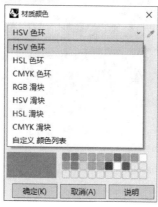

图 11-5

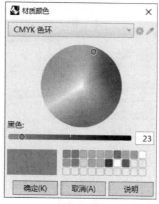

图 11-6

11.1.3　编辑材质

用户可以赋予物件不同的材质，使其呈现不同的质感，这一操作主要是通过"材质"面板来实现的。

选择要添加材质的物件，在"材质"面板中单击"菜单"≡按钮，在弹出的菜单中选择"建立新材质"选项，在其相应的子菜单中即可选择材质，如图 11-7 所示。用户也可以单击"材质"面板中的"建立新材质"⊞按钮，打开菜单选择材质，如图 11-8 所示。

图 11-7

图 11-8

选择不同的材质时，"材质"面板中的选项也有所不同，如图 11-9、图 11-10 所示分别是选择发光材质和玻璃材质时的选项。用户可以在"材质"面板中对不同材质的属性进行设置，从而得到需要的效果。

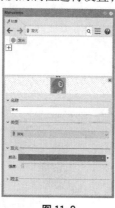

图 11-9

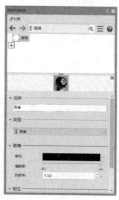

图 11-10

执行"面板>材质库"命令，打开"材质库"面板，在该面板中，有多种预设好的材质，如图 11-11 所示。用户可以选中该面板中的材质，拖拽至物件上，即可赋予物件不同的材质，如图 11-12 所示。

图 11-11

图 11-12

此时，相应的材质选项也会出现在"材质"面板中，如图 11-13❶所示。用户可以根据需要对添加的材质进行调整，使物件的渲染效果更佳。

图 11-13

"材质"面板中部分区域作用如下：

① 类型：用于设置材质类型。

② 自定义设置：用于设置物件的颜色、光泽度、反射度及透明度等参数。

③ 贴图：用于设置贴图大小、贴图轴、颜色等。

④ 高级设置：用于设置自发光、菲涅耳反射等参数。

———————————

❶ 图 11-13 中的"菲涅尔"应改为"菲涅耳"，下同。

若想删除添加的材质，在"材质"面板中选中要删除的材质，右击鼠标，在弹出的快捷菜单中选择"删除"选项即可。

11.1.4　匹配材质属性

匹配材质属性可以为物件匹配其他物件的材质，从而节省重复工作的时间，提高工作效率。

单击"渲染工具"工具组中的"匹配材质属性" 按钮，根据命令行中的指令，选取要编辑属性的物件，如图 11-14 所示。右击确认，选取要匹配的物件，即可赋予物件材质属性，如图 11-15 所示。

图 11-14

图 11-15

重点 11.1.5　设置颜色

除了通过"颜色"面板设置颜色外，用户还可以通过"材质"面板设置颜色。选择要设置颜色的物件，在"材质"面板中单击"建立新材质" ⊞ 按钮，在弹出的快捷菜单中选择"自定义"选项，添加材质球，在"自定义设置"选项区中，即可对颜色、光泽度、反射度、透明度、折射率等选项进行设置，如图 11-16 所示。

图 11-16

该选项区中各选项的作用如下：

① 颜色：用于设置材质的基础颜色，即漫反射颜色。

② 光泽度：用于调节物件的高光，右侧的颜色可以设置光泽区域的颜色。

③ 反射：用于设置材质的反射率并设置反射颜色。

④ 透明度：用于调整对象的透明度。

⑤ 折射率：用于设置透明度级别。不同材质的折射率也不同。

注意事项

右击"渲染工具"工具组中的"设置渲染颜色 / 设置渲染光泽颜色" ◎按钮时，将打开"材质反光颜色"对话框，如图 11-17 所示。该对话框中的颜色对应"材质"面板中"光泽度"右侧的颜色。

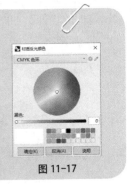

图 11-17

上手实操：渲染水杯模型

学习了材质和颜色的相关知识后，练习渲染水杯模型，效果如图 11-18 所示。

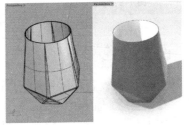

图 1-18

扫码看视频

11.2 贴图

除了赋予物件材质与颜色外，用户还可以为物件贴图，使其呈现特殊的纹理效果。本节将对此进行介绍。

重点 **11.2.1 贴图面板**

"贴图"面板用于创建可应用于"材质"面板和"环境"面板上的纹理。单击"渲染工具"工具组中的"切换贴图面板"■按钮或执行"渲染 > 贴图编辑器"命令，或执行"面板 > 贴图"命令，打开"贴图"面板，如图 11-19 所示。

该面板中部分选项的作用如下：

① 菜单≡：单击该按钮，将弹出相关的菜单，如图 11-20❶所示。通过该菜单中的选项，用户可以新建贴图，删除贴图等。

② 创建新贴图⊞：单击该按钮，将弹出相关的贴图菜单，如图 11-21 所示。用户可以选择该菜单中的选项创建新贴图。

③ 名称：用于命名贴图。Rhino 中的每个贴图都有各自的名称，用户可以对其进行更改。

---

❶ 图 11-20 中"標記"应为"标记"。

图 11-19　　　　　　　　　图 11-20　　　　　　　　　　图 11-21

④ 类型：用于指定贴图类型。

⑤ 颜色：部分贴图会显示该选项卡，如图 11-22 所示。在该选项卡中可以设置贴图的颜色，也可以赋予贴图图像信息。

⑥ 贴图轴：用于设置贴图轴，使贴图产生偏移、旋转等。

⑦ 图形：用于设置 UV 空间中特定部分的颜色值，在应用颜色值计算凹凸、透明等非颜色槽中的参数时，非常有用。该选项卡如图 11-23 所示。

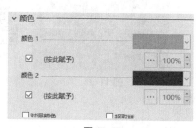

图 11-22

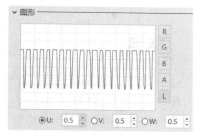

图 11-23

> ✎ **注意事项**
>
> 　　根据选择材质的不同，"贴图"面板中的选项也会有所变化，但基本内容不变，用户可以在实际运用中合理选择与设置。

11.2.2　贴图轴

在"材质"面板和"贴图"面板中都可以对贴图轴进行设置。以"木纹贴图"为例，在"贴图"面板中选中"木纹贴图"，拖拽至"材质"面板"贴图"选项卡"颜色"选项中的"按此赋予贴图"文字上，单击"木纹贴图"，即可对贴图选项进行设置。如图 11-24 所示为"贴图轴"选项卡，此时，物件如图 11-25 所示。

"贴图轴"选项卡中部分选项的作用如下：

① 偏移：用于设置贴图在 U、V、W 方向上的偏移。

② 拼贴：用于设置贴图在 U、V、W 方向上的重复数量。

③ 旋转：用于设置贴图在 U、V、W 方向上旋转的角度。

④ 以 3D 预览：选择该复选框，将在缩略图和预览窗口中使用 3D 对象来显示对象上的贴图效果。

⑤ 预览本地贴图轴：选择该复选框，贴图参数将修改贴图预览效果。

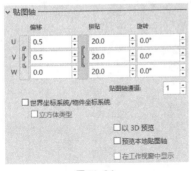

图 11-24

图 11-25

上手实操：渲染木质纹理效果

练习渲染木质纹理，从而进一步巩固贴图的相关知识。渲染效果如图 11-26 所示。

图 11-26

扫码看视频

11.3　环境

进行渲染时，环境也是一个非常重要的因素，合适的环境可以使渲染效果更加真实。在 Rhino 中，用户可以通过"环境"面板设置环境效果。

单击"渲染工具"工具组中的"切换环境面板" ⬤ 按钮或执行"渲染 > 环境编辑器"命令，或执行"面板 > 环境"命令，即可打开"环境"面板，如图 11-27 所示。在该面板中可以对渲染环境进行设置。

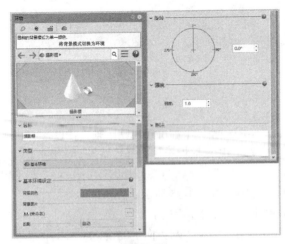

图 11-27

（1）应用环境

双击"环境"面板顶部的"摄影棚"缩览图，即可应用该环境，应用前后效果如图 11-28、图 11-29 所示。

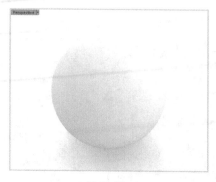

| 图 11-28 | 图 11-29 |

（2）新建环境

单击"环境"面板中的"建立新环境"⊞按钮，在弹出的快捷菜单中选择"从环境库导入"选项，即可打开"打开"对话框，如图 11-30 所示。在该对话框中可以选择 Rhino 软件预设的环境，如图 11-31 所示为选择"Rhino 室内"环境并应用的效果。

图 11-30

图 11-31

> **注意事项**
>
> 物件效果会受环境影响，在设置渲染效果时要注意这一点。

用户也可以单击"环境"面板中的"菜单"≡按钮，在弹出的快捷菜单中选择"建立新环境 > 更多类型"选项，打开"类型"对话框，单击"从文件导入"📁按钮打开"打开"对话框进行设置。如图 11-32 所示为打开的"类型"对话框。

（3）基本环境设定

该选项卡中的选项可以对基本环境的背景颜色、背景图片、投影等进行设置。

单击"背景颜色"右侧的颜色色块，打开"选取颜色"对话框设置背景颜色，完成后单击"确

图 11-32

定"按钮, 即可设置背景颜色; 将其拖拽至"环境"面板的缩略图中, 即可新建纯色环境, 双击即可应用, 如图 11-33、图 11-34 所示。

图 11-33

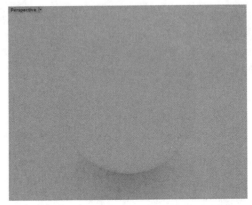

图 11-34

若想添加背景图像, 可以单击"背景图片"下方的"按此赋予贴图"按钮, 打开"打开"对话框选择背景图像 (如图 11-35 所示), 即可为当前环境添加背景图片, 如图 11-36 所示。

图 11-35

图 11-36

注意事项

背景图片可以覆盖背景颜色的效果。

单击添加的背景图片, 可以对其贴图轴、图形等参数进行调整, 用户也可以在"贴图"面板中对其进行设置, 以使效果更加真实。

(4) 旋转

该选项主要用于设置环境的旋转, 以便将背景图像放置在合适的位置, 实现正确的反射和照明效果。

(5) 强度

该选项主要用于设置环境的强度。如图 11-37、图 11-38 所示分别为强度为 1 和 1.5 时的效果。

图 11-37

图 11-38

11.4　光源

灯光可以很好地呈现材质的效果，照亮物件表面，制作真实生动的立体阴影效果，使模型更具真实感。在 Rhino 软件中，用户可以根据需要建立聚光灯、点光源、平行光、矩形灯光、管状灯等光源，并对其进行编辑。本节将对此进行介绍。

11.4.1　建立聚光灯

聚光灯是一种发射光线较明显的、带有衰减的窄光束。在 Rhino 中，聚光灯一般呈圆锥体状。通过聚光灯，可以模拟射灯、手电筒等灯光效果。

> ⚡ **注意事项**
>
> 聚光灯的圆锥体表示灯光的方向，而不是灯光的范围。较窄圆锥体的聚光灯会比较宽圆锥体的聚光灯产生更多细节。

单击"渲染工具"工具组中的"建立聚光灯" ◁ 按钮或执行"渲染 > 建立聚光灯"命令，根据命令行中的指令，设置圆锥体底面（圆心）及半径，然后设置圆锥体顶点，即可创建聚光灯，如图 11-39、图 11-40 所示。

图 11-39

图 11-40

创建聚光灯时，命令行中的指令如下：

指令：_Spotlight
圆锥体底面 (方向限制 (D)= 无　实体（S）= 否　两点 (P)　三点 (O)　正切（T）　逼近数个点 (F))
半径 <1.00> (直径 (D)　周长 (C)　面积 (A)　投影物件锁点 (P)= 是)
圆锥体顶点 (方向限制 (D)= 无)

该命令行中的指令基本与圆锥体一致，用户可以根据这些选项，创建聚光灯效果。

聚光灯创建完成后，用户还可以对其大小、位置等进行调整，以得到需要的效果。选中聚光灯，通过操作轴进行调整即可，如图 11-41、图 11-42 所示。若想进行细致的调整，可以通过"标准"工具栏组相应侧边工具栏中的工具进行调整。

图 11-41

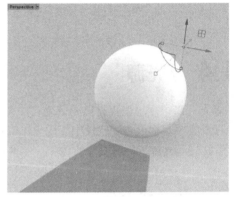

图 11-42

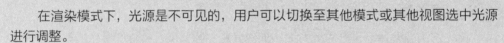

注意事项

在渲染模式下，光源是不可见的，用户可以切换至其他模式或其他视图选中光源进行调整。

11.4.2　建立点光源

点光源是指从一个点向周围空间均匀发光的光源，常用于模拟蜡烛等光源效果。

单击"渲染工具"工具组中的"建立点光源" ◎ 按钮，或执行"渲染 > 建立点光源"命令，根据命令行中的指令，设置点光源的位置即可，如图 11-43、图 11-44 所示。

图 11-43

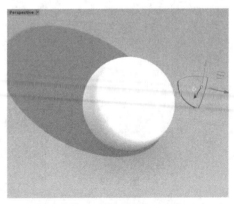

图 11-44

11.4.3　建立平行光

平行光又称方向光，是一种没有衰减的平行的光，类似于太阳光的效果，常用于整体光照。

单击"渲染工具"工具组中的"建立平行光"📐按钮，或执行"渲染 > 建立平行光"命令，根据命令行中的指令，设置灯光方向矢量终点和灯光方向矢量起点，即可创建平行光，调整后，效果如图 11-45、图 11-46 所示。

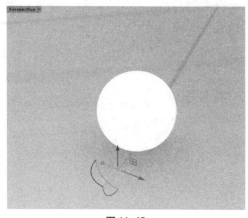

图 11-45

图 11-46

平行光向指定方向照射，光源对象仅表示光照射的方向，与其位置无关，即相同方向下，移动光源位置不影响光照效果。

11.4.4　建立矩形灯光

矩形灯光可以从一个方向的光点阵列发射光。

单击"渲染工具"工具组中的"建立矩形灯光"▣按钮，或执行"渲染 > 建立矩形灯光"命令，根据命令行中的指令，设置矩形灯光的角、长度和宽度，即可创建矩形灯光，如图 11-47、图 11-48 所示。

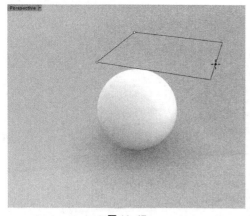

图 11-47

图 11-48

11.4.5　建立管状灯

管状灯可以创建一个类似荧光灯管的光源。

单击"渲染工具"工具组中的"建立管状灯" 按钮，或执行"渲染 > 建立管状灯"命令，根据命令行中的指令，设置灯光基点、灯光长度和方向，即可创建管状灯，如图 11-49、图 11-50 所示。

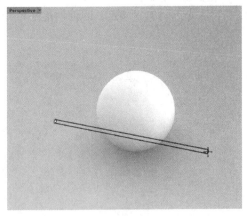

图 11-49

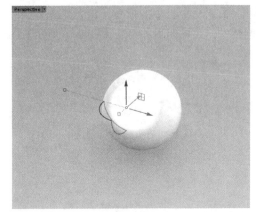

图 11-50

11.4.6　编辑灯光

灯光创建完成后，用户可以在"属性"面板或"灯光"面板中对灯光属性进行调整。

（1）"属性"面板

在"属性"面板中，可以对光源的颜色、强度、阴影厚度、灯光锐利度、衰减等属性进行设置。选中要设置的灯光，单击"渲染工具"工具组中的"编辑灯光属性"  按钮，即可激活"属性"面板中的"灯光"选项卡，如图 11-51 所示。

该面板中部分选项的作用如下：

① 打开：选择该复选框，将启用灯光效果。

② 颜色：用于设置灯光颜色，不同的灯光颜色可以呈现不同的效果。单击颜色条将打开"选取颜色"对话框，如图 11-52 所示。用户也可以单击颜色条右侧的下拉按钮，在弹出的快捷菜单中选择选项设置颜色，如图 11-53 所示。

图 11-51

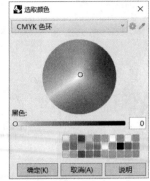

图 11-52

图 11-53

③ 强度：用于设置灯光强度，数值越高，光照越强。默认值为 1。

④ 阴影厚度：用于设置阴影不透明度。数值越低，阴影效果越不明显。

⑤ 衰减：用于设置灯光的衰减类型，包括恒定、线性和反向矩形三种。

（2）"灯光"面板

单击"渲染工具"工具组中的"切换灯光面板"按钮或执行"面板＞灯光"命令，即可打开"灯光"面板，如图 11-54 所示。"灯光"面板中包括当前文档中所有的灯光。

图 11-54

该面板中部分选项的作用如下：

① 隐藏／显示 💡：用于设置是否隐藏灯光。当该按钮显示为 💡 时，表示当前灯光为隐藏状态。

② 隔离：选择该复选框，将仅显示该灯光，隐藏其他灯光。

③ 颜色：用于设置灯光颜色。

④ 图层：用于显示灯光所在的图层。

⑤ 创建新光源 ⊞：单击该按钮，在弹出的快捷菜单中可以选择光源新建灯光。

⑥ 选取工作视窗中的灯光：选择该复选框后，在"灯光"面板中选中灯光后，工作视窗中的灯光也将被选中。

知识链接 ⌘

在调整平行光、点光源或聚光灯时，通过"以反光的位置编辑灯光／高光反弹线" 🔦 工具可以很方便地设置高光或反光效果。单击该按钮，根据命令行中的指令，选取要编辑的灯光，然后选取曲面或多重曲面，设置反光点的位置即可，如图 11-55、图 11-56 所示。

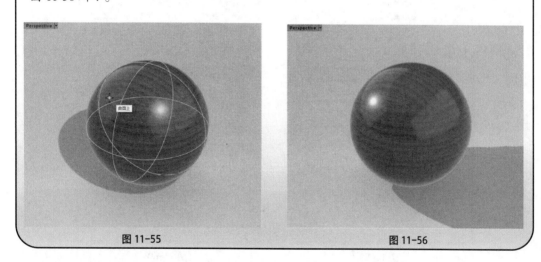

图 11-55　　　　　　　　　　　　　　图 11-56

👑 进阶案例：渲染保温杯模型

本案例练习渲染保温杯模型。涉及的知识点包括材质的添加、颜色的调整、灯光的设置等。接下来将针对具体的操作步骤进行介绍。

Step01：打开本章素材文件"保温杯素材.3dm"，切换 Perspective 视图显示模式为"渲染"，如图 11-57 所示。

Step02：切换至"渲染工具"工具组，单击"切换材质面板" 🖌 工具，打开"材质"面板，单击该面板中的"菜单" ☰ 按钮，在弹出的菜单中执行"建立新材质＞塑胶"命令，在"材质"面板中添加塑胶材质，如图 11-58 所示。

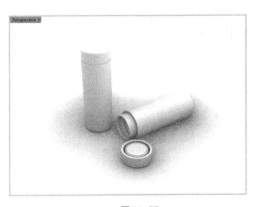

图 11-57

图 11-58

Step03：选中添加的塑胶材质，修改其名称为"底平面"，设置颜色为 60％灰，如图 11-59 所示。

Step04：单击"切换底平面面板" 工具，打开"底平面"面板，选择"使用材质"选项，选取新设置的材质，为底平面赋予材质，如图 11-60 所示。

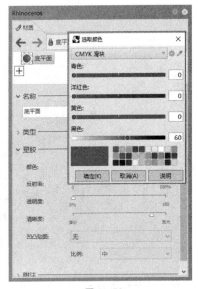

图 11-59

图 11-60

Step05：此时，Perspective 视图中的效果如图 11-61 所示。

Step06. 切换至"材质"面板，新建塑胶材质，如图 11-62 所示。

知识链接 ✆

按住"材质"面板中的"材质"标题，将其拖拽至"底平面"面板中，即可合并面板。

Step07：选中新添加的材质，设置其名称为"外壳"，颜色为黄色（C：0，M：6，Y：100，K：19），"清晰度"选项滑块调整至中间位置，如图 11-63 所示。

Step08：拖拽"外壳"材质球至保温杯模型的外壳上，赋予材质，如图 11-64 所示。

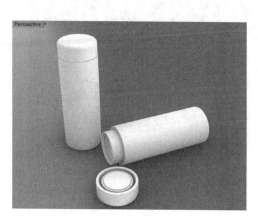

图 11-61

图 11-62

图 11-63

图 11-64

Step09：使用相同的方法，新建金属材质，并进行设置，如图 11-65 所示。

Step10：拖拽"内胆"材质球至保温杯模型的内胆上，赋予材质，如图 11-66 所示。

Step11：拖拽"外壳"材质球至保温杯瓶盖部分模型上，赋予材质，如图 11-67 所示。

Step12：继续新建塑胶材质，并进行设置，如图 11-68 所示。

Step13：在"材质"面板中选中"硅胶"材质球右击，在弹出的快捷菜单中执行"赋予给图层"命令，打开"选择图层"对话框，选择"硅胶圈"图层，赋予材质，如图 11-69 所示。

Step14：继续新建塑胶材质，并进行设置，如图 11-70 所示。

图 11-65

图 11-66

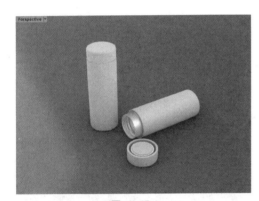

图 11-67

图 11-68

图 11-69

图 11-70

Step15：在"材质"面板中选中"防滑垫"材质球右击，在弹出的快捷菜单中执行"赋予给图层"命令，打开"选择图层"对话框，选择"防滑垫"图层，赋予材质，如图 11-71 所示。

Step16：至此，完成物件材质的赋予。单击"建立聚光灯"▽工具，在视图中单击并拖拽创建聚光灯，并对其进行调整，如图 11-72 所示。

图 11-71

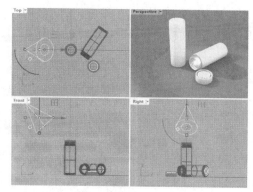

图 11-72

Step17：使用相同的方法，继续添加聚光灯，如图 11-73 所示。

Step18：单击"切换灯光面板"按钮，打开"灯光"面板，选中新添加的聚光灯，调整其强度为 0.5，如图 11-74 所示。

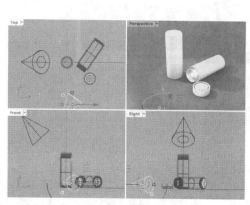

图 11-73

图 11-74

Step19：切换 Perspective 视图显示模式为"光线追踪"，效果如图 11-75、图 11-76 所示。

图 11-75

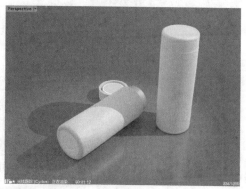

图 11-76

至此，完成保温杯模型的渲染。

11.5　渲染

完成渲染前的准备工作后，就可以进行渲染出图的操作。执行"面板 > 渲染"命令，打开"渲染"面板，在该面板中可以对出图的尺寸、质量等参数进行设置，如图 11-77 所示。

图 11-77❶

该面板中部分选项的作用如下：

① 视图：用于设置渲染视图。

② 解析度与品质：用于设置渲染尺寸、分辨率、质量等参数。

③ 背景：用于设置渲染背景。

④ 照明：用于设置灯光。

设置完成后，单击"渲染"按钮即可打开 Rhino 渲染窗口，如图 11-78 所示。在该对话框中等待渲染完成后，单击"保存" ▣ 按钮即可保存渲染后的图像。

图 11-78

---

❶　图 11-77 中"伽玛"应为"伽马"，下同。

综合实战：渲染多士炉模型

本案例练习渲染多士炉模型。涉及的知识点包括材质的创建与编辑、灯光的设置等。下面将针对具体的操作步骤进行介绍。

扫码看视频

Step01：打开本章素材文件"多士炉素材 .3dm"，如图 11-79 所示。

Step02：切换至"渲染工具"工具组，单击"切换材质面板" 🖊 工具，打开"材质"面板，单击该面板中的"菜单" ☰ 按钮，在弹出的菜单中执行"建立新材质 > 塑胶"命令，在"材质"面板中添加塑胶材质，如图 11-80 所示。

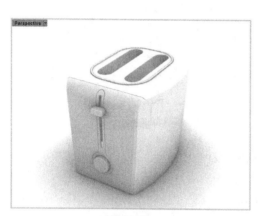

图 11-79

图 11-80

Step03：选中添加的塑胶材质，修改其名称为"底平面"，设置颜色为 60％灰，降低"反射率"与"清晰度"，如图 11-81 所示。

Step04：单击"切换底平面面板" 🖼 工具，打开"底平面"面板，选择"使用材质"选项，选取新设置的材质，为底平面赋予材质，如图 11-82 所示。

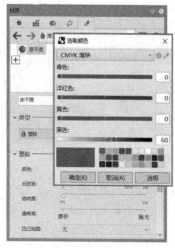

图 11-81

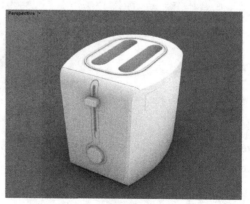

图 11-82

Step05：切换至"材质"面板，新建塑胶材质，修改其名称为"主体"，如图 11-83 所示。

Step06：单击"颜色"左侧的颜色条，打开"选取颜色"对话框，设置颜色，如图 11-84 所示。

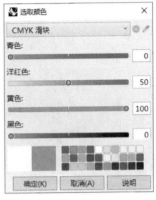

图 11-83　　　　　　　　　　　　　图 11-84

Step07：完成后单击"确定"按钮，返回"材质"面板，降低"反射率"与"清晰度"选项数值，并添加"杂点"凹凸贴图，如图 11-85 所示。

Step08：拖拽"主体"材质球至多士炉模型的主体上，赋予材质，如图 11-86 所示。

图 11-85

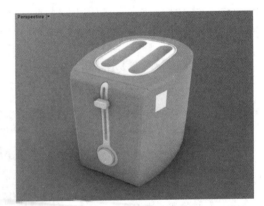

图 11-86

Step09：新建塑胶材质，修改其名称为"开关、盖"，如图 11-87 所示。

Step10：单击"颜色"左侧的颜色条，打开"选取颜色"对话框，设置颜色，如图 11-88 所示。

Step11：完成后单击"确定"按钮，返回"材质"面板，降低"反射率"与"清晰度"选项数值，如图 11-89 所示。

图 11-87

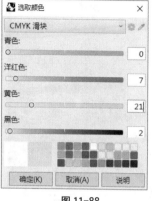

图 11-88

Step12：拖拽"开关、盖"材质球至多士炉模型的开关及盖上，赋予材质，如图 11-90 所示。

图 11-89

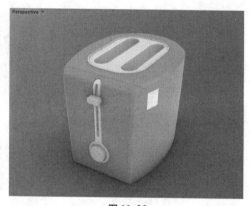

图 11-90

Step13：新建金属材质，设置其颜色为 6% 灰，如图 11-91 所示。

Step14：拖拽"金属"材质球至多士炉模型开关附近的物件及内部物件上，赋予材质，如图 11-92 所示。

Step15：新建塑胶材质，修改其名称为"刻度"，设置其颜色与主体颜色一致，如图 11-93 所示。

Step16：在"材质"面板中选中"刻度"材质球右击，在弹出的快捷菜单中执行"赋予给图层"命令，打开"选择图层"对话框，选择"刻度"图层，效果如图 11-94 所示。

Step17：新建自定义材质，修改其名称为"标志"。单击"材质"面板"贴图"中"颜色"右侧的"按此赋予贴图"选项，打开"打开"对话框，选择要打开的素材文件，如

图 11-95 所示。

图 11-91

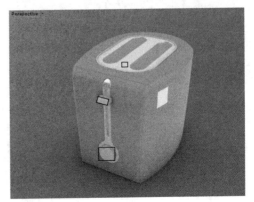

图 11-92

图 11-93

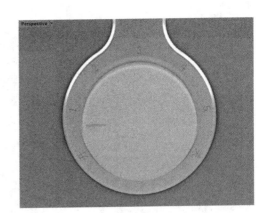

图 11-94

Step18：单击"打开"按钮，赋予贴图。在"材质"面板中选中"标志"材质球右击，在弹出的快捷菜单中执行"赋予给图层"命令，打开"选择图层"对话框，选择"标志"图层，效果如图 11-96 所示。

Step19：单击"切换贴图面板" ▣工具，打开"贴图"面板，设置"贴图轴"参数，如图 11-97 所示。

Step20：设置完成后效果如图 11-98 所示。

Step21：单击"建立聚光灯" ◁工具，在视图中单击并拖拽创建聚光灯，并对其进行调整，如图 11-99 所示。

Step22：单击"切换灯光面板"按钮，打开"灯光"面板，选中新添加的聚光灯，调整其强度为 0.8，如图 11-100 所示。

图 11-95

图 11-96

图 11-97

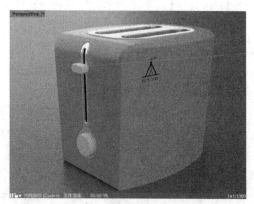

图 11-98

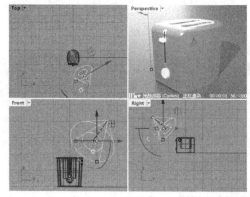

图 11-99

图 11-100

Step23：调整至合适角度，执行"面板 > 渲染"命令，打开"渲染"面板，在该面板中可以对出图的尺寸等参数进行设置，如图 11-101 所示。

Step24：设置完成后单击"渲染"按钮，打开 Rhino 渲染对话框，如图 11-102 所示。

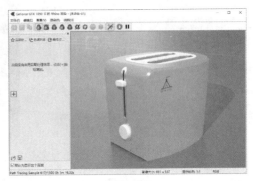

| 图 11-101 | 图 11-102 |

Step25：在 Rhino 渲染对话框中等待渲染完成后，单击"保存" 按钮即可保存渲染后的图像。如图 11-103、图 11-104 所示为保存的渲染图像。

图 11-103

图 11-104

至此，完成多士炉模型的渲染。

自我巩固

完成本章的学习后，可以通过练习本章的相关内容，进一步加深理解。下面将通过渲染手机充电头模型和温莎椅模型加深记忆。

1. 渲染手机充电头模型

本案例通过渲染手机充电头模型，练习 Rhino 内置渲染的相关操作。制作完成后的效果如图 11-105、图 11-106 所示。

设计要领：

Step01：新建材质，并调整参数，设置底平面。

Step02：新建材质，并调整参数，将材质赋予给物件。

Step03：贴图物件并进行调整。

Step04：添加灯光效果并进行调整。

2. 渲染温莎椅模型

本案例通过渲染温莎椅模型，练习材质的赋予、贴图和灯光的添加等操作。制作完成后的效果如图 11-107、图 11-108 所示。

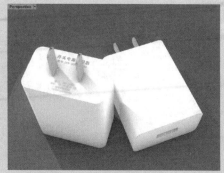

图 11-105

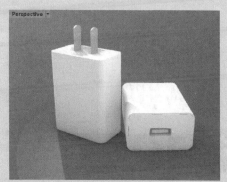

图 11-106

图 11-107

图 11-108

设计要领：

Step01：新建材质，并调整参数，设置底平面。

Step02：新建材质，将材质赋予给物件，调整贴图参数。

Step03：添加灯光效果并进行调整。

Rhino

第 12 章
KeyShot 渲染器
的应用

内容导读：

KeyShot 渲染器是一款专业的渲染软件，在使用时，不必进行复杂设置，即可创建真实的渲染效果。本章将针对 KeyShot 渲染器中 Rhino 文件的导入、KeyShot 工作界面、Keyshot 的"库"面板与"项目"面板等进行介绍。通过本章的学习，可以了解并掌握 KeyShot 渲染器的应用方法，学会渲染操作。

学习目标：

- 了解 KeyShot 渲染器；
- 了解"材质库"，学会添加材质；
- 学会设置灯光效果；
- 掌握颜色、环境、纹理的设置方法；
- 学会渲染。

12.1 认识 KeyShot 渲染器

KeyShot 渲染器是一款非常容易上手的渲染器，该渲染器具有独立的实时光线追踪和全局照明系统，主要用于创建 3D 渲染、动画和交互式视觉效果。与其他渲染软件相比，KeyShot 主要有以下 3 种优点：

（1）快速

KeyShot 渲染器是一款实时渲染器，该渲染器中的一切都是实时发生的，用户可以立即看到材质、灯光和相机的所有变化。

（2）简单

KeyShot 渲染器的使用非常简单，用户只需导入数据，再将材料拖拽至模型上进行渲染分配，然后调整灯光和移动摄像机，即可渲染出逼真的效果图。

（3）准确

KeyShot 是最准确的 3D 数据渲染解决方案。KeyShot 建立于 Luxion 内部开发的物理校正渲染引擎的基础上，该引擎基于科学准确的材料表示和全局照明领域的研究。

除了以上 3 点外，KeyShot 渲染器还支持更多的 3D 文件格式，同时，因 KeyShot 渲染器是基于 CPU 的，所以该渲染器可以处理非常大型的数据集，只要电脑具有足够的可用内存，甚至可以轻松处理数以百万计的变形模型。

12.2 将 Rhino 文件导入 KeyShot

KeyShot 渲染器可以导入超过 25 种不同的文件类型，其中自然包括 Rhino 软件存储的（*.3dm）格式。

导入 Rhino 文件的方式非常简单，打开 KeyShot 渲染器，执行"文件 > 导入"命令或单击"工具栏"中的"导入" 按钮，打开"导入文件"对话框，选中要导入的文件，单击"打开"按钮，打开"KeyShot 导入"对话框，如图 12-1 所示，设置参数后单击"导入"按钮即可，如图 12-2 所示。

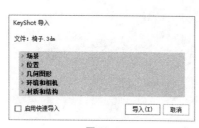

图 12-1

图 12-2

知识链接 ⚭

若导入模型发生倾斜等情况，用户可以在 KeyShot 软件中选中导入的模型，右击鼠标，在弹出的快捷菜单中选择"移动模型"选项，打开相应的对话框进行设置即可，如图 12-3 所示。也可以直接在实时视图中通过操作轴进行调整，如图 12-4 所示。

图 12-3 图 12-4

注意事项

保存 Rhino 文件时，考虑到软件的兼容性问题，可以将 Rhino 文件保存为
Rhino6.0 版本，以便导入至 KeyShot 渲染器中。

12.3 KeyShot 工作界面

KeyShot 是围绕场景的实时视图构建的单一界面，用户可以根据个人习惯浮动或停靠窗口。如图 12-5 所示为 KeyShot 渲染器的工作界面。

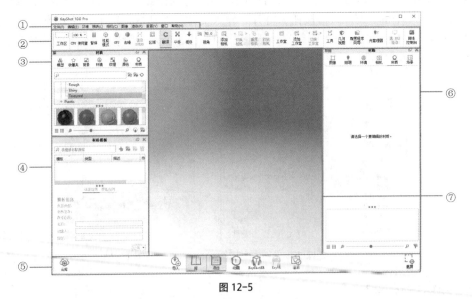

图 12-5

①—菜单栏；②—"常用功能"面板；③—"库"面板；④—"材质模板"面板；
⑤—工具栏；⑥—"项目"面板；⑦—实时视图

下面将针对 KeyShot 渲染器工作界面中常用的部分进行介绍。

12.3.1　菜单栏

菜单栏中存放着 KeyShot 渲染器中的各类命令，如图 12-6 所示。

文件(F)　编辑(E)　环境　照明(L)　相机(C)　图像　渲染(R)　查看(V)　窗口　帮助(H)

图 12-6

菜单栏中部分菜单的作用如下：
① 文件：用于存放与文件相关的命令，如"新建""导入""打开"等。
② 环境：用于存放与环境相关的命令。
③ 相机：用于存放设置相机的命令。
④ 窗口：用于设置 KeyShot 渲染器中窗口的打开与关闭。
⑤ 帮助：该菜单中的命令可以帮助用户更好地了解与使用 KeyShot 渲染器。

12.3.2　"常用功能"面板

"常用功能"面板中包括一些 KeyShot 渲染器中常用的设置、工具、命令和窗口等，如图 12-7 所示。用户可以右击"常用功能"面板，在弹出的快捷菜单中选择选项使其显示或隐藏。

图 12-7

"常用功能"面板中部分选项的作用如下：
① 工作区：用于选择预设的实时视图，也可以对界面颜色的深浅进行调整。
② 暂停：选择该选项将暂停实时视图渲染。
③ 性能模式：选择该选项将切换至较低的实时渲染设置以得到更快的性能。
④ 去噪：用于对图像降噪。
⑤ 翻滚：选择该选项，按住鼠标左键在"实时视图"中拖拽时，可以翻转视图。"翻转""平移"和"推移"选项不可同时选中。
⑥ 平移：选择该选项，按住鼠标左键在"实时视图"中拖拽时，可以平移视图。
⑦ 推移：选择该选项，按住鼠标左键在"实时视图"中拖拽时，可以推移视图。
⑧ 视角：用于设置相机视角。
⑨ 工具：用于放置 KeyShot 渲染器中的一些工具，如图 12-8 所示。

图 12-8

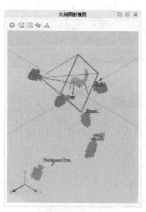

图 12-9

⑩ 几何视图：单击该选项，将打开"几何图形视图"面板，如图 12-9 所示。在该面板中用户可以选择不同的相机展示不同的效果。

⑪ 光管理器：选择该选项将打开"光管理器"面板，如图 12-10 所示。

图 12-10

12.3.3 "库"面板

"库"面板中包括 KeyShot 渲染器自带的材质、灯光、环境、背景、纹理等选项卡。用户在渲染时可以根据需要选择选项卡，对环境、纹理、模型材质、背景等进行选择，然后拖拽至"实时视图"中即可。如图 12-11~图 12-13 所示分别为"库"面板中的"材质"选项卡、"环境"选项卡及"模型"选项卡。

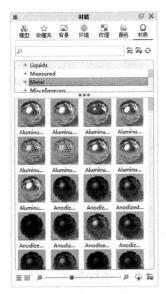

图 12-11

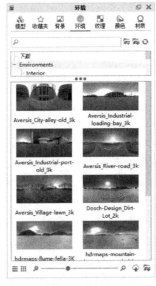

图 12-12

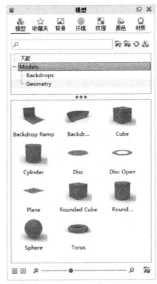

图 12-13

> 😊 **注意事项**
>
> "模型"选项卡中包含可用于向场景添加上下文的模型选择，以及可以在其中显示产品的整个场景。用户可以合理利用这些模型，得到效果更好的渲染图。

12.3.4 工具栏

通过"工具栏"，用户可以快速访问 KeyShot 渲染器中最常用的窗口或功能，如图 12-14 所示。单击"工具栏"中的按钮，即可打开相应的面板或执行对应的操作。

图 12-14

12.3.5 "项目"面板

"项目"面板中包括场景中所有的设置及其模型信息，该面板中包括"场景""材质""相机""环境""照明"和"图像"6个选项卡。如图12-15~图12-17所示分别为"场景"选项卡、"相机"选项卡和"环境"选项卡。

图 12-15

图 12-16

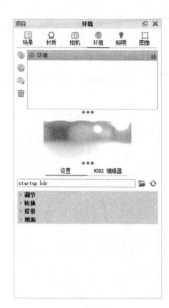

图 12-17

"项目"面板中部分选项卡的作用如下：

① 场景：该选项卡中包含场景中的所有项目，用户可以通过该选项卡中的模型集，更轻松地处理模型。

② 材质：该选项卡中包括所有用到的材质，用户可以选中相应的材质进行设置。

③ 相机：该选项卡中包括所有相机，用户可以对选中的相机进行设置。

④ 环境：在该选项卡中用户可以添加和编辑场景的 HDR 光照以及背景和接地性能。

⑤ 照明：通过该选项卡，用户可以轻松控制场景的全局照明设置。

⑥ 图像：用于设置图像尺寸及纵横比，用户还可以在该选项卡中添加非破坏性图像效果。

注意事项

用户可以通过"工具栏"中的"项目"按钮隐藏或显示"项目"面板，也可以通过空格键切换"项目"面板的隐藏或显示。

12.3.6 实时视图

"实时视图"是 KeyShot 渲染器中最主要的组成部分，用户可以在该区域中直观地看到模型效果，还可以对模型大小、位置等进行调整。

12.4 材质库

材质库中包括多种应用于模型的材质预设，选择"库"面板中的"材质"选项卡，即可找到这些材质预设，如图 12-18 所示。本节将针对材质库进行介绍。

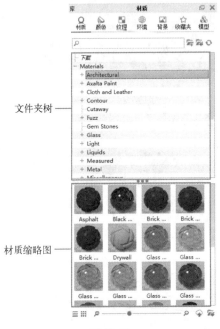

图 12-18

重点 12.4.1 赋予材质

为模型添加不同的材质可以使其呈现不同的效果，用户可以很方便地将"材质库"中的材质赋予至模型上。

选择"文件夹树"中的文件夹，在"材质缩略图"区域展开相应的材质缩略图，选中需要的材质，将其拖拽至"实时视图"中的模型上，即可为其添加相应的材质，如图 12-19、图 12-20 所示。

图 12-19

图 12-20

用户也可以将材质拖拽至"项目"面板"场景"选项卡中相应的模型上，用于赋予材质。

重点 ## 12.4.2　编辑材质

添加材质后，即可在"项目"面板中的"材质"选项卡中对其进行编辑。用户可以通过多种方式展开相应材质的"材质"选项卡。

选择"项目"面板中的"材质"选项卡，双击底部的材质缩略图，即可对该材质进行编辑，如图 12-21 所示。不同材质的"材质"选项卡也有所不同，如图 12-22 所示为选择其他材质缩略图时的"材质"选项卡。

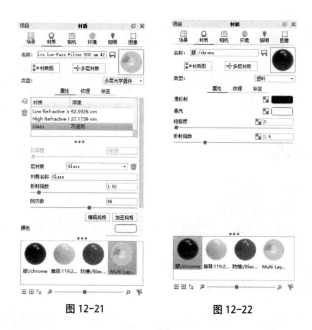

图 12-21　　　　　图 12-22

常见的一些材质选项作用如下：

① 漫反射：许多类型的材质都包括"漫反射"选项，该选项可以控制材质上漫反射光线的颜色。

② 高光：若反射面比较光滑，当平行入射的光线射到这个反射面时，仍会平行地向一个方向反射出来，这种反射就属于镜面反射，即常说的高光。当表面经过抛光并且几乎没有缺陷时，材料会呈现反光或光泽。当镜面反射颜色设置为黑色时，材质将不会出现高光。

③ 折射指数：当光以不同的速度穿过不同的介质时，会发生折射。不同的材质，其折射率也有所不同，如水的折射率为 1.33，玻璃的折射率为 1.5 等。用户可以通过设置不同的折射率表现不同的材质特点。

④ 粗糙度：该选项可以在表面添加微观级别的缺陷以创建粗糙的材料。

除了在"材质"选项卡中选择要编辑的材质外，用户还可以在"实时视图"中双击模型上的部分，对该部分的材质进行编辑。

知识链接 ◎

在设置材质时，用户还可以将材质转换为多层材质，以促进非破坏性材料交换、变化或颜色研究。单击"项目"面板"材质"选项卡中的"多层材质" 多层材质 按钮，即可打开"多层材质"列表，如图 12-23 所示。用户可以将材质预设拖拽至该列表中，添加子材质，如图 12-24 所示。

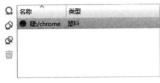

图 12-23

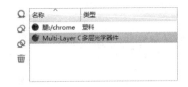

图 12-24

在该列表中选择一种材质，即可对该材质进行编辑，并在"实时视图"中观看到该种材质的效果。若要从"多层材质"列表中删除材料，选中后单击该列表左侧的"删除材质" 🗑 按钮即可。

上手实操：渲染白炽灯泡模型

通过渲染白炽灯泡，练习编辑材质的操作方法。效果如图 12-25 所示。

扫码看视频

图 12-25

12.5 　 颜色库

颜色库中包括 KeyShot 渲染器中预设的所有颜色，用户可以选择颜色库中的颜色并将其应用至"实时视图"中的模型上，以替代材质的原色，如图 12-26、图 12-27 所示。

若要替换材质的其他颜色参数，可以按住 Alt 键将颜色拖拽至模型上，即可在材质的所有颜色值之间进行选择，如图 12-28 所示。

图 12-26

图 12-27

图 12-28

知识链接 🔗

单击"库"面板"颜色"选项卡中的"在选定组中寻找感觉最接近的颜色" ⑪ 按钮，即可打开"颜色拾取工具"对话框，用户可以在该对话框中选择一种颜色，单击"确定"按钮，即可在"颜色"选项卡中找到相似的颜色，如图 12-29、图 12-30 所示。

除了预设的颜色外，用户也可以添加颜色或颜色组。选中"颜色"选项卡中的"文件夹树"，单击"新建文件夹" 📁 按钮或在"文件夹树"中右击，在弹出的快捷菜单中选择"添加"选项，即可打开"新建组"对话框。在该对话框中设置新组的名称后，单击"确定"按钮，即可新建颜色组，如图 12-31 所示。

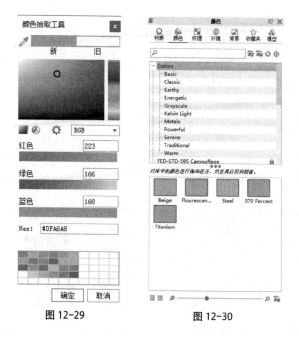

图 12-29   图 12-30

在"颜色缩略图"区域右击鼠标，在弹出的快捷菜单中选择"添加颜色"选项，即可打开"添加颜色"对话框，如图 12-32 所示。设置颜色名称并选取颜色后，单击"确定"按钮，即可为当前选中的文件夹添加颜色，如图 12-33 所示。

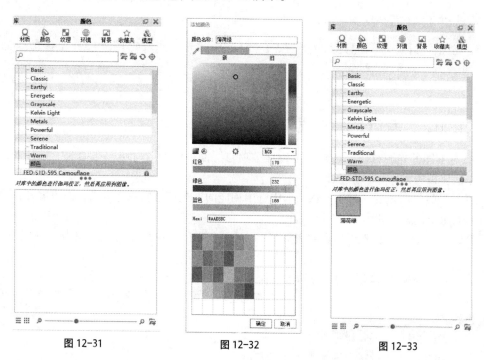

图 12-31   图 12-32   图 12-33

12.6　灯光

灯光可以增加场景的真实感，使模型更加立体，同时氛围感更强。在 KeyShot 渲染器中，用户可以通过光源材质创建照明效果。

12.6.1　利用光源材质作为光源

在 KeyShot 渲染器中，任何几何体都可以变为光源。KeyShot 渲染器中的光源材质分为区域灯、IES 灯、点光源和聚光灯 4 种类型。

这 4 种光源材质的作用分别如下：

① 区域灯：该类型材质可提供广泛的光色散，类似于泛光灯效果，如图 12-34 所示。

② IES 灯：该类型材质可以表现光源亮度分布，如图 12-35 所示。

③ 点光源：将点光源应用于几何体将会替换位于零件中心的点，如图 12-36 所示。

④ 聚光灯：该类型光源可以制作出聚光灯效果，如图 12-37 所示。

图 12-34　　　　　　图 12-35　　　　　　图 12-36　　　　　　图 12-37

注意事项

为了更好地观察灯光效果，用户可以在添加光源材质之前添加一个模型作为背景。

12.6.2　编辑光源材质

针对不同的光源材质，用户都可以在"项目"面板中的"材质"选项卡中对其进行调整。下面将以聚光灯为例进行介绍。

在"项目"面板的"材质"选项卡中选中相应的聚光灯材质球并双击，即可展开相关的选项对其进行调整，如图 12-38 所示。

用户可以通过调整光束角调整聚光灯的大小，如图 12-39 所示为光束角为"30°"时的效果。

聚光灯"材质"选项卡中部分选项的作用如下：

① 颜色：用于设置灯光颜色。单击右侧的色块即可打开"颜色拾取工具 - 颜色"对话框进行设置。

② 电源：用于设置光源强度。

③ 光束角：用于设置表示光束大小的角度。

④ 衰减：用于设置光束向边缘变暗的点。数值越高，从亮到暗的过渡就越柔和。

⑤ 半径：用于设置从该灯光投射的阴影的柔和度。半径越大，阴影越柔和。

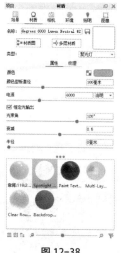

图 12-38

图 12-39

知识链接 ⊘

除了光源材质外,"项目"面板中的"照明"选项卡中还有一些预设的照明效果,如图 12-40 所示。

该面板中部分选项的作用如下:

① 基本:该预设为基本场景和快速性能提供简单、直接的带阴影的照明。常用于渲染由环境照亮的简单模型。

② 产品:该预设提供带阴影的直接照明和间接照明。常用于渲染具有被环境和局部照明照亮的透明材料的产品。

③ 室内:该预设具有针对内部照明优化的带阴影的直接照明和间接照明,适用于具有间接照明的复杂室内照明。

④ 珠宝:该预设与"室内"类似,但增加了地面照明、光线反射和焦散。

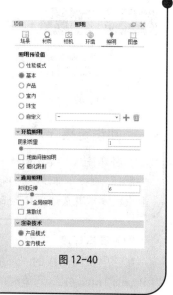

图 12-40

 上手实操:渲染单人沙发模型

通过渲染单人沙发模型,练习渲染的相关操作,效果如图 12-41 所示。

12.7 环境库

KeyShot 渲染器主要通过环境照明来照明场景,用户可以在环境库中找到许多环境照明预设,如图 12-42 所示。

图 12-41

扫码看视频

(1)添加环境

在 KeyShot 渲染器中,用户可以选择多种方式添加环境。常见的有以下两种:

① 选中"库"面板"环境"选项卡中的环境，拖拽至"实时视图"中，即可替换当前环境，如图 12-43、图 12-44 所示。

② 双击"库"面板"环境"选项卡中的环境，即可替换当前环境。

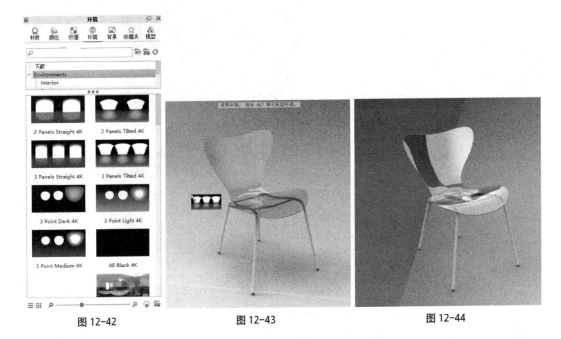

图 12-42   图 12-43   图 12-44

知识链接 ⊘

将环境从"库"面板"环境"选项卡中拖拽至"实时视图"中时，按住 Alt 键可在"项目"面板"环境"选项卡中新建环境。用户也可以直接从"库"面板"环境"选项卡中拖拽环境至"项目"面板"环境"选项卡中新建环境。

（2）编辑环境

在"项目"面板的"环境"选项卡中，可以对环境进行编辑。如图 12-45 所示为使用"3 Panels Tilted 4K"环境时的"环境"选项卡。

该选项卡中部分选项的作用如下：

① 亮度：用于调整环境亮度。

② 对比度：用于增加环境暗部和亮部对比。

③ 大小：用于决定环境的大小。

④ 高度：用于设置环境相对于地平面的垂直位置。

⑤ 旋转：用于设置环境旋转。

⑥ 照明环境：选择该选项将使用照明环境的图像作为场景中的背景，用户可以按 E 键快速切换。

⑦ 颜色：选择该选项将使用颜色作为场景中的背景，用户可以选择合适的颜色。按 C 键可以快速切换。

⑧ 背景图像：选择该选项将打开"打开背景"对话框以选择背景图像。按 B 键可以快速切换。

⑨ 地面阴影：选择该复选框，将显示地面阴影，用户可以自定义阴影的颜色。

⑩ 地面遮挡阴影：选择该复选框，将使用遮挡阴影代替投影。

320   中文版犀牛 Rhino 从入门到精通

⑪ 地面反射：选择该复选框，将显示地面反射。

⑫ 整平地面：选择该复选框，可将低于地面的环境部分投影到地平面上，若场景中的背景为照明环境，则关联高度和宽度。

⑬ 地面大小：用于设置虚拟地平面的大小，该选项仅影响地面阴影的效果。

> **知识链接** ◎
>
> 在"库"面板中，有专门的"背景"选项卡，用户可以通过该选项卡选取合适的背景拖拽至"实时视图"中，添加背景图像效果。

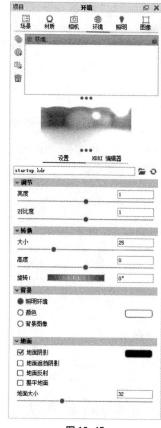

图 12-45

12.8 纹理库

纹理可以为模型添加图像或程序纹理，创建细节，使渲染效果更加独特。常见的纹理类型包括图像纹理、2D 纹理和 3D 纹理。其中图像纹理是使用图像文件作为纹理，2D 纹理和 3D 纹理都是程序生成的。下面将针对纹理的应用进行介绍。

（1）添加纹理

"库"面板"纹理"选项卡中包括 KeyShot 渲染器中大量的纹理预设，如图 12-46 所示。用户直接从该选项卡中拖拽纹理至"实时视图"中的模型上，即可打开"纹理贴图类型"面板，如图 12-47 所示，在该面板中选择纹理贴图类型即可。

用户也可以直接拖拽纹理至"项目"面板"材质"选项卡中"纹理"类型相应的贴图类型上，添加纹理效果。

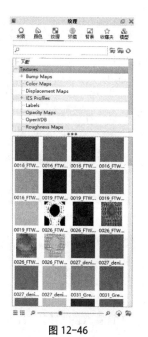

图 12-46

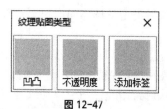

图 12-47

若在"库"面板"纹理"选项卡中没有找到需要的纹理效果，也可以从文件添加纹理，常见的方式有以下三种：

① 勾选"项目"面板"材质"选项卡中"纹理"类型相应的贴图类型或双击，即可打开"打开纹理贴图"对话框进行选择；

② 单击"库"面板"纹理"选项卡中的"导入" ![按钮]按钮，打开"选择要导入的文件"对话框进行选择；

③ 直接从文件夹中拖拽图像至"实时视图"中的模型上，在弹出的"纹理贴图类型"面板中选择纹理贴图类型即可。

（2）贴图类型

KeyShot渲染器中有4种主要的贴图类型，即漫反射、高光、凹凸和不透明度，如图12-48所示。

图12-48

这4种贴图类型的作用分别如下：

① 漫反射：该贴图类型可提供全彩色信息，并在使用具有alpha透明度的PNG时显示透明度。

② 高光：该贴图类型可以使用黑色和白色的值指示具有不同水平镜面强度的区域。其中，黑色表示镜面反射率为0%的区域，而白色表示镜面反射率为100%的区域。

③ 凹凸：该贴图类型可在材质中创建不可能包含在模型中的精细细节，如金属拉丝等。用户可以通过"凹凸高度"参数设置凹凸的效果。

④ 不透明度：该贴图类型可以使用黑白值或alpha通道使材质区域透明。

注意事项

在"项目"面板"材质"选项卡中，按住鼠标左键拖拽即可将纹理从一种贴图类型移动到另一种，若按住Alt键拖拽，将复制拖拽的纹理。

（3）映射类型

用户可以拍摄2D图像以图形纹理或2D纹理的方式放置到3D对象上，当图像纹理或2D纹理处于活动状态时，可以在"项目"面板"材质"选项卡中选择7种映射类型，如图12-49所示。

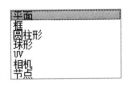

图12-49

这7种映射类型效果分别如下：

① 平面：该映射类型在X、Y或Z轴上投影纹理。在非指定轴的方向上，纹理将被拉伸。

② 框：该映射类型的纹理拉伸最小，适用于大多数情况。选择该映射类型将从立方体的六个侧面向三维模型投影纹理。

③ 圆柱体：该映射类型从圆柱体向内投影纹理，纹理在朝向圆柱体内部的曲面上投影出最佳效果。

④ 球体：该映射类型从球体向内投影纹理，与平面贴图相比，在处理多面对象时拉伸较少。

⑤ UV：该映射类型可以设计纹理贴图应用于每个表面的方式。

⑥ 相机：该映射类型保持纹理相对于摄影机的方向，在曲面上提供一致的纹理外观。

⑦ 节点：该映射类型允许用户驱动纹理与另一个节点的映射。若要使用节点进行纹理

映射，需要将节点的输出套接字拖放到要驱动的图像纹理或 2D 纹理上，并将其作为 UV 映射输入连接到纹理。如图 12-50 所示为打开的"材质图"面板。

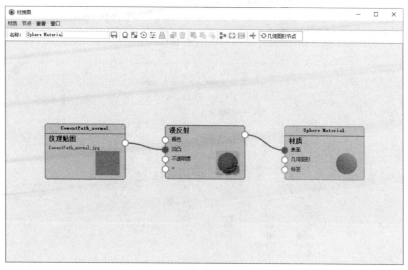

图 12-50

（4）移动纹理

添加纹理后，单击"项目"面板"材质"选项卡中"纹理"区域的"移动纹理"按钮，即可在"实时视图"中对纹理进行移动，如图 12-51、图 12-52 所示。完成后单击"确认" ☑ 按钮即可。

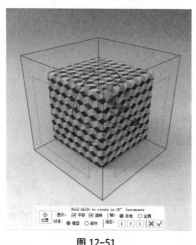

图 12-51

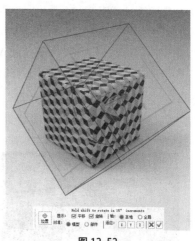

图 12-52

12.9　渲染

调整完模型后，即可渲染出图。下面将对渲染设置及出图操作进行介绍。

12.9.1　输出

在 KeyShot 渲染器中输出文件有多种方式。用户可以执行"渲染 > 渲染"命令或按 Ctrl+P 组合键或单击"工具栏"中的"渲染" 按钮，即可打开"渲染"对话框，如图 12-53 所示。

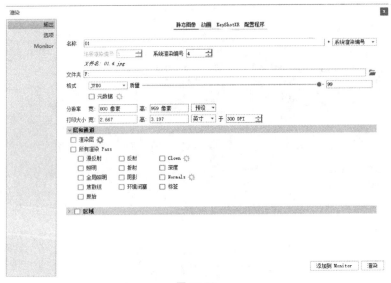

图 12-53

在该对话框中，用户可以选择 4 种输出类型：静态图像、动画、KeyShotXR 和配置程序。这 4 种输出类型的作用分别如下：

① 静态图像：用于输出单一的静态图像。

② 动画：用于输出动画，仅当场景中存在动画时才可以选择该类型。

③ KeyShotXR：用于输出包含所有代码和图像的交互式 KeyShotXR。该类型仅在配置有 KeyShotWeb 插件时可用。

④ 配置程序：用于渲染通过配置器向导设置的一系列静止图像及其随附的可选模型、材质和工作室变体的元数据，若有 KeyShotWeb 插件，还可以为 Web 输出。

选择相应的输出类型后，对输出文件的名称、文件位置、格式等参数进行设置，设置完成后单击"渲染"按钮，即可打开渲染输出窗口输出图像，渲染过程及完成效果分别如图 12-54、图 12-55 所示。

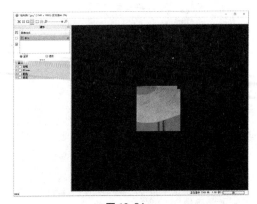

图 12-54

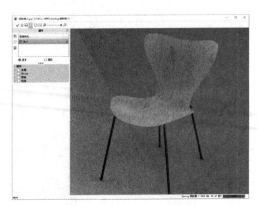

图 12-55

用户也可以单击"添加到 Monitor"按钮将该设置添加到队列中，单击"处理 Monitor"按钮依次渲染，如图 12-56 所示。

图 12-56

12.9.2 选项

在"渲染"对话框中，还包括一个"选项"选项卡，该选项卡中包含渲染模式和渲染质量的所有设置，如图 12-57❶ 所示。

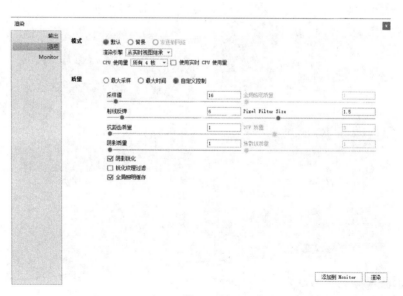

图 12-57

在该选项卡中，用户可以对渲染的模式和质量进行设置，以得到更好的渲染效果。其中，部分选项的作用如下：

① 模式：用于选择渲染模式并进行设置，可选的渲染模式包括"默认""背景"和"发

---

❶ 图 12-57 中的"抗距齿质量"应为"抗锯齿质量"。

送到网络" 3 种。其中，选择"默认"渲染模式可以在调整渲染输出设置后立即渲染；选择"背景"渲染模式允许用户在背景中运行渲染并继续工作；选择"发送到网络"渲染模式允许用户将渲染作业发送到 KeyShot 网络渲染监视器。

② CPU 使用量：用于设置 CPU 的使用。

③ 质量：用于设置质量输出选项，包括"最大采样""最大时间"和"自定义控制" 3 种。其中，选择"最大采样"可以对采样值和 Pixel Filter Size（像素过滤大小）进行调整；选择"最大时间"将在设置的时间量内逐步优化渲染；选择"自定义控制"可在高噪点或阴影区域产生更平滑的结果。

④ 射线反弹：用于设置光线在场景中反弹时计算的次数。

⑤ 抗锯齿质量：用于设置像素边缘平滑强度，默认为 1。

⑥ 阴影质量：用于控制地面和物体的阴影质量。该数值会影响渲染时间，数值越高，渲染时间越长。

⑦ Pixel Filter Size：用于设置图像像素模糊，以避免计算机生成的图像可能具有过于清晰的外观的情况。

⑧ DOF 质量（景深质量）：用于制作景深效果。

⑨ 阴影锐化：选择该复选框，可得到较为清晰的阴影。

👑 进阶案例：渲染充电宝模型

本案例练习渲染充电宝。涉及的知识点包括材质的赋予、模型的添加、灯光的设置等。下面将针对具体的操作步骤进行介绍。

Step01：打开 KeyShot 软件，导入本章素材文件"充电宝 .3dm"，如图 12-58 所示。

Step02：单击"库"面板中的"模型"选项卡，选择"Cylinder"模型拖拽至"实时视图"中，调整至合适大小与位置，重复一次，效果如图 12-59 所示。

图 12-58

图 12-59

😊 注意事项

添加的模型的位置及大小要根据导入模型进行调整，此步骤中的数值如图 12-60、图 12-61 所示。

图 12-60

图 12-61

Step03：单击"库"面板中的"材质"选项卡，选择"Plastic"材质中的"Hard Textured Plastic Black"材质球，拖拽至外壳上，效果如图 12-62 所示。

Step04：使用相同的方法，选择"Plastic"材质中的"Hard Textured Plastic Black"材质球，拖拽至"项目"面板"场景"选项卡中的"内"图层上，赋予材质，效果如图 12-63 所示。

图 12-62   图 12-63

Step05：选择"Plastic"材质中的"Plastic Cloudy Shiny Grey 3mm"材质球，拖拽至"项目"面板"场景"选项卡中的"边缘棱线"图层上，赋予材质，效果如图 12-64 所示。

Step06：选择"Paint"材质中的"Paint Metallic Cool Grey"材质球，拖拽至"项目"面板"场景"选项卡中的"按钮"图层上，赋予材质，效果如图 12-65 所示。

图 12-64   图 12-65

Step07：选择"Plastic"材质中的"Hard Bough Plastic White"材质球，拖拽至"项目"面板"场景"选项卡中的"插孔塑料"图层上，赋予材质，效果如图 12-66 所示。

Step08：选择"Metal"材质中的"Aluminum Textured"材质球，拖拽至"项目"面板"场景"选项卡中的"插孔金属"图层上，赋予材质，效果如图 12-67 所示。

图 12-66   图 12-67

Step09：选择"Light"材质中的"Emissive Cool"材质球，拖拽至"项目"面板"场景"选项卡中的"指示灯"图层上，赋予材质，效果如图 12-68 所示。

Step10：单击"库"面板中的"模型"选项卡，选择"Sphere"模型拖拽至"实时视图"中，调整至合适位置，如图 12-69 所示。

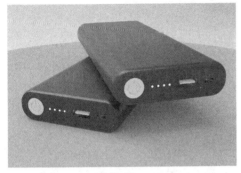

图 12-68

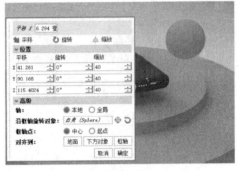

图 12-69

Step11：选择"库"面板"材质"选项卡中的"Light"材质，在下方的材质球中选择"Flat moon 480 down LED 3000K 12850009"材质，拖拽至"项目"面板"场景"选项卡中的"Sphere"图层上，赋予材质，效果如图 12-70 所示。

Step12：在"项目"面板"材质"选项卡中双击"Flat moon 480 down LED 3000K 12850009"材质球，调整其"倍增器"选项为 0.05，其他保持默认，效果如图 12-71 所示。

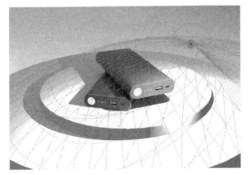

图 12-70

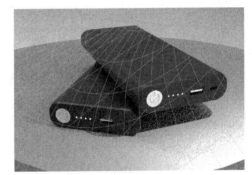

图 12-71

Step13：使用相同的方法，继续添加模型并添加光源材质，如图 12-72 所示。

Step14：选择"库"面板"环境"选项卡中的"3 Point Light 4K"环境，拖拽至"实时视图"中，设置环境，效果如图 12-73 所示。

图 12-72

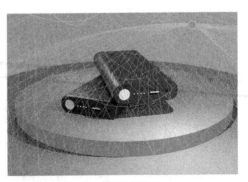

图 12-73

Step15：单击"工具栏"中的"渲染" 📷 按钮，打开"渲染"对话框设置参数，如图 12-74 所示。设置完成后单击"添加到 Monitor"按钮。

Step16：关闭"渲染"对话框，调整"实时视图"中的角度，如图 12-75 所示。

图 12-74

图 12-75

Step17：单击"工具栏"中的"渲染" 📷 按钮，打开"渲染"对话框设置参数，如图 12-76 所示。设置完成后单击"添加到 Monitor"按钮。

Step18：切换至"Monitor"选项卡，如图 12-77 所示。

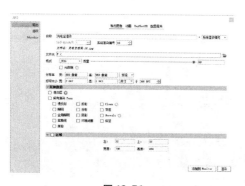

图 12-76

图 12-77

Step19：单击"处理 Monitor"按钮，渲染图像。渲染完成后的效果如图 12-78、图 12-79 所示。

图 12-78

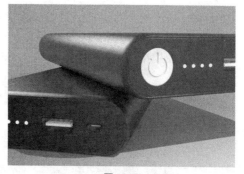

图 12-79

至此，完成充电宝模型的渲染。

综合实战：渲染热水壶模型

本案例练习渲染热水壶。涉及的知识点包括材质的赋予、模型的添加、灯光的设置等。下面将针对具体的操作步骤进行介绍。

Step01：打开 KeyShot 软件，导入本章素材文件"热水壶.3dm"，如图 12-80 所示。

Step02：单击"库"面板中的"模型"选项卡，选择"Cylinder"模型拖拽至"实时视图"中，调整至合适大小与位置，重复一次，效果如图 12-81 所示。

图 12-80

图 12-81

注意事项

此步骤中添加模型的参数如图 12-82、图 12-83 所示。

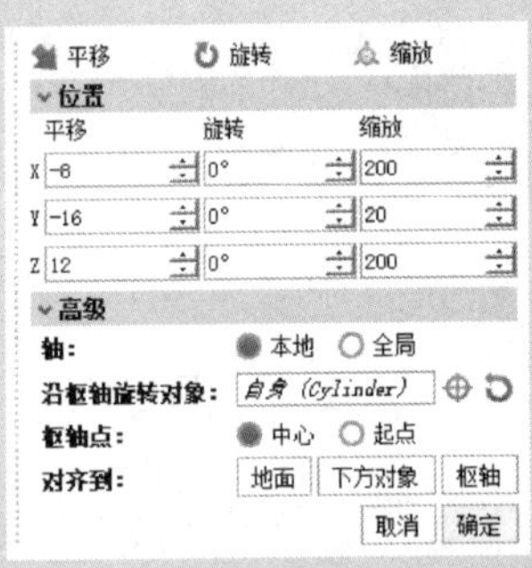

图 12-82

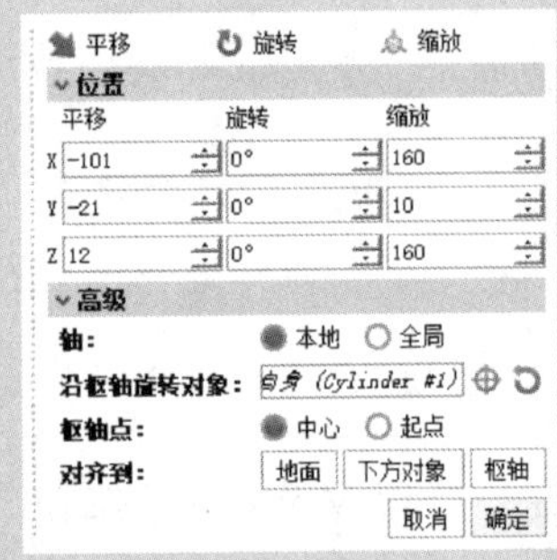

图 12-83

Step03：在"项目"面板"材质"选项卡中双击"Cylinder#1"材质球，调整其颜色为米黄色（C：0%，M：9%，Y：32%，K：5%），效果如图 12-84 所示。

Step04：使用相同的方法，调整"Cylinder"材质球颜色，如图 12-85 所示。

图 12-84

图 12-85

Step05：使用相同的方法，添加"Cube"模型，如图 12-86 所示。

图 12-86

> ### 注意事项
>
> 此步骤中添加模型的参数如图 12-87、图 12-88 所示。
>
>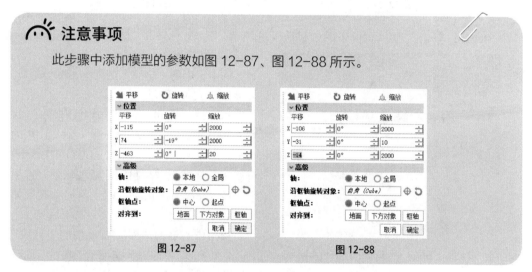
>
> 图 12-87 图 12-88

Step06：在"项目"面板"材质"选项卡中调整地面材质球颜色为浅黄色（C：0%，M：9%，Y：42%，K：5%），调整竖向材质球（背景）颜色为浅棕色（C：0%，M：21%，Y：56%，K：9%），效果如图 12-89 所示。

Step07：单击"库"面板中的"材质"选项卡，选择"Plastic"材质中的"Hard Shiny Plastic Red"材质球，拖拽至壶身上，效果如图 12-90 所示。

图 12-89

图 12-90

Step08：在"项目"面板"材质"选项卡中调整"Hard Shiny Plastic Red"材质球"漫反射"颜色为浅绿色（C：17%，M：0%，Y：29%，K：13%），效果如图 12-91 所示。

Step09：拖拽"项目"面板"材质"选项卡中的"Hard Shiny Plastic Red"材质球至壶盖及壶盖把手上，效果如图 12-92 所示。

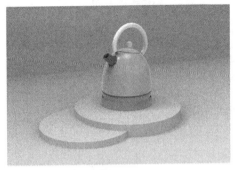

图 12-91

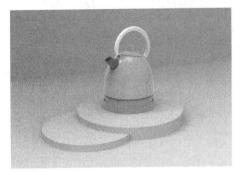

图 12-92

Step10：单击"库"面板中的"材质"选项卡，选择"Metal"材质中的"Aluminum Rough"材质球，拖拽至"项目"面板"场景"选项卡中的"金属"图层上，赋予材质，效果如图 12-93 所示。

图 12-93

Step11：单击"库"面板中的"材质"选项卡，选择"Metal"材质中的"Anodized Aluminum Brushed 90°Black"材质球，拖拽至"项目"面板"场景"选项卡中的"logo"图层上，赋予材质，效果如图 12-94 所示。

Step12：单击"库"面板中的"材质"选项卡，选择"Plastic"材质中的"Hard Rough Plastic White"材质球，拖拽至"项目"面板"场景"选项卡中的"塑料"图层上，赋予材质，效果如图 12-95 所示。

图 12-94

图 12-95

Step13：在"项目"面板"材质"选项卡中调整"Hard Rough Plastic White"材质球"漫反射"颜色为深绿色（C：41%，M：0%，Y：76%，K：62%），效果如图 12-96 所示。

Step14：单击"库"面板中的"材质"选项卡，选择"Plastic"材质中的"Clear Rough Plastic Black"材质球，拖拽至"项目"面板"场景"选项卡中的"把手"图层上，赋予材质，效果如图 12-97 所示。

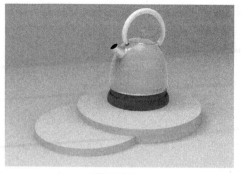

图 12-96

图 12-97

Step15：单击"库"面板中的"模型"选项卡，选择"Sphere"模型拖拽至"实时视图"中，调整至合适位置，如图 12-98 所示。

Step16：选择"库"面板"材质"选项卡中的"Light"材质，在下方的材质球中选择"Area Light 1200 Lumen Neutral"材质，拖拽至新添加的模型上，赋予材质，效果如图 12-99 所示。

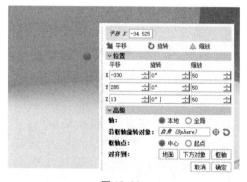

图 12-98

图 12-99

Step17：选择"库"面板"材质"选项卡中的"Light"材质，在下方的材质球中选择"Emissive Cool"材质，拖拽至"项目"面板"场景"选项卡中的"指示灯"图层上，赋予材质，效果如图 12-100 所示。

Step18：单击"工具栏"中的"渲染" 按钮，打开"渲染"对话框设置参数，如图 12-101 所示。设置完成后单击"添加到 Monitor"按钮。

图 12-100

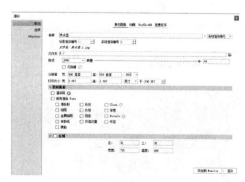

图 12-101

Step19：关闭"渲染"对话框，调整"实时视图"中的角度。单击"工具栏"中的"渲

染"⬛按钮，打开"渲染"对话框设置参数，如图 12-102 所示。设置完成后单击"添加到
Monitor"按钮。

Step20：切换至"Monitor"选项卡，如图 12-103 所示。

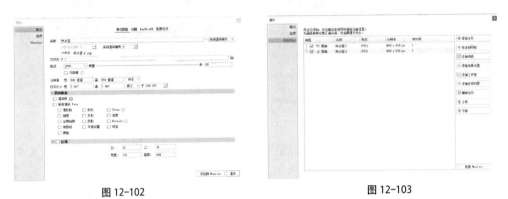

图 12-102   图 12-103

Step21：单击"处理 Monitor"按钮，渲染图像。渲染完成后的效果如图 12-104、图 12-105
所示。

图 12-104

图 12-105

至此，完成热水壶的渲染。

☺ 注意事项

在渲染时，为了达到更好的效果，用户可以选择添加背景或模型，使物件更有生
活气息，更加真实。

✎ 自我巩固

完成本章的学习后，可以通过练习本章的相关内容，进一步加深理解。下面将通过
渲染手持风扇模型和蓝牙音箱模型加深记忆。

1. 渲染手持风扇模型

本案例通过渲染手持风扇模型，练习使用 KeyShot 渲染器。渲染完成后的效果如
图 12-106、图 12-107 所示。

设计要领：

Step01：导入模型素材，为模型素材添加材质，并进行调整。

图 12-106

图 12-107

Step02：添加模型，制作背景。

Step03：添加灯光效果。

2. 渲染蓝牙音箱模型

本案例通过渲染蓝牙音箱，练习 KeyShot 渲染器渲染。渲染完成后的效果如图 12-108、图 12-109 所示。

图 12-108

图 12-109

设计要领：

Step01：导入模型素材，并添加材质进行调整。

Step02：添加模型，制作背景效果。

Step03：添加灯光效果。

Rhino

第 13 章
出图设置详解

📄 **内容导读:**

Rhino 可以生成 2D 视图,很好地与 CAD 等二维软件衔接。在制作完模型后,为了更好地展示模型,用户可以通过尺寸标注详细地标注模型,使其尺寸等信息更加直观。本章将针对尺寸标注的添加及型式的设置、剖面线的绘制、2D 视图的建立、视图文件的导出进行介绍。

🎯 **学习目标:**

- 学会进行尺寸标注;
- 了解剖面线的绘制方法;
- 了解尺寸标注型式的设置;
- 学会创建 2D 视图;
- 学会导出视图文件。

13.1　尺寸标注

尺寸标注可以清晰直观地展示模型的大小和各部分的相对位置。在 Rhino 软件中，用户可以轻松地为制作的模型添加尺寸标注。下面将针对常见的一些尺寸标注进行介绍。

重点 13.1.1　直线尺寸的标注

"直线尺寸标注"工具可以标注水平或垂直方向上的线性尺寸。

单击"标准"工具组中的"直线尺寸标注"工具或单击"出图"工具组中的"直线尺寸标注"工具，根据命令行中的指令，选取尺寸标注的第一点，然后选取尺寸标注的第二点，设置标注线位置即可，如图 13-1、图 13-2 所示。

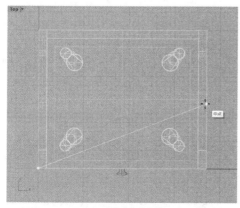

图 13-1

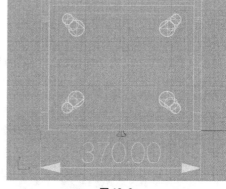

图 13-2

> **知识链接** 🔗
>
> 用户也可以执行"尺寸标注 > 直线尺寸标注"命令切换至"直线尺寸标注"工具进行标注。

标注直线尺寸时，命令行中的指令如下：

```
指令：_Dim
尺寸标注的第一点（注解样式 (A) = 毫米（大）　物件 (O)　连续标注 (C) = 否　基线（B）= 否）
尺寸标注的第二点
标注线位置（偏移距离）（水平（H）　垂直 (V)）
```

该命令行中各选项的作用如下：

① 注解样式：用于设置标注样式。单击该选项将打开"选取注解样式"对话框进行选择。

② 物件：选择该选项，将通过选取物件创建尺寸标注。

③ 连续标注：该选项为"是"时，可以沿同一尺寸线进行连续的直线尺寸标注。

④ 基线：该选项为"是"时，将从第一个点连续地标注尺寸。

⑤ 水平：选择该选项，将标注水平尺寸。

⑥ 垂直：选择该选项，将标注垂直尺寸。

在 Rhino 中，有专门的"水平尺寸标注" ⌐ 工具和"垂直尺寸标注" ⌐ 工具。用户可以单击"标准"工具组中"直线尺寸标注" ⌐ 工具右下角的"弹出尺寸标注" ◢ 按钮，打开"尺寸标注"工具组进行选择，如图 13-3 所示。也可以在"出图"工具组中选择使用。

图 13-3

重点 **13.1.2 对齐尺寸的标注**

"对齐尺寸标注" ↘ 工具可以标注由两点对齐的线性尺寸。

单击"标准"工具组中"直线尺寸标注" ⌐ 工具右下角的"弹出尺寸标注" ◢ 按钮，打开"尺寸标注"工具组，单击"对齐尺寸标注" ↘ 工具，或切换至"出图"工具组，选择"对齐尺寸标注" ↘ 工具，根据命令行中的指令，设置尺寸标注的第一点和第二点，然后设置标注线位置即可，如图 13-4、图 13-5 所示。

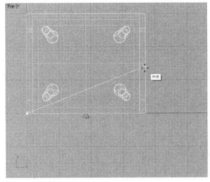

图 13-4

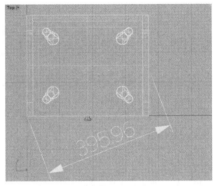

图 13-5

创建尺寸标注后，若想对尺寸标注进行编辑，可以双击创建的尺寸标注，打开相应的编辑对话框进行设置。如图 13-6 所示为对齐尺寸标注相应的对话框。

图 13-6

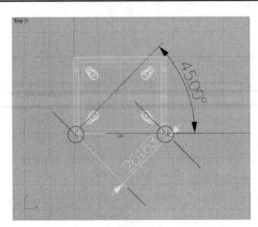

图 13-7

13.1.3　旋转尺寸的标注

"旋转尺寸标注" ↘️工具可以标注两点在某一角度上的线性距离，即两点在某一角度上的线性距离，如图 13-7 所示为旋转角度为 45°时选中两点间的尺寸。

单击"尺寸标注"工具组中的"旋转尺寸标注" ↘️工具，或执行"尺寸标注 > 旋转尺寸标注"命令，根据命令行中的指令，设置旋转角度，然后设置尺寸标注的第一点和第二点，最后设置标注线位置即可，如图 13-8、图 13-9 所示。

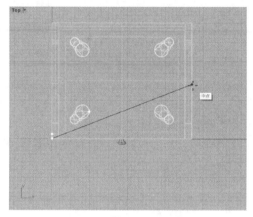

图 13-8　　　　　　　　　　　　　　　　图 13-9

13.1.4　纵坐标尺寸的标注

"纵坐标尺寸标注" 🔲工具可以标注距基准位置的 X 或 Y 距离。

单击"尺寸标注"工具组中的"纵坐标尺寸标注" 🔲工具或执行"尺寸标注 > 纵坐标尺寸标注"命令，根据命令行中的指令，选取尺寸标注点，然后设置标注引线端点，右击确认即可，如图 13-10、图 13-11 所示。

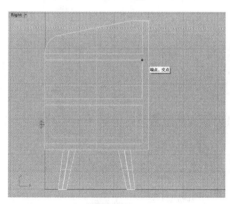
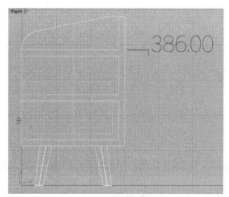

图 13-10　　　　　　　　　　　　　　　　图 13-11

标注纵坐标尺寸时，命令行中的指令如下：

指令：_DimOrdinate
尺寸标注点（注解样式 (A)= 毫米（大）　　X 基准 (X)　Y 基准 (Y)　基准点（B）=0.00,0.00,0.00）
标注引线端点（X 基准 (X)　Y 基准 (Y)　角点偏移（K）=20）
尺寸标注点（注解样式 (A)= 毫米（大）　　X 基准 (X)　Y 基准 (Y)　基准点（B）=0.00,0.00,0.00）

该命令行中部分选项的作用如下：

① X 基准：选择该选项，将标注 X 方向上的尺寸。

② Y 基准：选择该选项，将标注 Y 方向上的尺寸。

③ 基准点：用于设置基准点，默认为原点。

④ 角点偏移：用于设置角点偏移的距离，可制作标注引线倾斜效果。

注意事项

标注纵坐标尺寸可以通过标注相对于基点的 X 或 Y 方向上的尺寸防止累积错误。

重点 **13.1.5　半径尺寸的标注**

"半径尺寸标注" 工具可用于标注半径尺寸。

单击"尺寸标注"工具组中的"半径尺寸标注" 工具或执行"尺寸标注 > 半径尺寸标注"命令，根据命令行中的指令，选取要标注半径的曲线，然后设置尺寸标注的位置即可，如图 13-12、图 13-13 所示。

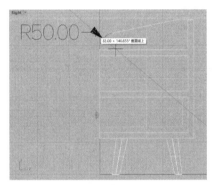

图 13-12

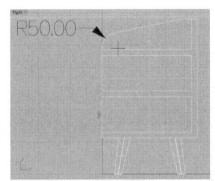

图 13-13

标注半径尺寸时，命令行中的指令如下：

指令：_DimRadius
选取要标注半径的曲线（注解样式 (A)= 毫米（大））
尺寸标注的位置（曲线上的点 (P)）

单击该命令行中的"曲线上的点"选项，可以在曲线上选取尺寸箭头开始的点。

上手实操：测量机械零件尺寸

通过测量机械零件尺寸，练习标注尺寸操作，效果如图 13-14 所示。

重点 **13.1.6　直径尺寸的标注**

"直径尺寸标注" 工具可以标注直径尺寸。

单击"尺寸标注"工具组中的"直径尺寸标注" 工具或执行"尺寸标注 > 直径尺寸标注"

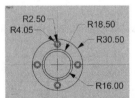

图 13-14

扫码看视频

命令，根据命令行中的指令，选取要标注直径的曲线，然后设置尺寸标注的位置即可，如图 13-15、图 13-16 所示。

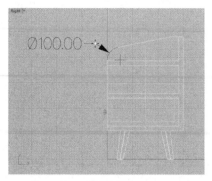

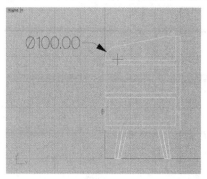

图 13-15

图 13-16

13.1.7　角度尺寸的标注

"角度尺寸标注"工具可以标注圆弧、两条直线或三个点之间的角度。

单击"尺寸标注"工具组中的"角度尺寸标注 / 角度尺寸标注（三点）"工具或执行"尺寸标注 > 角度尺寸标注"命令，根据命令行中的指令，选取圆弧或第一条直线，然后设置尺寸标注的位置即可，如图 13-17、图 13-18 所示。

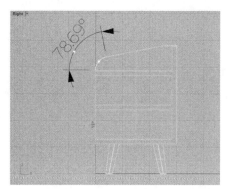
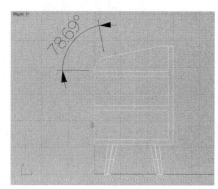

图 13-17

图 13-18

右击"角度尺寸标注 / 角度尺寸标注（三点）"工具，即可通过设置标注角度的顶点、尺寸标注的第一点和第二点创建角度尺寸标注，如图 13-19、图 13-20 所示。用户也可以通过命令行中的选项使用三点创建角度尺寸标注。

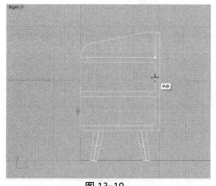
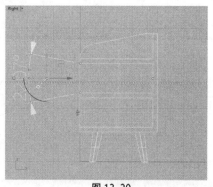

图 13-19

图 13-20

知识链接 ⌒

在 Rhino 中，用户还可以通过"平面夹角尺寸标注" 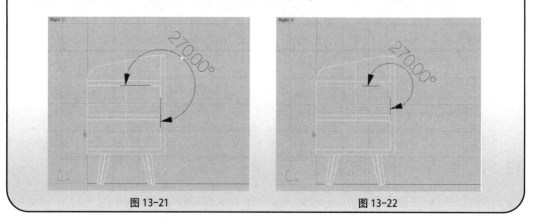 工具标注平面夹角。单击"尺寸标注"工具组中的"平面夹角尺寸标注" 工具或执行"尺寸标注 > 平面夹角尺寸标注"命令，根据命令行中的指令，选取 2 个平面，然后设置尺寸标注的位置，即可创建平面夹角尺寸标注，如图 13-21、图 13-22 所示。

图 13-21　　　　　　　　　　　　图 13-22

重点 13.1.8　引线的标注

"标注引线" 工具可创建带有箭头的引线并附加文字注释。

单击"尺寸标注"工具组中的"标注引线" 工具或执行"尺寸标注 > 标注引线"命令，根据命令行中的指令，选取第一个曲线点，然后设置下一个曲线点直至满足需要，右击鼠标确认，即可打开"标注引线"对话框进行设置，如图 13-23 所示。设置完成后单击"确定"按钮即可，如图 13-24 所示。

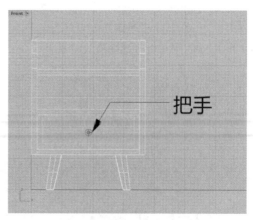

图 13-23　　　　　　　　　　　　图 13-24

"标注引线"对话框中部分选项的作用如下：

① 高度：用于设置文本高度。

② 遮罩：用于设置遮罩，即以不透明颜色作为文本背景，以便与其他线条区分。

③ 遮罩颜色：当选择"遮罩"为"单一颜色"时，将激活该选项设置遮罩颜色。

④ 模型空间缩放比：用于设置显示大小。显示大小是组件大小（箭头大小或文本高度）和模型空间缩放比的乘积。

⑤ 箭头：用于设置箭头样式，如图 13-25 所示。

⑥ 曲线类型：用于设置曲线类型，如图 13-26 所示。

图 13-25

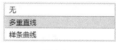

图 13-26

通过"标注引线" 工具，可以更全面地对模型进行标注。

13.1.9　2D 文字的注写

"建立文字" TEXT 工具可以创建二维注释文本，以便更好地解释说明。

单击"尺寸标注"工具组中的"建立文字 / 单行文字" TEXT 工具或执行"尺寸标注 > 文字方框"命令，打开"文本"对话框，如图 13-27 所示。在该对话框中设置参数及文本，完成后单击"确定"按钮，根据命令行中的指令设置文本位置即可，如图 13-28 所示。

图 13-27

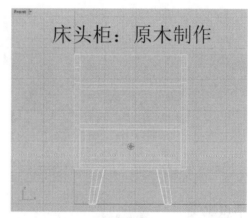

图 13-28

若想对输入的文字进行修改，可以选中输入的文字，在"属性"面板中的"文本"选项卡中进行修改，如图 13-29 所示。用户也可以双击输入的文字，打开"编辑文本"对话框进行设置，如图 13-30 所示。

13.1.10　注解点的创建

"注解点" ●工具可在工作视窗中创建一个带有文字的注解点。点的背景颜色由图层或对象属性颜色决定。

单击"尺寸标注"工具组中的"注解点" ●工具或执行"尺寸标注 > 注解点"命令，打开"圆点"对话框，如图 13-31 所示。在该对话框中进行设置，完成后单击"确定"按钮，根据命令行中的指令设置注解点位置即可，如图 13-32 所示。

图 13-29

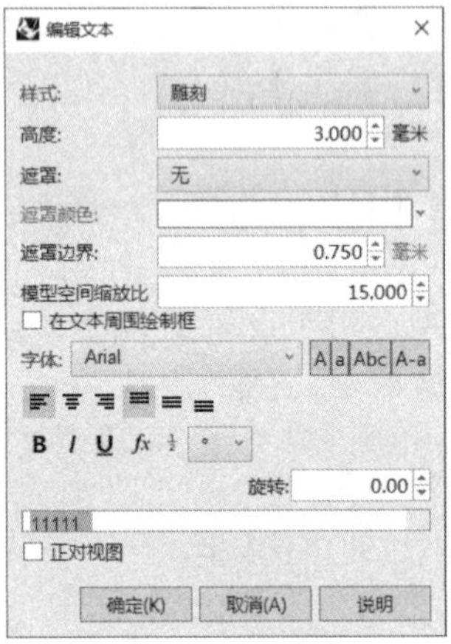

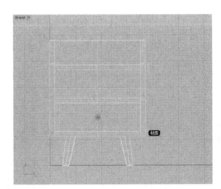

图 13-30

图 13-31

图 13-32

在"圆点"对话框中，用户可以在"显示文字"文本框中输入要显示的文本；在"次要文字"文本框中输入注解点可以容纳的额外信息。

注意事项

放大或缩小视图时，注解点也随之变化，以保持相对不变，如图 13-33、图 13-34所示。

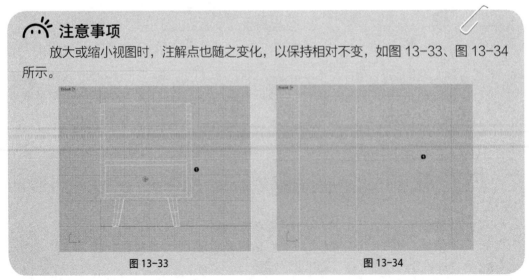

图 13-33   图 13-34

13.2　剖面线的绘制

"剖面线"工具可以使用线条图案填充选定的边界曲线中的区域。

单击"尺寸标注"工具组中的"剖面线"工具，或执行"尺寸标注 > 剖面线"命令，根据命令行中的指令，选取曲线，右击确认，打开"剖面线"对话框，从中进行设置，如图 13-35 所示。单击"确定"按钮即可为选中的曲线中的区域添加剖面线，如图 13-36 所示。

图 13-35　　　　　　　　　　　　　　　　　图 13-36

绘制剖面线时，命令行中的指令如下：

指令：_Hatch
选取曲线 (边界 (B) = 否)
选取曲线，按 Enter 完成 (边界 (B) = 否)

当"边界"选项为"是"时，用户可以通过选取封闭的边界使用剖面线填充，此时命令行中的指令如下：

指令：_Hatch
选取曲线 (边界 (B) = 否)：边界 = 是
选取曲线 (边界 (B) = 是)
选取曲线，按 Enter 完成 (边界 (B) = 是)
解析曲线终点 ... 按 Esc 取消
正在建立图形 ... 按 Esc 取消
点选要保留的区域内部，按 Enter 完成 (结合区域 (C) = 是　全部区域 (A))
正在建立预览网格 ... 按 Esc 取消
点选要保留的区域内部，按 Enter 完成 (结合区域 (C)= 是　全部区域 (A))

在要保留的区域内部单击，右击确认即可打开"剖面线"对话框进行设置。

选中填充的剖面线，在"属性"面板中的"剖面线属性"选项卡中即可对其进行编辑修改，如图 13-37 所示。

图 13-37

扫码看视频

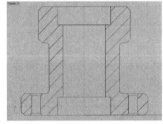

图 13-28

上手实操：添加剖面线

学习了剖面线的绘制后，练习添加剖面线，绘制效果如图 13-38 所示。

13.3　尺寸标注型式的设置

在进行尺寸标注时，若对当前的尺寸标注型式不满意，即可单击"尺寸标注"工具组中的"注解样式"按钮或执行"尺寸标注 > 注解样式"命令，打开"文件属性"对话框，如图 13-39 所示。

选中要编辑的注解样式，单击右侧的"编辑"按钮，对其进行编辑，如图 13-40 所示。完成后单击"应用"按钮，即可为当前尺寸标注应用设置。

图 13-39

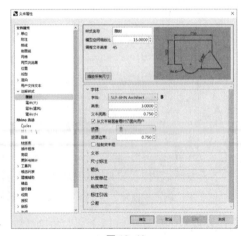

图 13-40

"文件属性"对话框中大多数选项与前述单独尺寸标注编辑对话框中的类似，这里不再赘述。

13.4　2D 视图的建立

为了更好地提高工作效率，节省工作时间，用户在 Rhino 中创建完模型后，可以快速便捷地将其转换为 2D 视图。

单击"尺寸标注"工具组中的"建立 2D 图面" 🖉 按钮或执行"尺寸标注 > 建立 2D 图面"命令，根据命令行中的指令，选取要建立 2D 图面的物件，右击确认，打开"2-D 画面选项"对话框，在该对话框中设置参数，如图 13-41 所示。完成后单击"确定"按钮即可创建 2D 视图，调整其位置后的效果如图 13-42 所示。

图 13-41

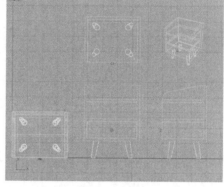

图 13-42

"2-D 画面选项"对话框中部分选项的作用如下：

① 视图：指定用于投影的视图。

② 投影：用于选择创建投影的方式，包括"视图""工作平面""第三角投影"和"第一角投影"4 种。其中，选择"视图"选项将仅从当前活动视图创建 2D 画面；选择"工作平面"选项将从活动视图的平面视图创建 2D 画面，并将结果放置在该视图的构建平面上；选择"第三角投影"选项将使用世界坐标正交投影创建第三角度布局的 4 个视图；选择"第一角投影"选项将使用世界坐标正交投影创建第一角度布局的 4 个视图。

③ 建立正切边缘：选择该复选框，将绘制多重曲面的切边。

④ 隐藏线：选择该复选框，将以虚线绘制隐藏线。

⑤ 场景轮廓线：选择该复选框，将以较粗的线条绘制对象轮廓。

⑥ 工作视窗边框：选择该选项，将绘制一个表示视图边缘的矩形，该选项仅适用于透视图。

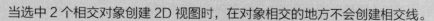

注意事项

当选中 2 个相交对象创建 2D 视图时，在对象相交的地方不会创建相交线。

👑 进阶案例：制作凸台齿轮模型并导出 2D 视图

本案例练习制作凸台齿轮模型并导出相应的 2D 视图。涉及的知识点包括模型的创建、尺寸的标注、2D 视图的创建等。具体的操作步骤如下。

Step01：设置子格线间隔为 1mm。单击侧边工具栏中的"多边形：中心点、半径" 工具，单击命令行中的"边数"选项，设置边数为 32；单击"星形"选项，在命令行中输入 0，右击确认，设置星形中心点位于坐标原点；输入 17，设置星形的角度大小，在视图中单击设置角的位置；输入 14，设置星形的第二个半径。创建的星形如图 13-43 所示。

Step02：执行"曲线 > 曲线斜角"命令，单击命令行中的"距离"选项，输入 0.5，右击确认，再次输入 0.5，右击确认，设置距离，在曲线上单击，重复一次，创建斜角，如图 13-44 所示。

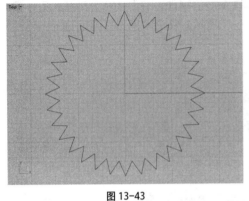

图 13-43　　　　　　　　　　　　　　　图 13-44

Step03：使用相同的方法，创建斜角，直至全部完成，如图 13-45 所示。

Step04：选中曲线，单击"建立实体"工具组中的"挤出封闭的平面曲线" 工具，在命令行中输入 10，右击确认，挤出实体，如图 13-46 所示。

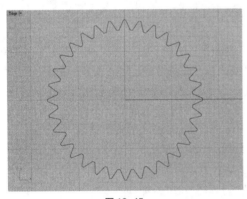

图 13-45　　　　　　　　　　　　　　　图 13-46

Step05：单击"建立实体"工具组中的"圆柱体" 工具，在 Top 视图中创建一个半径为 4mm，高为 12mm 的圆柱体，如图 13-47 所示。

Step06：选中挤出实体，单击"实体工具"工具组中的"布尔运算差集" 工具，选择圆柱体，右击确认，进行布尔运算差集，效果如图 13-48 所示。

Step07：单击"建立实体"工具组中的"圆柱管" 工具，在 Top 视图中绘制外侧半径为 10mm，内侧半径为 4mm，高为 8mm 的圆柱管，如图 13-49 所示。

Step08：选中所有实体，单击侧边工具栏中的"布尔运算联集" 工具，组合实体对象，完成齿轮主体的创建，如图 13-50 所示。

Step09：切换至 Front 视图，使用"圆柱体" 工具，创建一个半径为 2.5mm，高为

30mm 的圆柱体，如图 13-51 所示。

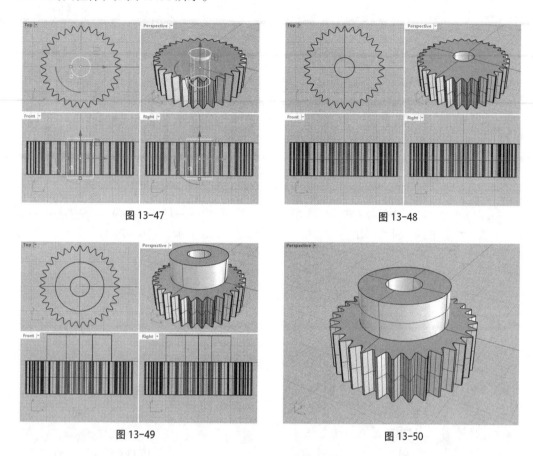

图 13-47

图 13-48

图 13-49

图 13-50

Step10：使用相同的方法，在 Right 视图中创建等大的圆柱体，如图 13-52 所示。

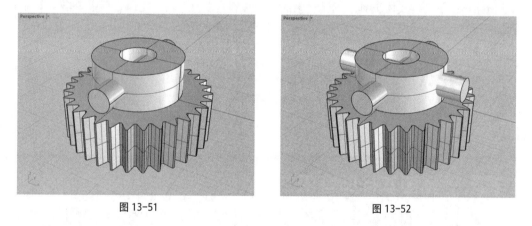

图 13-51

图 13-52

Step11：切换至 Front 视图中，单击侧边工具栏中的"多重直线 / 线段"⚞工具，绘制闭合路径，如图 13-53 所示。

Step12：选中闭合路径，单击"建立曲面"工具组中的"旋转成形 / 沿着路径旋转"🔧工具，设置旋转轴为 Z 轴，右击确认，创建实体，如图 13-54 所示。

Step13：选中旋转成形的实体，执行"变动 > 镜像"命令，设置镜像平面为齿轮中点处，镜像物件，如图 13-55 所示。

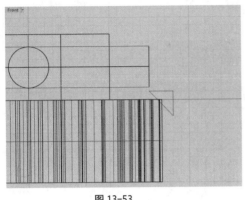

图 13-53

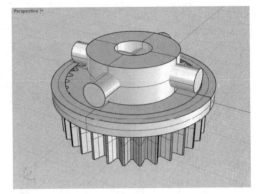

图 13-54

Step14：选中齿轮主体，单击"实体工具"工具组中的"布尔运算差集" 工具，选择其余实体，右击确认，进行布尔运算差集，效果如图 13-56 所示。隐藏多余曲线。

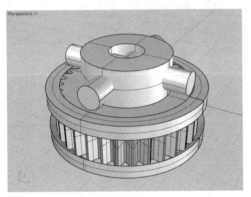

图 13-55

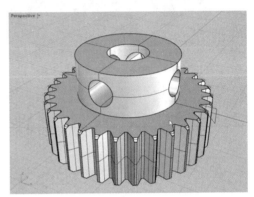

图 13-56

Step15：单击"实体工具"工具组中的"边缘斜角"工具，在命令行中单击"下一个斜角距离"选项，输入 0.5，右击确认，选取要创建斜角的边缘，如图 13-57 所示。

Step16：右击确认两次，创建斜角，如图 13-58 所示。

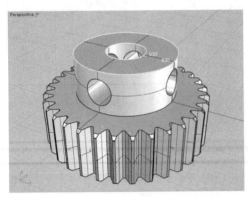

图 13-57

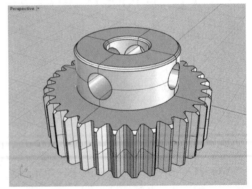

图 13-58

Step17：单击"尺寸标注"工具组中的"建立 2D 图面"按钮，选取齿轮物件，右击确认，打开"2-D 画面选项"对话框，在该对话框中设置参数，如图 13-59 所示。

Step18：完成后单击"确定"按钮，创建 2D 视图，隐藏 3D 物件，如图 13-60 所示。

图 13-59

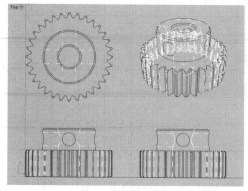

图 13-60

注意事项

选取曲线后在"属性"面板中设置"显示颜色"为"以父物件",在"图层"面板中设置物件图层颜色,即可设置隐藏线与显示线以不同颜色显示。

Step19:执行"尺寸标注 > 注解样式"命令,打开"文件属性"对话框,在"注解样式"选项卡中选择"毫米(小)"选项,单击"编辑"按钮,设置参数,如图 13-61 所示。完成后单击"确定"按钮。

Step20:单击"出图"工具组中的"直线尺寸标注"🖳工具,测量零件高度,如图 13-62 所示。

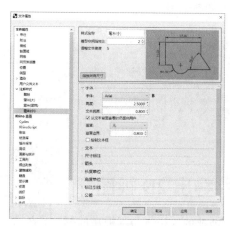

图 13-61

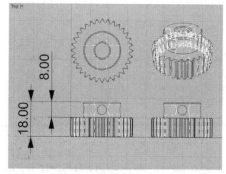

图 13-62

Step21:单击"尺寸标注"工具组中的"半径尺寸标注"🖍工具,标注半径尺寸,如图 13-63 所示。

Step22:单击"尺寸标注"工具组中的"对齐尺寸标注"🔖工具,标注斜角尺寸,如图 13-64 所示。

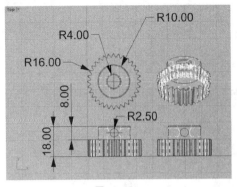

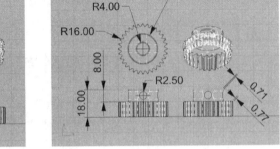

图 13-63 图 13-64

至此，完成凸台齿轮模型的制作、2D 视图的创建及尺寸的标注。

13.5 视图文件的导出

创建完成 2D 视图后，可以通过将其另存为 DWG 文件的方式导出，以便于导入其他文件进行参考或修改。

选中模型，单击"标准"工作组中的"隐藏物件 / 显示物件" 💡 按钮隐藏模型，执行"文件>另存为"命令，打开"储存"对话框，设置保存类型为（*.dwg），如图 13-65 所示。完成后单击"保存"按钮，在弹出的"DWG/DXF 导出选项"对话框中设置参数，如图 13-66 所示。完成后单击"确定"按钮即可保存文件。

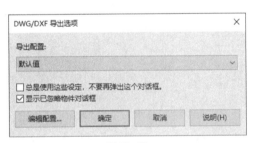

图 13-65 图 13-66

综合实战：制作 U 盘模型并导出 2D 视图

本案例练习制作 U 盘模型并导出 2D 视图。涉及的知识点包括模型的创建、尺寸的标注、2D 视图的创建等。接下来针对具体的操作步骤进行介绍。

Step01：设置子格线间隔为 1mm，在"图层"面板中修改图层名称，如图 13-67 所示。

Step02：选择"标准"工具组，使用侧边工具栏中的"多重直线 / 线段" ⚠ 工具和"圆弧：中心点、起点、角度" 💹 工具，在 Top 视图中绘制路

扫码看视频

扫码看视频

径，如图 13-68 所示。选中绘制的曲线，在"属性"面板中调整其图层为"结构线"。

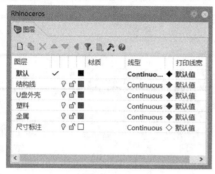

图 13-67

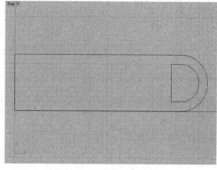

图 13-68

Step03：选中所有曲线，单击侧边工具栏中的"组合"工具，将其组合成 2 段封闭的曲线，如图 13-69 所示。

Step04：选中封闭的曲线，单击"建立实体"工具组中的"挤出封闭的平面曲线"▥工具，在命令行中输入 5，右击确认，设置挤出长度，创建实体，如图 13-70 所示。隐藏曲线。

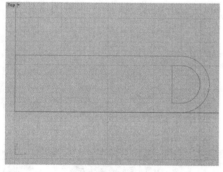

图 13-69

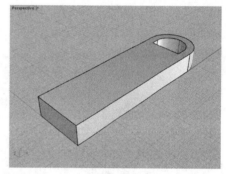

图 13-70

Step05：切换至 Right 视图，单击侧边工具栏中的"立方体：角对角、高度"▣工具，绘制一个 11.2mm×4.2mm×13mm 的立方体，调整至合适位置，如图 13-71 所示。

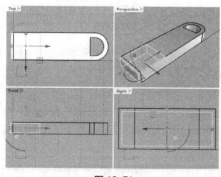

图 13-71

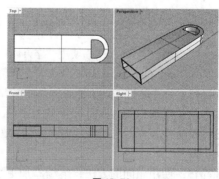

图 13-72

Step06：选中 U 盘主体，单击"实体工具"工具组中的"布尔运算差集" ⊙ 工具，选中新绘制的立方体右击，进行布尔运算差集，效果如图 13-72 所示。

Step07：切换至 Right 视图，单击侧边工具栏中的"立方体：角对角、高度" ⬛ 工具，绘制一个 11mm×4mm×12mm 的立方体，调整至合适位置，如图 13-73 所示。

Step08：继续绘制一个 11mm×2mm×11mm 的立方体，调整至合适位置，如图 13-74 所示。

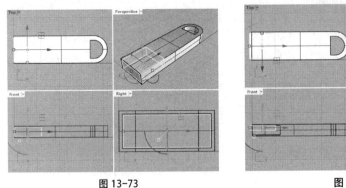

图 13-73 　　　　　　　　　　　　　　　　图 13-74

Step09：选中 11mm×4mm×12mm 的立方体，单击"实体工具"工具组中的"布尔运算差集" ⊙ 工具，选中 11mm×2mm×11mm 的立方体右击，进行布尔运算差集，效果如图 13-75 所示。

Step10：切换至 Top 视图，使用"立方体：角对角、高度" ⬛ 工具，绘制 9.05mm×1.1mm×1mm 的立方体和 8.05mm×1.1mm×1mm 的立方体，调整至合适位置，如图 13-76 所示。

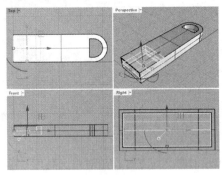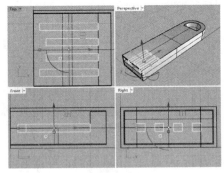

图 13-75 　　　　　　　　　　　　　　　　图 13-76

Step11：选中与新绘制立方体相交的物件，单击"实体工具"工具组中的"布尔运算差集" ⊙ 工具，选中新绘制的立方体右击，进行布尔运算差集，效果如图 13-77 所示。

Step12：切换至 Top 视图，使用"立方体：角对角、高度" ⬛ 工具，绘制 9mm×1mm×0.6mm 的立方体和 8mm×1mm×0.6mm 的立方体，调整至合适位置，如图 13-78 所示。

Step13：选中物件，调整图层属性，效果如图 13-79 所示。

Step14：单击"实体工具"工具组中的"边缘圆角/不等距边缘混接" ⬛ 工具，单击命令行中的"下一个半径"选项，输入 1，右击确认，选中要创建圆角的边缘，创建圆角，如图 13-80 所示。

Step15：使用相同的方法，继续添加更小的圆角，最终效果如图 13-81 所示。至此，完成 U 盘模型的创建。

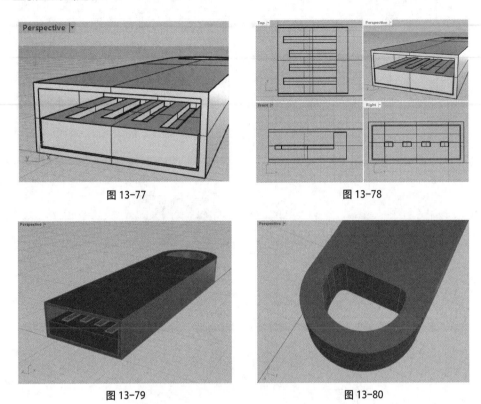

图 13-77   图 13-78

图 13-79   图 13-80

Step16：单击"尺寸标注"工具组中的"建立 2D 图面" 按钮，选取所有物件，右击确认，打开"2-D 画面选项"对话框，在该对话框中设置参数，如图 13-82 所示。

图 13-81   图 13-82

Step17：完成后单击"确定"按钮，创建 2D 视图，隐藏 3D 物件，如图 13-83 所示。

Step18：在"图层"面板中设置隐藏线颜色为浅黄色，如图 13-84 所示。调整拉大各视图位置。

Step19：执行"尺寸标注 > 注解样式"命令，打开"文件属性"对话框，在"注解样式"选项卡中选择"毫米（小）"选项，单击"编辑"按钮，设置参数，如图 13-85 所示。完成后单击"确定"按钮。

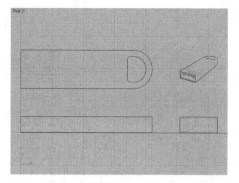

图 13-83

图 13-84

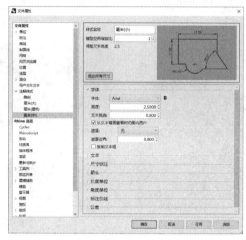

图 13-85

Step20：设置目前的图层为"尺寸标注"。单击"出图"工具组中的"直线尺寸标注"工具，标注 U 盘直线尺寸；单击"尺寸标注"工具组中的"半径尺寸标注"工具，标注半径尺寸，如图 13-86 所示。

Step21：执行"文件>另存为"命令，打开"储存"对话框，设置保存类型为（*.dwg），如图 13-87 所示。完成后单击"保存"按钮，打开"DWG/DXF 导出选项"对话框，保持默认设置，单击"确定"按钮保存文件。

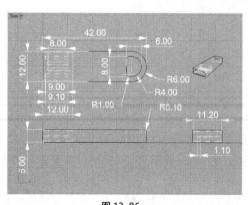

图 13-86

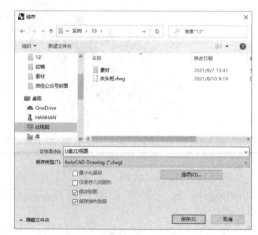

图 13-87

至此，完成 U 盘模型的制作及 2D 视图的导出。

✎ 自我巩固

完成本章的学习后，可以通过练习本章的相关内容，进一步加深理解。下面将通过测量体重计尺寸和补水喷雾瓶尺寸加深记忆。

1. 测量体重计尺寸

本案例通过测量体重计尺寸，对尺寸标注的相关内容进行练习。标注完成后的效果如图 13-88、图 13-89 所示。

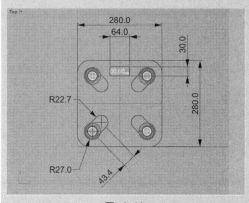

图 13-88

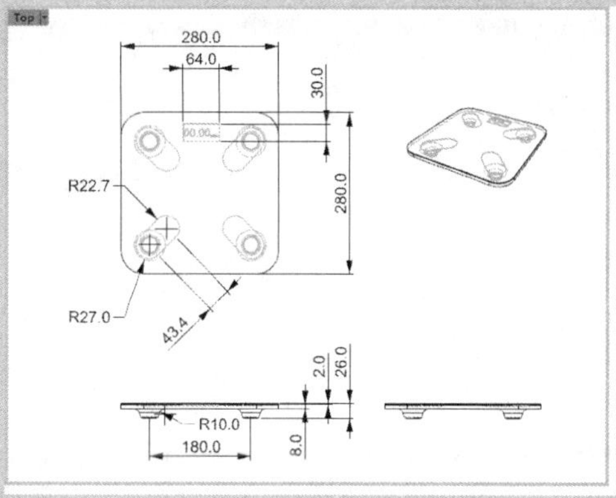

图 13-89

设计要领：

Step01：打开本章素材文件，调整注解样式。

Step02：选择不同的尺寸标注标注体重计不同的尺寸。

Step03：导出 2D 视图。

2. 测量补水喷雾瓶尺寸

本案例通过测量补水喷雾瓶尺寸，练习尺寸标注相关知识。标注完成后的效果如图 13-90、图 13-91 所示。

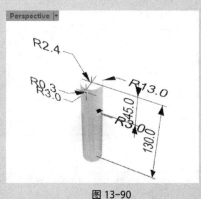

图 13-90

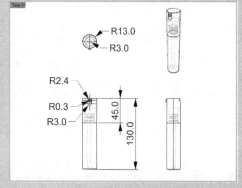

图 13-91

设计要领：

Step01：打开本章素材文件，调整注解样式。

Step02：选择不同的尺寸标注标注补水喷雾瓶不同的尺寸。

Step03：导出 2D 视图。

Rhino

第4篇
案 例 篇

Rhino

第 14 章
综合实战 智能颈椎按摩仪

内容导读:

本章将通过完整的颈椎按摩仪模型制作，对之前学习的内容进行总结与综合应用。本章内容，可以复习模型的制作等相关操作，掌握尺寸标注的使用及对制作的模型进行渲染出图。

学习目标:

- 掌握模型制作的方法；
- 学会尺寸标注与创建 2D 视图；
- 学会 KeyShot 渲染。

为方便读者学习，提高效率，本章内容提供电子版，可扫下方二维码查看相应内容。

14.1　模型制作

Rhino 是一款专业的 3D 建模软件，模型制作是 Rhino 存在的基础。本节将通过模型制作前的准备工作、主体模型的制作以及模型细节处理，对颈椎按摩仪的制作过程进行详细的介绍。

扫码查看电子书

14.1.1　模型制作前的准备工作

制作模型之前，可以对格线、文件属性等进行设置，以便更符合制作要求，还可以添加参考线、修改图层名称等，使后续操作更加清晰明了。本小节将针对模型制作前的准备工作（如图 14-1 所示）进行介绍。

扫码看视频

14.1.2　主体模型的制作

前期准备工作完成后，就可以着手模型的制作，效果如图 14-2 所示。该部分涉及的知识点主要包括曲面的创建与编辑、实体的创建与编辑、曲线的相关操作等。本小节将针对具体的操作步骤进行介绍。

扫码看视频

14.1.3　模型细节处理

制作完成的模型文件，还可以通过圆角等操作使模型效果更加真实自然，效果如图 14-3 所示。本小节将对此进行介绍。

扫码看视频

图 14-1

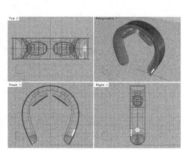

图 14-2

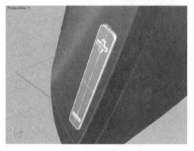

图 14-3

14.2　出图

2D 视图和尺寸标注可以帮助用户直观地看到模型的尺寸与内部线条，并且可以很好地与其他软件衔接。本节将针对模型 2D 视图的创建及尺寸的标注进行介绍，标注效果如图 14-4 所示。

扫码看视频

扫码查看电子书

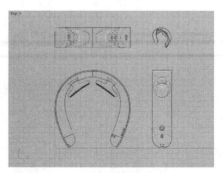

图 14-4

14.3 KeyShot 渲染

扫码看视频　　　扫码查看电子书

制作完成模型后，可以在 KeyShot 渲染器中对其赋予材质，添加灯光效果，以使制作的模型更加真实。本节将针对 KeyShot 渲染器中模型的渲染进行介绍。

14.3.1　渲染前的准备

渲染模型前，需要先将模型导入 KeyShot 渲染器中。为了使渲染效果更佳，用户可以在 KeyShot 渲染器中添加模型作为背景，效果如图 14-5 所示。本小节将对此进行介绍。

14.3.2　材质的添加与调整

导入模型，制作完背景后，就可以为物件赋予材质，使其更加真实，效果如图 14-6 所示。本小节将针对材质的添加与调整进行介绍。

14.3.3　灯光的设置及渲染输出

添加完模型材质后，即可添加灯光营造氛围，完成后，将渲染物件输出成图片，以便于展示，效果如图 14-7 所示。本小节将对此进行介绍。

图 14-5　　　　　　　　　图 14-6　　　　　　　　　图 14-7

✏ 自我巩固

本案例通过制作并渲染飞行器模型，对 Rhino 建模过程进行练习，进一步加深理解。制作完成后的效果如图 14-8、图 14-9 所示。

图 14-8

图 14-9

设计要领：

Step01： 使用实体工具创建实体，制作飞行器主体。

Step02： 通过曲面创建流线型飞行器机身处。

Step03： 使用布尔运算调整实体。

Step04： 导出 2D 视图。

Step05： 导出 Rhino6.0 文件，导入 KeyShot 渲染器中渲染。